看圖學 C 語言與運算思維(第二版)

(附範例光碟)

陳會安　編著

全華圖書股份有限公司　印行

國家圖書館出版品預行編目資料

看圖學 C 語言與運算思維/陳會安編著. -- 二版. -- 新北市 : 全華圖書股份有限公司, 2021.03
面 ; 公分
ISBN 978-986-503-591-4(平裝附光碟片)

1.C(電腦程式語言)
312.32C 110002716

看圖學 C 語言與運算思維

(第二版)(附範例光碟)

作者 / 陳會安
發行人 / 陳本源
執行編輯 / 王詩蕙
出版者 / 全華圖書股份有限公司
郵政帳號 / 0100836-1 號
印刷者 / 宏懋打字印刷股份有限公司
圖書編號 / 06426017
二版三刷 / 2023 年 2 月
定價 / 新台幣 400 元
ISBN / 978-986-503-591-4(平裝附光碟片)
全華圖書 / www.chwa.com.tw
全華網路書店 Open Tech / www.opentech.com.tw
若您對本書有任何問題，歡迎來信指導 book@chwa.com.tw

臺北總公司(北區營業處)
地址：23671 新北市土城區忠義路 21 號
電話：(02) 2262-5666
傳真：(02) 6637-3695、6637-3696

南區營業處
地址：80769 高雄市三民區應安街 12 號
電話：(07) 381-1377
傳真：(07) 862-5562

中區營業處
地址：40256 臺中市南區樹義一巷 26 號
電話：(04) 2261-8485
傳真：(04) 3600-9806(高中職)
(04) 3601-8600(大專)

序

C語言是目前最流行的程式語言之一；也是一種擁有相當歷史的程式語言，雖然後起之秀的程式語言一一浮上台面，至今，仍然沒有任何程式語言可以撼動C語言在程式語言的地位。

本書內容是使用ANSI-C標準C語言的語法，針對完全沒有任何程式設計經驗的學生與使用者，或對程式設計有興趣、想了解的讀者，所規劃的一本運算思維與C語言的入門教材和自學手冊。為了降低讀者學習程式設計的門檻，和讓讀者能夠真正了解C語言的語法，全書是以循序漸進的方式，一步一步透過大量實例和圖例來詳細解說相關程式語法和觀念，讓讀者能夠真正學會基礎C語言程式設計。

在開發工具部分，本書提供兩套開發工具，第一套是內建fChart流程圖直譯教學工具的程式碼編輯器，編輯器同時支援C、C#、Java和Visual Basic語言的編輯、編譯和執行。fChart是筆者專為初學者學習程式設計所開發，這是一套程式設計教學用途的整合開發環境，可以讓讀者繪製完流程圖且驗證正確後，馬上啓動編輯器來將流程圖符號自行一一轉換成C程式碼，並且提供功能表指令來快速插入各種符號對應的C程式碼片段，不只能夠讓初學者一步一步參考流程圖符號來自行撰寫出C程式碼，更可以大幅減少初學者程式碼輸入的錯誤。在本書第1~4章、6和7章的C程式範例大都有對應的fChart流程圖，讀者可以自行開啓同名fChart流程圖後，再一一試著執行功能表指令來轉換成C程式碼。

第二套是使用國內廣泛使用，完全免費和中文使用介面的Orwell Dev-C++整合開發環境來編輯、編譯和執行C程式，提供Orwell Dev-C++可攜式版本，讓讀者在隨身碟安裝開發工具，隨時隨地測試和執行C程式。

流程圖部分是使用fChart流程圖直譯教學工具，此工具不只提供繪製流程圖的完整功能，更可以使用動畫執行流程圖來驗證程式邏輯的正確性，讓讀者學習使用電腦的思考模式來撰寫C程式碼，完整訓練和提昇你的邏輯思考、抽象推理與問題解決能力。讓你輕鬆：

「用圖例學習程式語法和觀念；用流程圖了解程式執行過程，雙重工具提供你雙重學習效果。」

編著本書雖力求完美，但學識與經驗不足，謬誤難免，尚祈讀者不吝指正。

陳會安於台北hueyan@ms2.hinet.net

2021.02.01

光碟內容說明

爲了方便讀者學習C語言程式設計，筆者將本書使用的範例檔案、教學工具和相關應用程式都收錄在書附光碟，如下表所示：

檔案與資料夾	說明
Ch00~Ch12資料夾	本書各章節C範例程式、和編譯後的執行檔
C.zip	程式範例的ZIP格式壓縮檔
C_blockly資料夾	Cake Blockly for C的積木程式範例
Dev-Cpp 5.11 TDM-GCC 4.9.2 Setup.exe	Orwell Dev-C++ 5中文使用介面C/C++整合開發環境安裝程式
Dev-Cpp 5.11 TDM-GCC x64 4.9.2 Portable.7z	Orwell Dev-C++ 5中文使用介面C/C++整合開發環境可攜式版本，7z壓縮格式
FlowChart資料夾	fChart流程圖直譯教學工具，可以新增、編輯和執行本書各章的流程圖專案，幫助讀者了解流程控制的執行過程和學習程式邏輯，更提供程式碼編輯器來編輯、編譯和執行C程式
FlowChart.zip	流程圖直譯教學工具的ZIP格式壓縮檔
fChart教學影片資料夾	fChart教學幻燈片電影檔
fChart教學講義資料夾	fChart教學講義PDF檔

版權聲明

本書光碟內含的共享軟體或公共軟體，其著作權皆屬原開發廠商或著作人，請於安裝後詳細閱讀各工具的授權和使用說明。本書作者和出版商僅收取光碟的製作成本，內含軟體爲隨書贈送，提供本書讀者練習之用，與光碟中各軟體的著作權和其他利益無涉，如果在使用過程中因軟體所造成的任何損失，與本書作者和出版商無關。

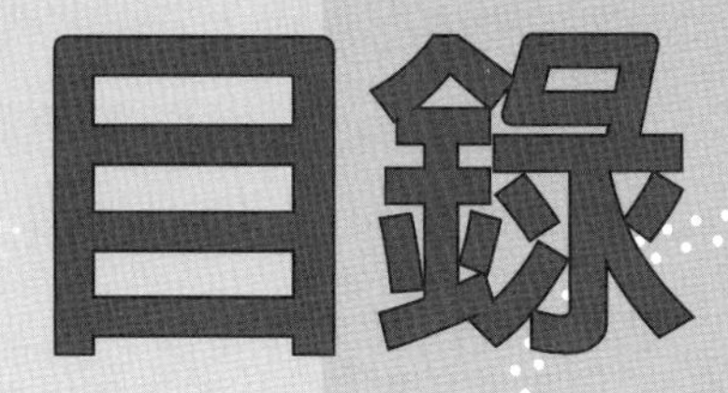

第0章　使用fChart程式碼編輯器建立C程式

第一章　寫出第一個C程式

第二章 認識C程式

第三章 變數

第四章　運算式和運算子

第五章 流程圖

第六章 條件判斷

第七章 重複執行程式碼

第八章 函數

第九章 陣列與字串

第十章 指標

第十一章　結構

第十二章　檔案處理

附錄A　下載與安裝Orwell Dev-C++整合開發環境（電子書）

Chapter

使用fChart程式碼編輯器建立C程式

學習重點

- 認識fChart程式碼編輯器
- 使用fChart程式碼編輯器建立C程式
- 使用Blockly建立C程式
- 談談運算思維

0-1 認識fChart程式碼編輯器

fChart是筆者專爲初學者開發的一套流程圖直譯器，不只可以繪製流程圖，更可以使用直譯方式執行流程圖來驗證執行結果，更提供源至Min C# Lab的程式碼編輯器，讓fChart轉換成爲一套整合開發環境，可以讓讀者繪製流程圖且驗證正確後，馬上啓動編輯器來將流程圖符號一一自行轉換成程式碼。

fChart程式碼編輯器的尺寸很小（約Dev-C++的百分之一），同時支援C、C#、Java（需自行安裝JDK）和Visual Basic語言的編輯、編譯和執行，以本書的C語言來說，內建TCC編譯器，完整支援C語言的程式開發。

爲了幫助初學者建立程式碼檔案，fChart程式碼編輯器提供各種語言基本結構的程式範本（自動載入），和功能表指令來快速插入各種流程圖符號對應的C、C#、Java和Visual Basic程式碼片段，使用者能夠一步一步自行參考流程圖符號來撰寫出對應的程式碼，不只可以大幅減少程式碼輸入的錯誤，而且，在同一工具就可以學習C、C#、Java和Visual Basic程式語言的語法。

0-2 使用fChart程式碼編輯器建立C程式

fChart程式碼編輯器是整合在流程圖直譯教學工具，除了從fChart教學工具啓動，也可以單獨啓動fChart程式碼編輯器來編輯、編譯和執行C程式碼。

步驟一：啓動fChart程式碼編輯器

fChart流程圖直譯教學工具並不用安裝，只需解壓縮後，就可以馬上啓動來繪製流程圖和撰寫C程式碼，其步驟如下所示：

Step 1 請開啓fChart解壓縮的「C:\FlowChart」資料夾，執行【RunfChart.exe】後，按【是】鈕啓動fChart工具。如果使用【FlowProgramming_Edit.exe】，因為檔案權限問題，Windows 7以上版本，請在檔名上執行滑鼠【右】鍵快顯功能表的【以系統管理員身份執行】指令，使用系統管理員身份來啓動。

Step 2 然後執行「檔案>載入流程圖專案」指令，載入「C:\C\Ch00\Example01.fpp」流程圖。

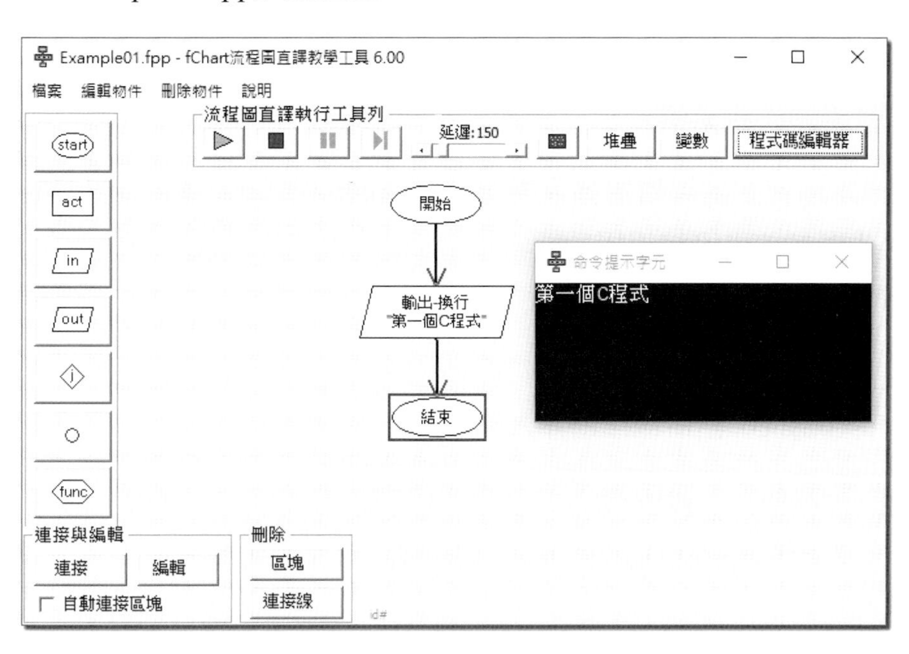

Step 3 在上方工具列按【執行】鈕，可以看到流程圖的執行結果（其進一步說明請參閱第5章），請按最後【程式碼編輯器】鈕來啟動fChart程式碼編輯器（或直接執行fChartCodeEditor.exe），預設程式語言是C語言，如下圖所示：

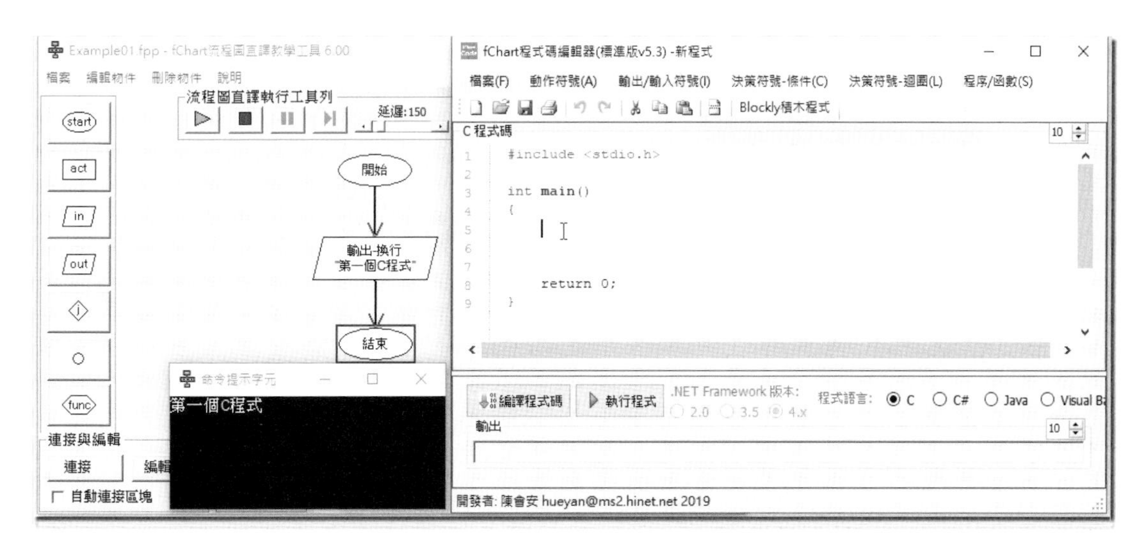

上述執行畫面上方是功能表指令，這是以流程圖符號分類的程式碼片段，在下方是預設載入C範本程式碼的程式碼編輯視窗，位在中間右邊的選項按鈕切換使用的程式語言，在下方是輸出視窗，顯示C程式碼的編譯結果。

步驟二：編輯C程式碼

請在fChart程式碼編輯器輸入對應流程圖的C程式碼，除了可以自行使用鍵盤輸入程式碼外，也可以使用功能表指令插入C程式片段後，再修改訊息文字和變數名稱，其步驟如下所示：

Step 1 因為流程圖是使用輸出符號輸出一段訊息文字，請先在main()函數程式區塊中點一下作為插入點。

Step 2 然後執行「輸出/輸入符號>輸出符號>訊息文字+換行」指令，即可插入C語言printf()函數的輸出程式碼，「\n」是換行。

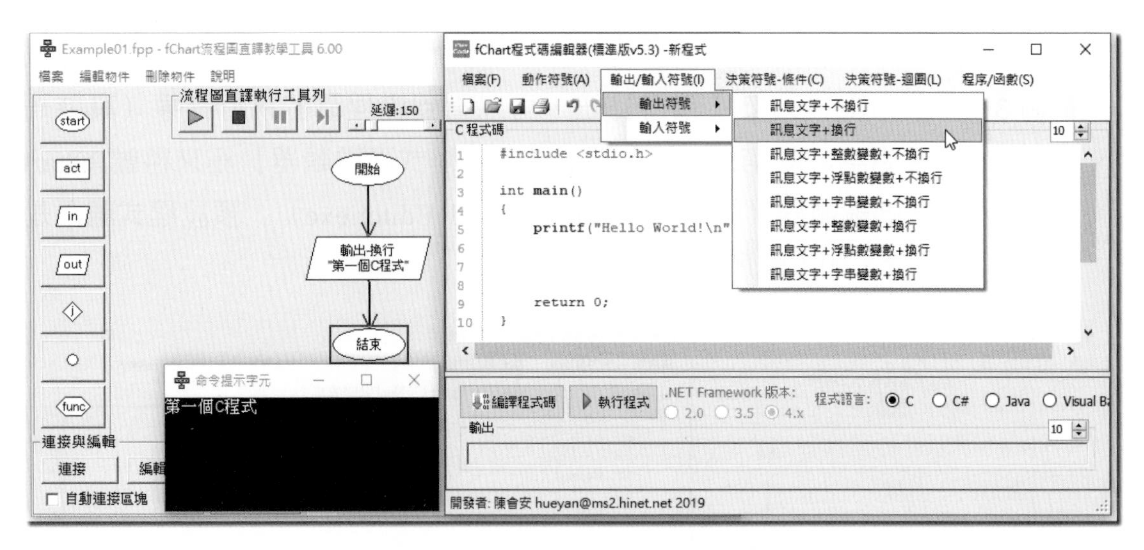

Step 3　請將字串內容「Hello World」改為「第一個C程式」。

C 程式碼

```
1   #include <stdio.h>
2
3   int main()
4   {
5       printf("第一個C程式\n");
6
7
8
9       return 0;
10  }
```

Step 4　執行「檔案>儲存」指令開啟「另存新檔」對話方塊，請切換至「C:\C\Ch00」目錄後，在【檔案名稱】欄輸入檔名Example01.c，按【存檔】鈕儲存程式檔案。

在本書第1~4章、6和7章的C程式範例大都擁有對應的fChart流程圖，讀者可以自行開啟同名fChart流程圖後，再一一試著執行功能表指令，將流程圖符號一一轉換成對應的C程式碼。

步驟三：編譯和執行C程式

在完成C程式編輯和儲存後，就可以編譯和執行C程式，其步驟如下所示：

Step 1　請按中間【編譯程式碼】鈕編譯C程式，如果沒有錯誤，可以在下方顯示成功編譯的訊息文字；錯誤是紅色的錯誤訊息文字。

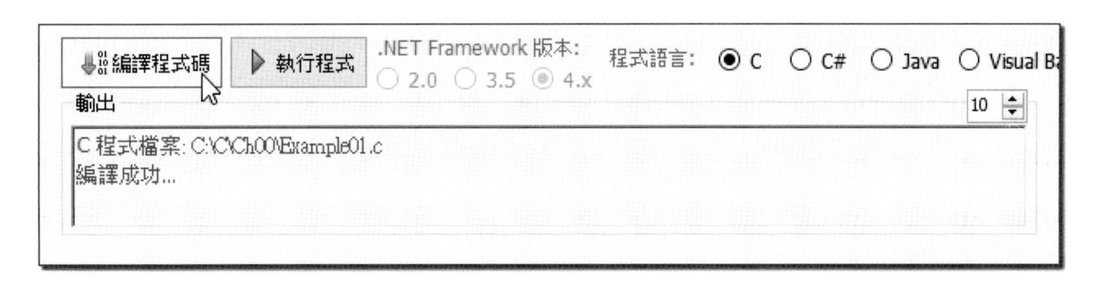

Step 2 然後按中間【執行程式】鈕執行C程式，可以看到「命令提示字元」視窗顯示的執行結果。

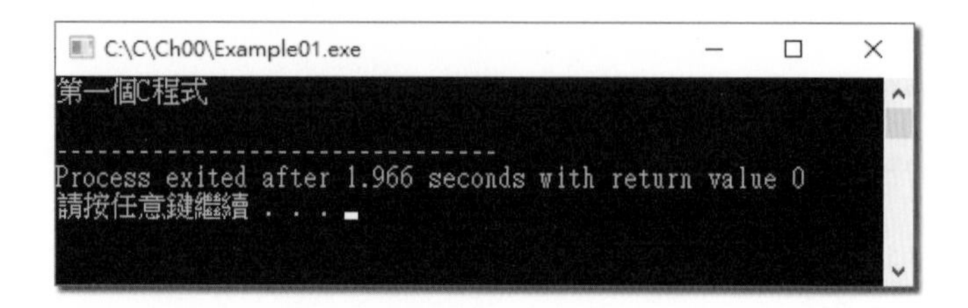

0-3 使用Blockly建立C程式

Cake Blockly for C語言是基於Blockly的積木程式編輯器，可以幫助初學程式者輕鬆拖拉積木，來學習程式語言的基礎程式設計，其步驟如下所示：

Step 1 請在fChart程式碼編輯器，按上方工具列的【Blockly積木程式】鈕，預設使用Google Chrome瀏覽器開啓Cake Blockly for C積木程式編輯器。

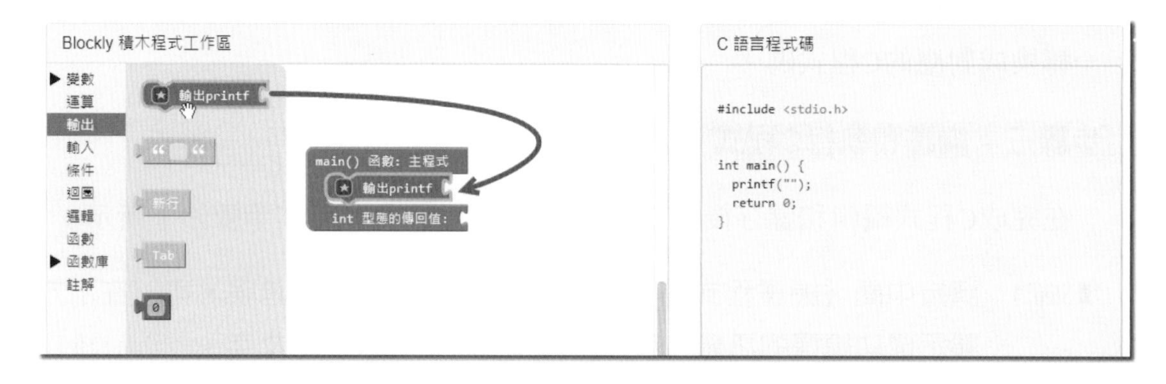

Step 2 請在左邊選【輸出】分類下的【輸出printf】積木，在拖拉至main()函數中的大嘴巴後，再選【輸出】分類下第2個空字串積木，並且拖拉至【輸出printf】積木後方，即可自動連接至後方的插槽。

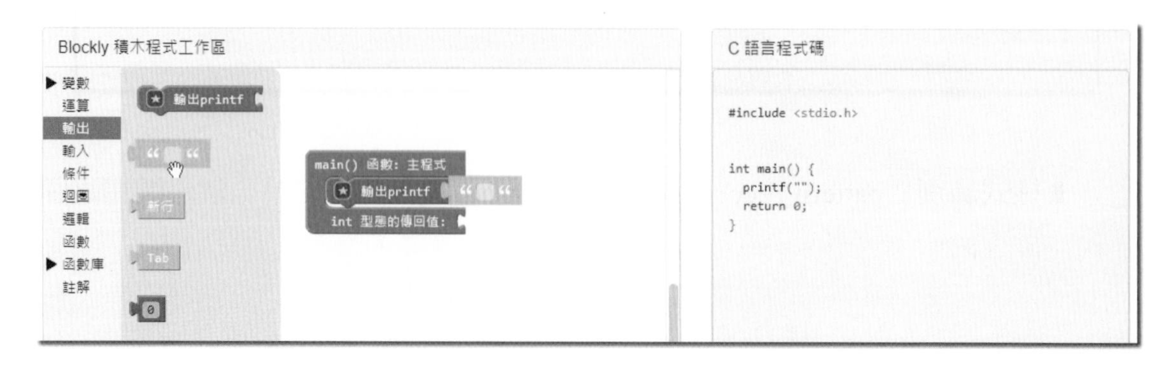

Step 3　請在空字串輸入「第一個C程式\n」，就完成積木程式的建立，同時在右邊看到轉換的C程式碼。

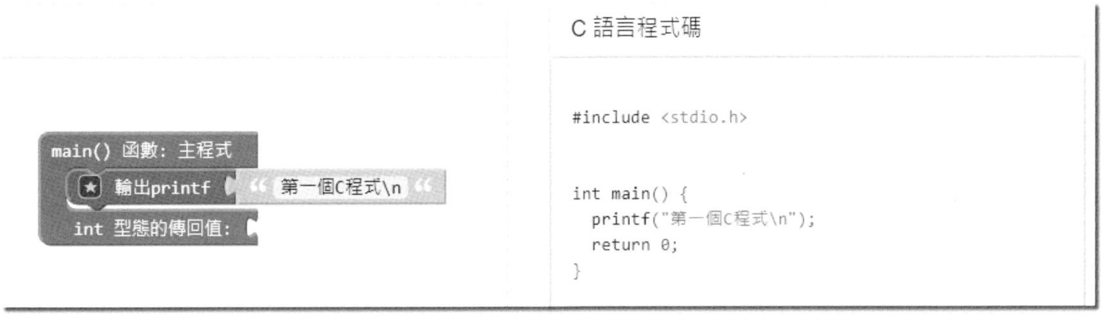

main() 函數: 主程式
輸出printf “ 第一個C程式\n ”
int 型態的傳回值:

C 語言程式碼

```
#include <stdio.h>

int main() {
  printf("第一個C程式\n");
  return 0;
}
```

Step 4　在左上方點選檔名即可輸入檔名，按上方工具列最後【下載C程式】鈕，可以下載C程式。

請注意！因爲下載檔案是utf-8編碼，請記得使用fChart程式碼編輯器開啓檔案後，馬上執行「檔案>儲存」命令，或按上方儲存鈕儲存C程式來更改成ANSI編碼。

0-4 談談運算思維

對於身處在資訊世代的我們來說，運算思維（computational thinking）被認爲這一世代所必備的核心技能，不論你是否爲資訊相關科系的學生或從事此行業，運算思維都可以讓你以更實務的思維來看這個世界。基本上，運算思維可以分成五大領域，如下所示：

- 抽象化（abstraction）：思考不同層次的問題解決步驟。
- 演算法（algorithms）：將解決問題的工作思考成一序列可行且有限的步驟。
- 分割問題（decomposition）：了解在處理大型問題時，我們需要將大型問題分割成小問題的集合，然後個個擊破來一一解決。
- 樣式識別（pattern recognition）：察覺新問題是否和之前已解決問題之間擁有關係，可以讓我們直接使用已知或現成的解決方法來解決問題。
- 歸納（generalization）：了解已解決的問題可能是用來解決其他或更大範圍問題的關鍵。

Memo

Chapter

寫出第一個C程式

學習重點

- 談談程式設計
- C程式語言
- 輸入C程式碼
- 產生C程式
- 執行C程式
- 開發C程式的基本步驟

1-1 談談程式設計

從太陽昇起的一天開始，手機鬧鐘響起叫你起床，順手查看LINE或在Facebook按讚，上課前交作業寄送電子郵件、打一篇文章，或休閒時玩玩遊戲，想想看，你有哪一天沒有做這些事。

這些事就是在執行「程式」（programs）或稱爲「電腦程式」（computer programs），不要懷疑，程式早已融入你的生活，而且在日常生活中，大部分人早已經無法離開程式。

電腦是一種硬體（hardware）；程式是軟體（software），我們需要透過程式的軟體來指示電腦做什麼事，例如：打卡、按讚和回應LINE等，電腦的工作就是正確執行程式來完成我們所需的工作，如同烘焙蛋糕的食譜（recipe），可以告訴我們製作蛋糕的步驟，如下圖所示：

程式就是電腦的食譜，可以下達指令告訴電腦如何打卡、按讚、回應LINE、收發電子郵件、打一篇文章或玩遊戲。而程式設計（programming）的主要工作，就是在建立電腦可以執行的程式，在本書是建立電腦上執行的C程式，如下圖所示：

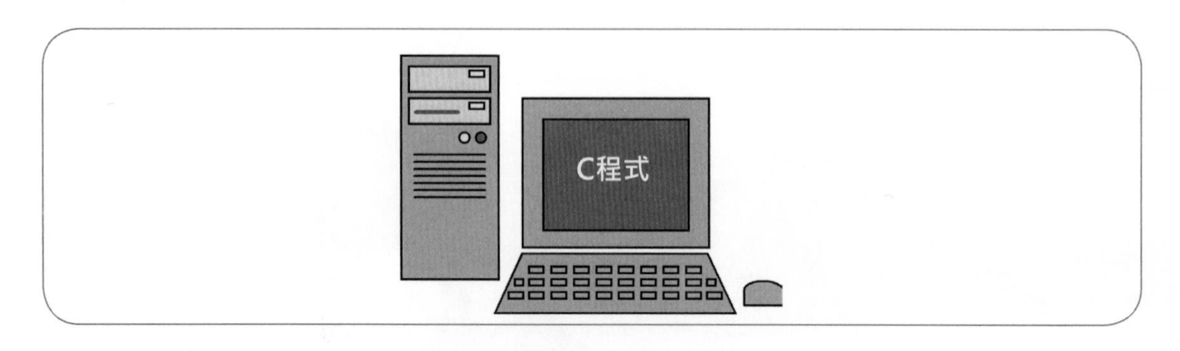

1-2 C程式語言

在我們人類之間是使用語言進行溝通，電腦也有它懂的語言，稱爲機器語言（machine language），機器語言是一種電腦可以直接了解的語言，所以，讓電腦執行工作，我們需要使用它懂的機器語言來告訴它要做什麼。

問題是機器語言是使用0和1二進位組成的指令碼，稱爲機器碼（machine code），如下所示：

```
0111 0001 0000 1111
1001 1101 1011 0001
```

上述機器碼對於電腦來說，因爲是它的母語，很容易了解，但是，對於我們人類來說，這和天書並沒有什麼不同，我們很難輕鬆寫出這種機器碼。所以，我們需要讓人類可以看得懂的語言，高階語言（high level languages）出現了，C語言就是一種著名的高階語言，如下圖所示：

高階語言是一種接近人類語言的程式語言，電腦本身當然看不懂高階語言的程式，如同不懂英文的話，我們需要一位翻譯者來幫助我們翻譯，同理，程式需要編譯器（compilers）來轉換高階語言程式成爲機器語言程式，如此才能讓電腦正確的執行程式，如下圖所示：

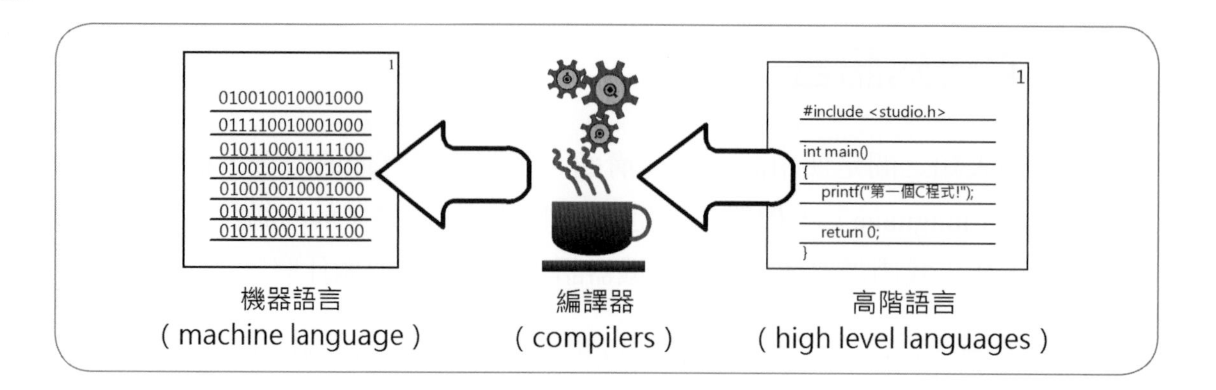

上述高階語言的C程式，在經過編譯器的編譯後，就可以轉換成電腦看得懂的機器語言程式，所以，你不用在0和1二進位數字中被弄的團團轉，我們可以直接使用高階語言的C語言來寫程式。

說明

C語言是由Dennis Ritchie博士在1972年於貝爾實驗室開發的一種程式語言，它並不能算是一種很新的程式語言，之所以命名爲C，是因爲很多C語言的特性是源自其前輩語言B（由Ken Thompson設計），B是源於Martin Richards設計的BCPL程式語言，C語言擴充B語言增加資料型態和其他功能。

最初開發C語言的主要目的是爲了設計UNIX作業系統，在1973年，所有UNIX作業系統的核心程式都已經改用C語言撰寫，這也是第一套使用高階語言建立的作業系統。1978年Ritchie和Brian Kernighan出版「The C Programming Language」（簡稱K&R）一書成爲C語言的標準規格書，1989年出版的第二版直到現在仍然是很多讀者學習C語言的標準教材和參考手冊。

1-3 輸入C程式碼

在了解C語言和程式設計的基本觀念後，我們就可以開始進入C語言的世界，寫出你的第1個C程式。

1-3-1 認識程式碼

人類的語言可以寫出文字優美的文章，早期作者都是使用稿紙和筆，一字一字在稿紙上寫出文章，現在，因為電腦的普及，大部分作者已經改用Word等文書處理軟體來投稿寫文章。

電腦程式也一樣，我們並不是寫出給人們看的文章，而是使用程式語言寫出電腦可以執行的程式碼，以C語言來說，就是寫出C程式碼（C code）。因為程式碼只是一種單純文字檔，並不需要使用Word等文書處理軟體，而是使用作業系統提供的純文字編輯器來輸入程式，如下所示：

- Windows作業系統是【記事本】，在網路上可以找到很多功能強大的免費程式碼編輯器。
- Unix/Linux通常是使用vi。
- Mac OS是使用TextEdit、TextMate或TextWrangler等。

說明

純文字編輯器和Word等文書處理軟體的最大差異，就是沒有提供格式編排功能，我們只能單純輸入文字內容，並不能編排出一頁漂亮的文件。

所以，建立C程式碼的第一步就是找一套純文字編輯器，依據C語言的語法，在編輯器輸入C程式碼，稱為原始程式碼（source code），或直接稱為程式碼，例如：使用Windows記事本輸入名為Example.c的C程式碼檔案，如下圖所示：

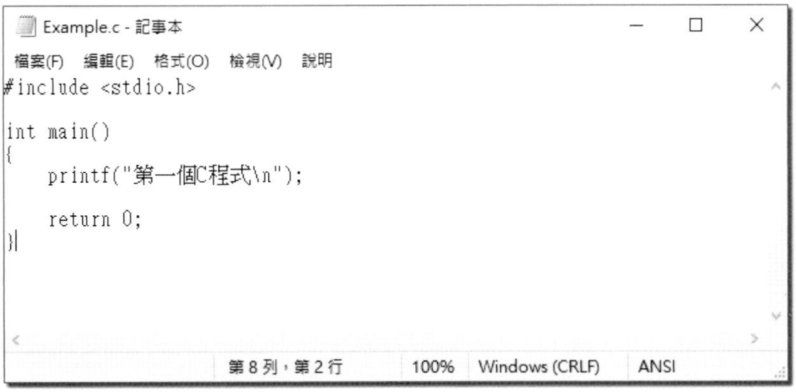

Example.c - 記事本

檔案(F)　編輯(E)　格式(O)　檢視(V)　說明

```
#include <stdio.h>

int main()
{
    printf("第一個C程式\n");
    
    return 0;
}
```

第 8 列，第 2 行　100%　Windows (CRLF)　ANSI

1-3-2 程式語言的整合開發環境

雖然純文字編輯器就可以輸入C程式碼，但是對於初學者來說，建議直接使用「IDE」（Integrated Development Environment）整合開發環境，其提供的編輯器可以幫助我們撰寫程式碼和學習程式設計。

程式語言的「開發環境」（development environment）是一組工具程式可以用來建立、編譯和維護程式語言建立的程式。目前高階語言大都擁有整合開發環境，可以在同一工具編輯、編譯和執行指定語言的程式。

換句話說，我們只需啓動整合開發環境，就可以新增程式檔案來輸入C程式碼，在本書是使用筆者開發的fChart程式碼編輯器和完全免費支援中文介面的Dev-C++整合開發環境，如下所示：

- fChart程式碼編輯器：筆者專爲初學程式設計者量身打造的一套程式設計教學用途的整合開發環境，同時支援C、C#、Java和Visual Basic語言的編輯、編譯和執行（詳見第0章），可以讓讀者繪製流程圖且驗證正確後（第5章有進一步說明），馬上啓動編輯器將流程圖符號自行一一轉換成C程式碼，爲了減少程式碼輸入錯誤，更提供功能表指令來快速插入各種符號對應的C程式碼片段。所以，在第1~4章的C程式範例，讀者可以先開啓對應同名的流程圖後，自行一步一步參考流程圖符號來插入程式碼片段，只需小幅修改，就可以撰寫出完整的C程式碼。
- Orwell Dev-C++（Dev-C++的衍生版本）：因爲Bloodshed官方Dev-C++已經有很長一段時間沒有改版與更新（從2005年2月22日起），Orwell Dev-C++是使用64位元版本5.1.0版。關於Dev-C++的下載與安裝請參閱附錄A。

1-3-3 在Dev-C++輸入C程式碼

在下載安裝Dev-C++後，我們就可以啓動Dev-C++在程式碼編輯器輸入第1個C程式碼，在此之前，請先了解輸入C程式碼的一些注意事項，如下所示：

- C程式碼的英文字母區分英文大小寫，main、Main和MAIN是不同的。
- 輸入數字或英文字是使用半形字，不可以輸入中文的全形字。
- 數字「0」和英文小寫字母「o」，數字「1」和英文L的小寫字母「l」最容易打錯，在輸入時請再三確認沒有錯誤。
- 如同英文句子的每一個單字使用空白分隔，段落第1行縮排，在輸入C程式時，如果有空白，請使用空白鍵或 Tab 鍵。
- 在每一行C程式碼之後是「;」分號；不是冒號「:」。
- 在每一行程式之後換行，或新增空白行，請使用 Enter 換行鍵。
- C程式的括號有「{ }」、「[ ]」、「< >」和「( )」，其使用時機並不相同，而且一定是成雙成對的。

現在，我們就可以啓動Dev-C++，新增和輸入第1個C程式碼，完成後，將它儲存成名爲Example01.c的程式檔案。

步驟一：啓動Dev-C++建立C程式檔案

Dev-C++整合開發環境提供功能強大的程式碼編輯器，可以讓我們輸入C程式碼，其步驟如下所示：

Step 1 請執行「開始>Bloodshed Dev-C++>Dev-C++」指令啓動Dev-C++（可攜式版本是執行目錄下的devcppPortable.exe執行檔）。

Step 2 在執行畫面，執行「檔案>開新檔案>原始碼」指令新增C程式檔案。

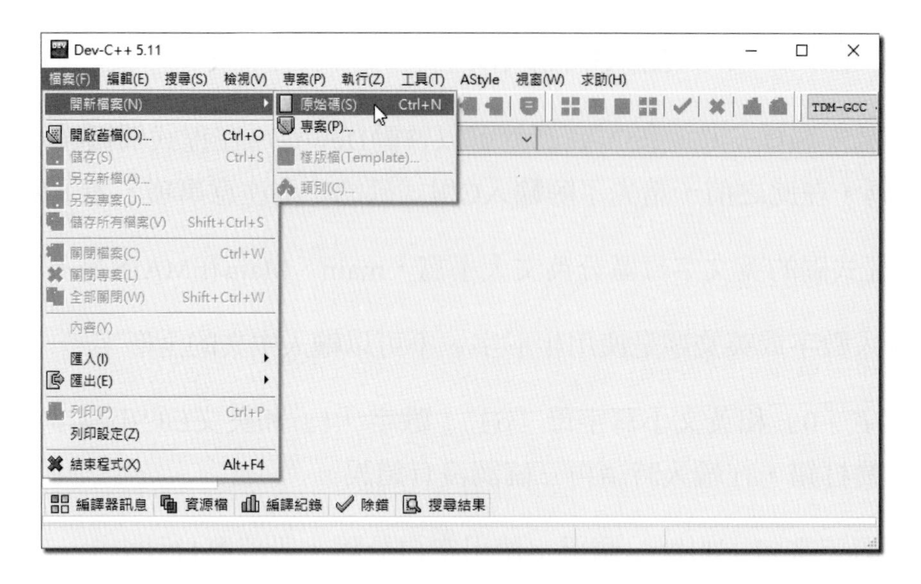

Step 3 可以新增名為新文件1的程式檔案，看到【新文件1】標籤的編輯視窗。

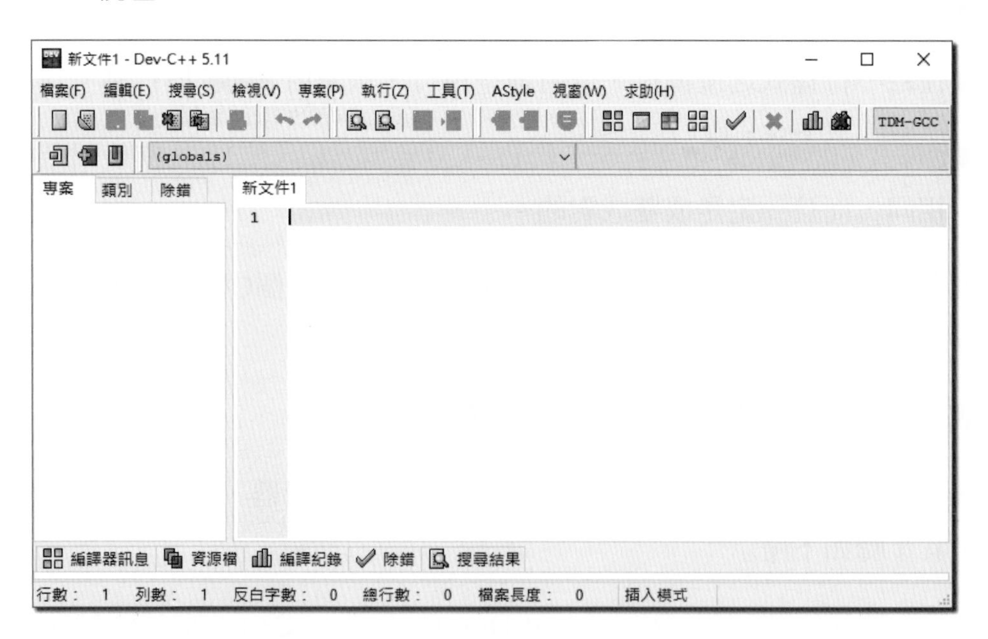

步驟二：輸入C程式碼

在Dev-C++新增程式碼檔案後，就可以在編輯視窗輸入C程式碼，fChart程式碼編輯器可以使用功能表指令，來快速插入C程式碼片段，其步驟如下所示：

Step 1 請直接在編輯視窗的標籤頁，使用鍵盤輸入C程式碼，如下所示：

```
#include <stdio.h>

int main()
{
    printf("第一個C程式\n");

    return 0;
}
```

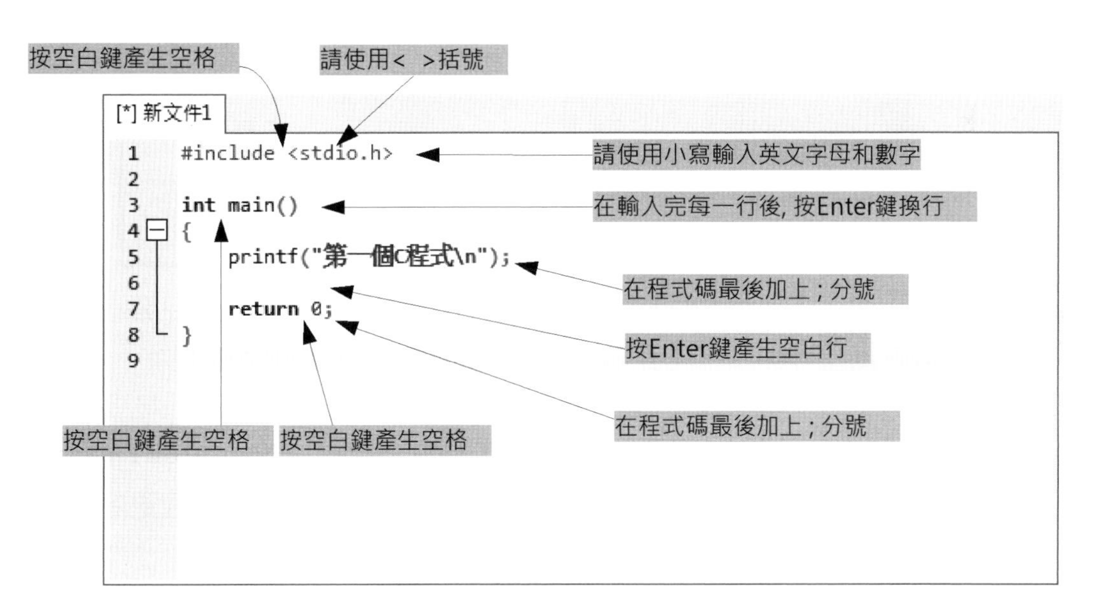

上述程式碼預設使用綠色、黑色、藍色和紅色等不同色彩來標示C程式碼，可以幫助我們檢視和輸入程式碼，在前方顯示程式碼行號，第4行的 - 號是隱藏和展開「{ }」大括號括起的程式碼，稱爲程式區塊（code block）。

步驟三：儲存C程式碼檔案

在Dev-C++輸入完程式碼後，我們需要儲存成程式碼檔案，C語言程式碼檔案的副檔名是「.c」，其步驟如下所示：

Step 1 請執行「檔案>儲存」指令，可以看到「Save As」儲存檔案對話方塊。

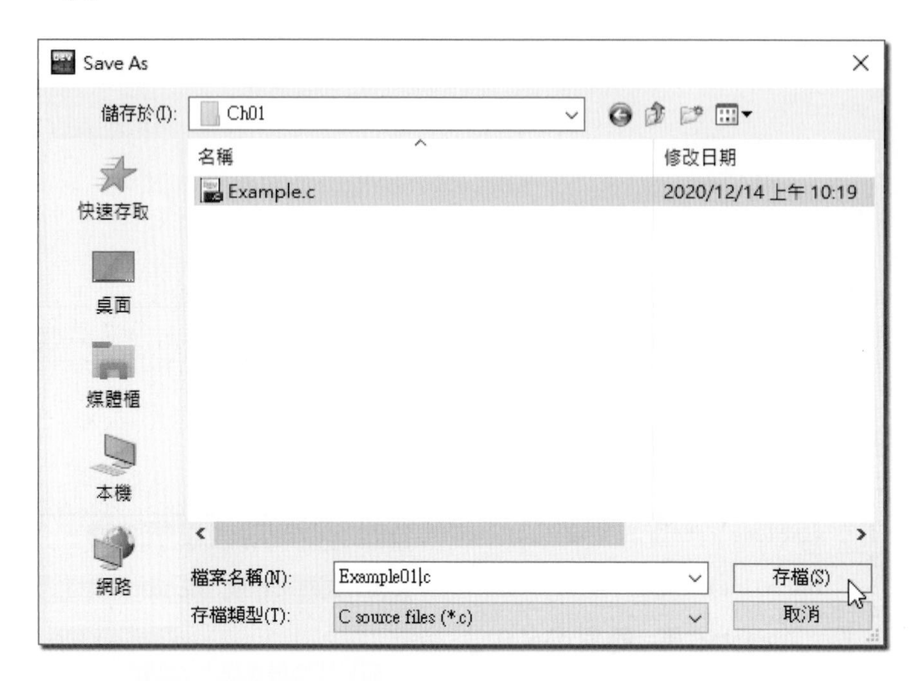

Step 2 請切換到C程式檔案的儲存路徑「C:\C\Ch01」，在下方【存檔類型】欄選【C source(*.c)】。

Step 3 在【檔案名稱】欄輸入C程式檔案的名稱【Example01.c】，按【存檔】鈕儲存C程式檔案，可以看到上方標籤頁已經更名為檔名【Example01.c】。

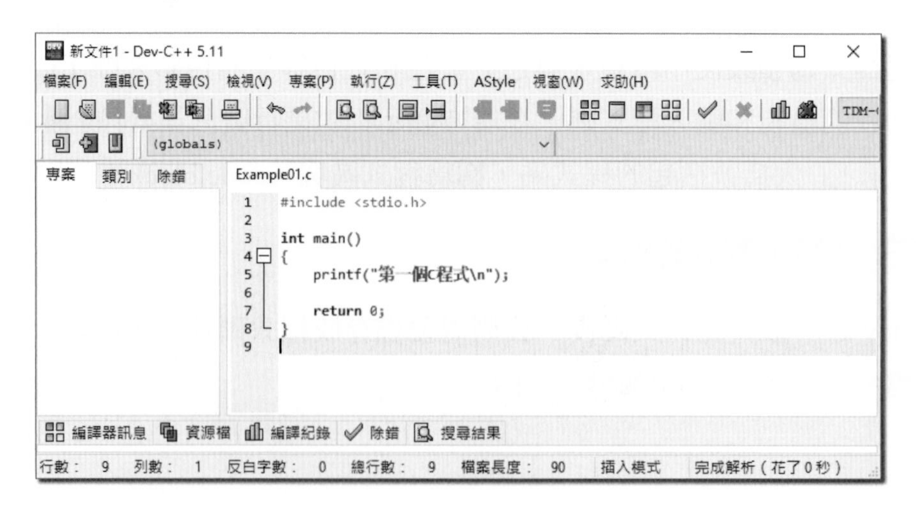

1-4 產生C程式執行檔

在第1-3-3節我們輸入和建立C程式Example01.c，這只是一個單純文字檔案的程式碼，並沒有辦法執行，我們需要將它編譯成機器語言和連結成執行檔，才能執行此C程式和看到執行結果。

1-4-1 認識編譯器

我們使用C語言建立的程式碼檔案只是文字檔，需要使用編譯器來檢查程式碼，如果沒有錯誤，就會翻譯成機器語言的目的碼檔案，如下圖所示：

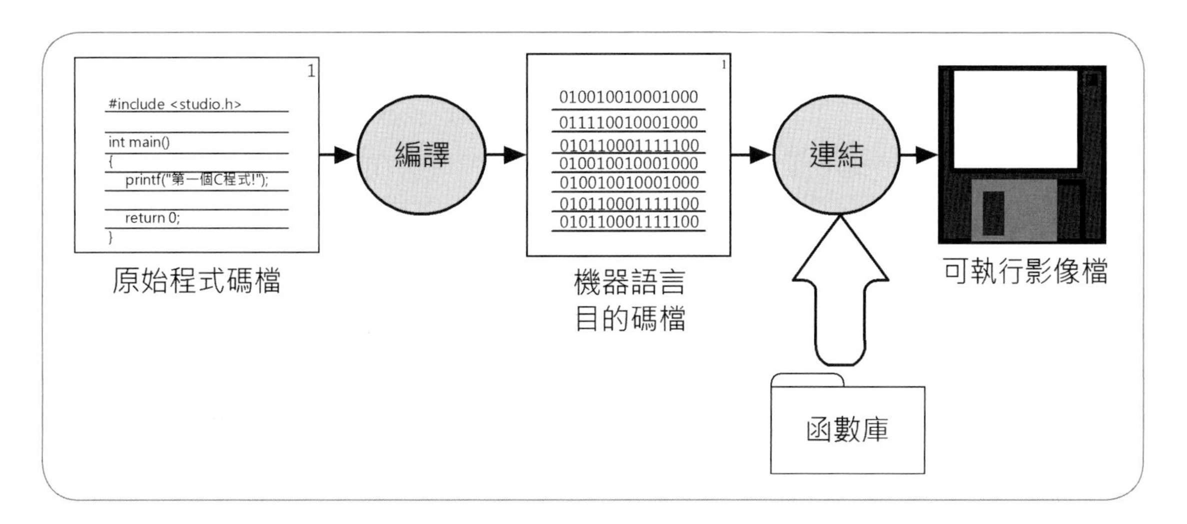

上述原始程式碼檔案在編譯成機器語言的目的碼檔（object code）後，因爲通常會參考外部程式碼，所以需要使用連結器（linker）將程式使用的外部函數庫連結建立成「可執行影像檔」（executable image）。編譯器的主要工作有兩項，如下所示：

- 檢查程式碼的錯誤。
- 將程式碼檔案翻譯成機器語言的程式碼檔案，即目的碼檔。

1-4-2 在Dev-C++編譯與連結建立C執行檔

當成功建立和儲存C程式檔案後，Dev-C++整合開發環境可以馬上編譯與連結C程式來建立C執行檔，其步驟如下所示：

Step 1 請執行「執行>編譯」指令或按 F9 鍵來編譯與連結C程式。

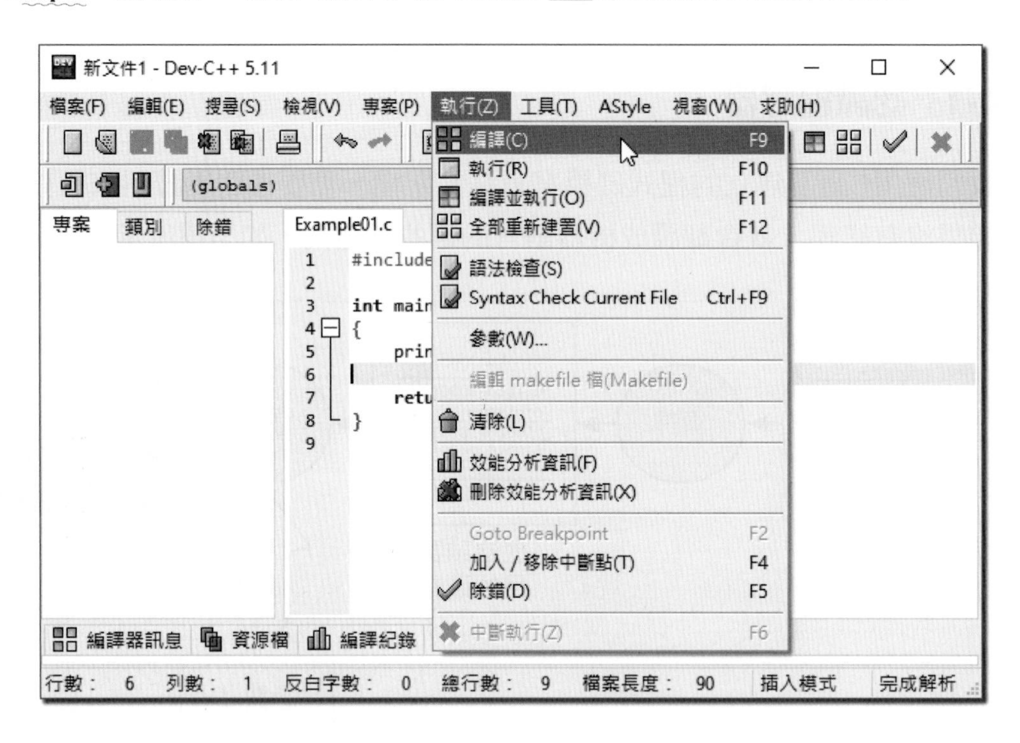

Step 2 可以在下方【編譯記錄】標籤顯示編譯進度和結果。

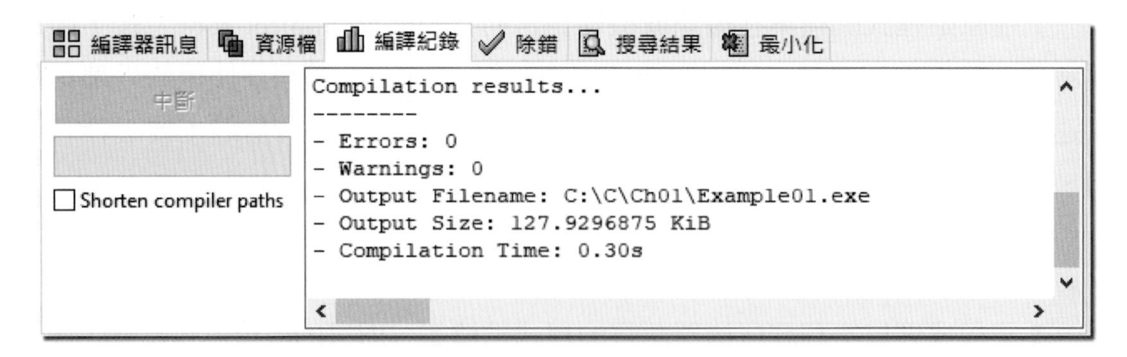

上述Errors訊息是錯誤數；Warnings是警告數，以此例沒有任何錯誤和警告（警告並不是程式錯誤，通常不會影響程式執行），在之下是輸出建立C執行檔Example01.exe，其副檔名是.exe。

說明

當在Dev-C++編輯C程式時，如果在Errors行顯示的值不是0，而是1、2、...等數字，就表示C程式碼有錯誤，因爲程式語言和我們說的語言一樣，擁有預設語法規則，如果輸入的C程式碼不符合語法規則，就會產生編譯錯誤。

如果看到錯誤，請再次確認輸入的C程式碼沒有拼字錯誤，符號都使用正確，括號成雙成對，請在更正錯誤且儲存後，再編譯一次，這個過程稱爲除錯（debug）。

Dev-C++預設在C程式檔案的同一資料夾建立執行檔（副檔名爲.exe），如下圖所示：

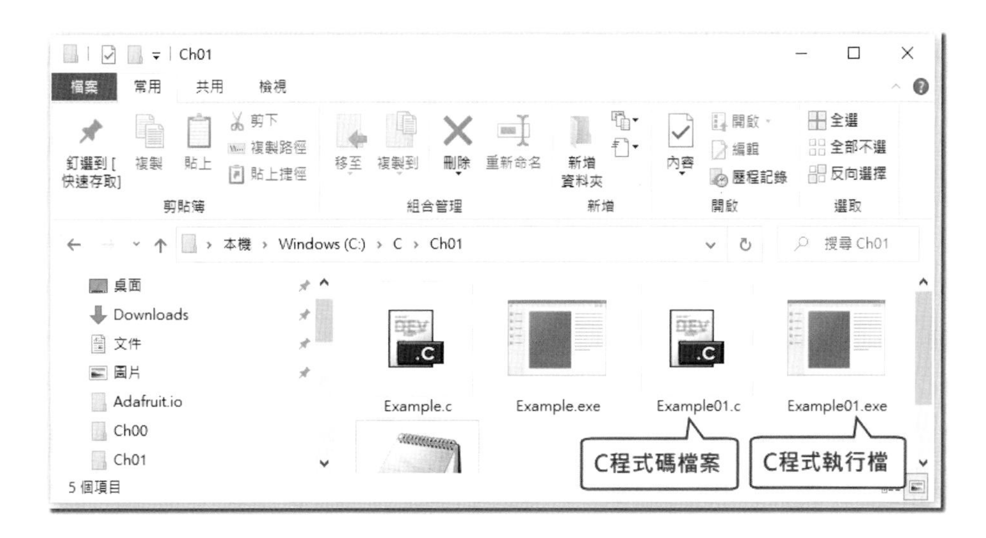

上述Example01.c是原始程式碼檔案；Example01.exe是執行檔。對於書附光碟的C範例程式，我們可以執行「檔案>開啓舊案」指令開啓C程式檔案後，就可以參閱上述步驟來編譯C程式。

1-5 執行C程式

對於編譯器和連結器建立的可執行影像檔，作業系統需要使用載入器（loader）將它和相關函數庫元件都載入至電腦主記憶體後，就可以執行此程式，如下圖所示：

載入

執行

可執行影像檔

電腦主記憶體

在成功建立EXE執行檔後，我們可以在Dev-C++執行C程式，也可以在Windows命令提示字元視窗執行建立的C程式。

1-5-1 在Dev-C++執行C程式

當成功編譯與連結建立C執行檔後，我們可以在Dev-C++整合開發環境執行建立的C程式，其步驟如下所示：

Step 1 請執行「執行>執行」指令或按 F10 鍵來執行C程式。

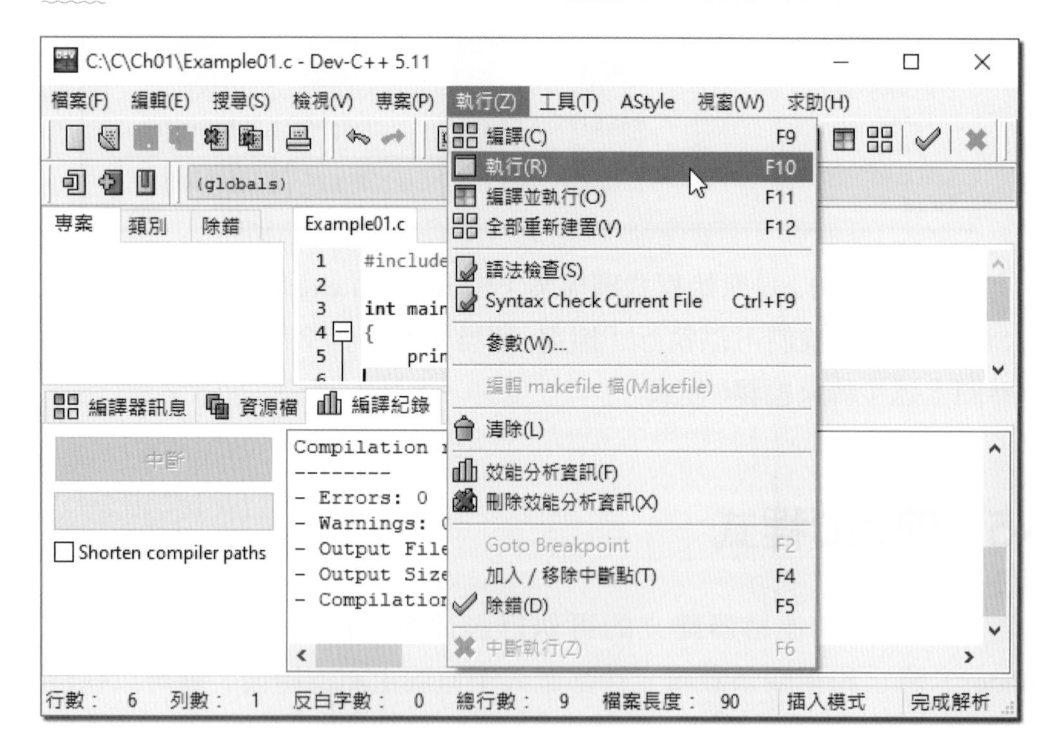

Step 2 自動開啟「命令提示字元」視窗顯示執行結果，如下圖所示：

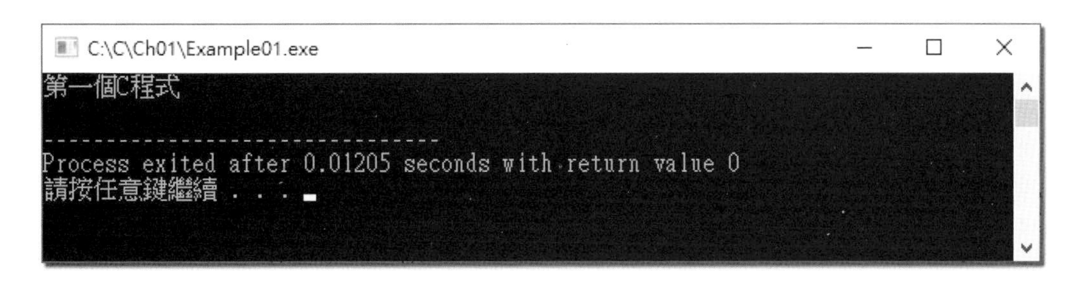

在上述視窗顯示執行結果的一段文字內容，按任意鍵結束程式執行和關閉視窗。

說明

在Dev-C++整合開發環境可以同時執行編譯和執行，即執行「執行>編譯並執行」指令，如果編譯沒有錯誤，就會馬上執行C程式。

1-5-2 在命令提示字元視窗執行C程式

因爲Dev-C++會在原始程式碼的相同目錄產生C程式的執行檔，所以，我們可以直接在Windows作業系統啟動「命令提示字元」視窗來執行C程式，其步驟如下所示：

Step 1 請使用搜尋功能搜尋cmd來啟動命令提示字元，可以看到「命令提示字元」視窗。

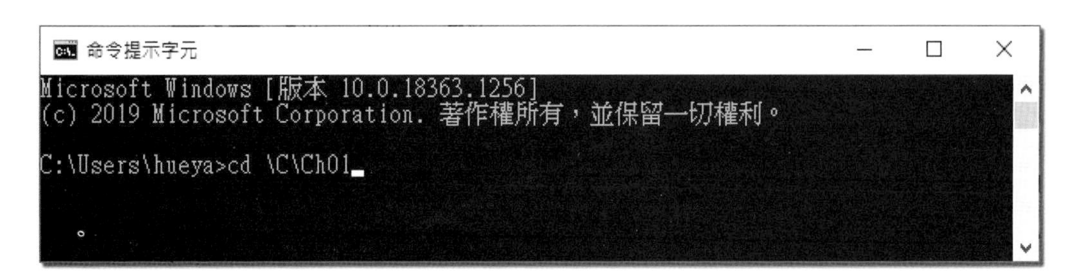

Step 2 請使用cd指令切換到C執行檔所在的資料夾，其完整路徑為「C:\C\Ch01」，然後輸入指令Example01或Example01.exe，如下所示：

```
C:\Users\hueya >cd \C\Ch01 Enter
C:\C\Ch01 >Example01.exe Enter
```

Step 3 按 Enter 鍵，就可以看到執行結果顯示的文字內容。

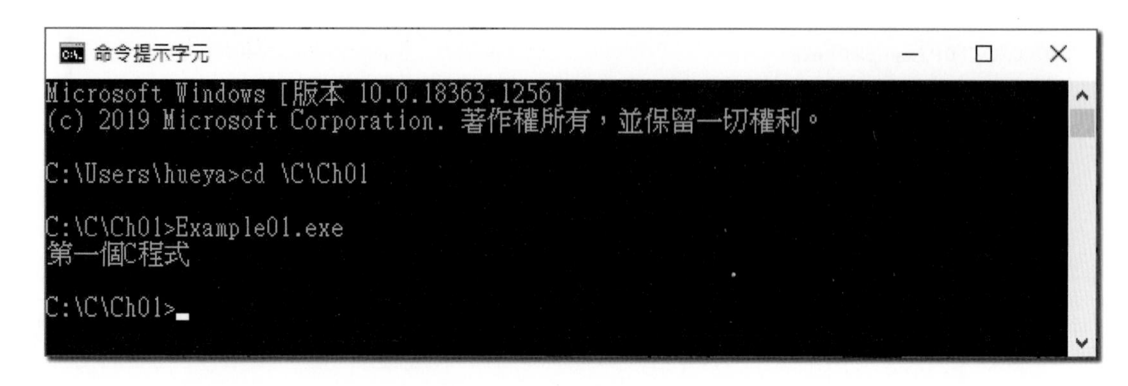

1-6 開發C程式的基本步驟

在成功建立和執行第1個C程式後，我們可以了解使用Dev-C++整合開發環境開發C程式的步驟，如下圖所示：

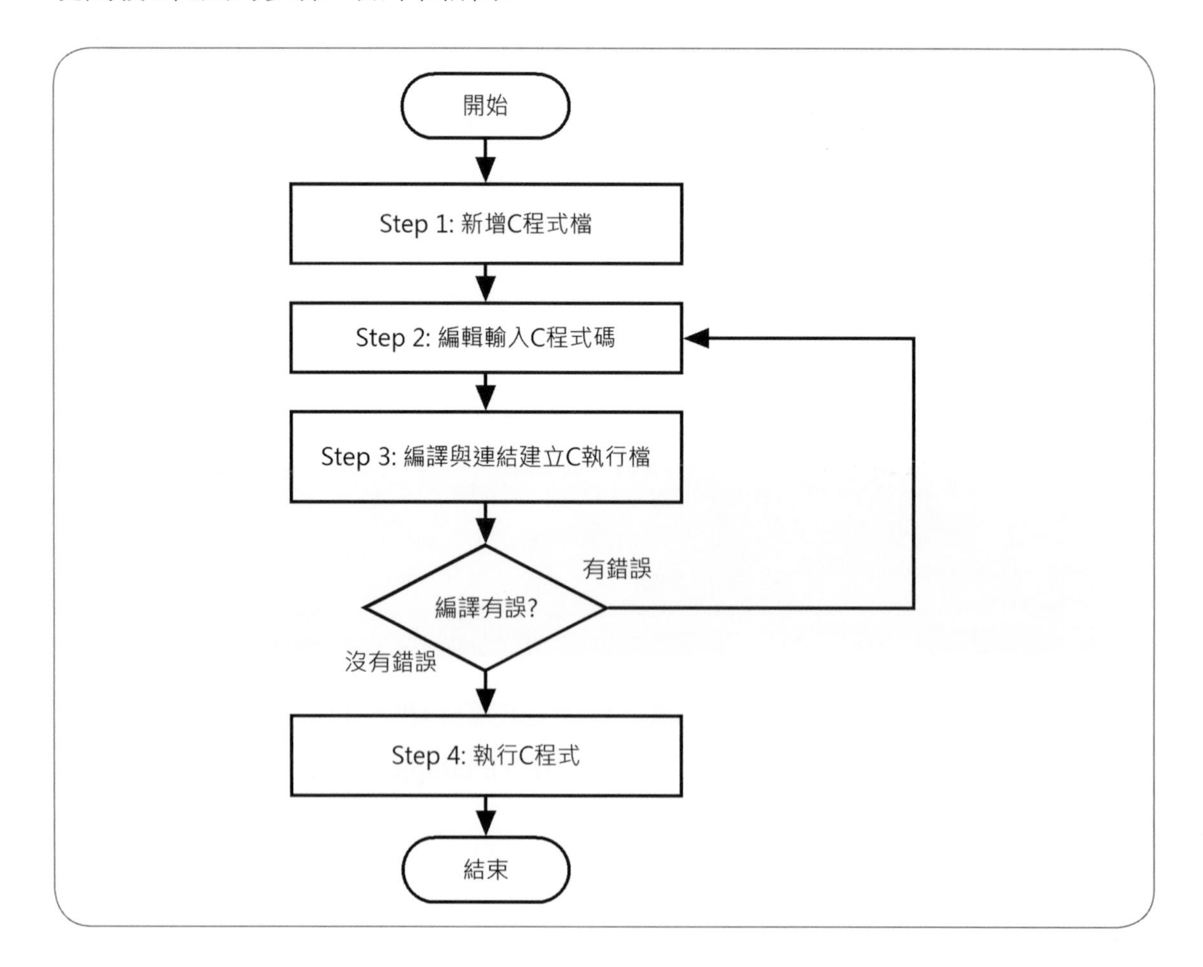

上述開發步驟各步驟的簡單說明，如下所示：

- **Step 1**　新增C程式檔案：使用Dev-C++建立C程式的第一步是新增C程式碼檔案。

- **Step 2**　編輯輸入C程式碼：在新增C程式檔案後，就可以開始編輯和輸入C程式碼。

- **Step 3**　編譯與連結建立C執行檔：在完成程式碼編輯後，就可以編譯和連結來建立C執行檔案，如果有錯誤，就回到Step 2來更正程式碼的錯誤，然後再編譯一次，直到沒有錯誤為止。

- **Step 4**　執行C程式：在完成後，就可以直接在Dev-C++，或Windows的「命令提示字元視窗」執行C程式，如果程式沒有錯誤，但執行結果不符合預期，我們仍然需要回到Step 2來更正程式碼錯誤後，再次執行編譯並執行，直到執行結果符合程式的需求。

學習評量

選擇題

( )1. 請問下列哪一個並不是在電腦上執行的程式？
(A)Dev-C++ (B)烘焙蛋糕 (C)Word (D)郵件工具

( )2. 請問下列哪一種行為就是在執行電腦程式？
(A)按讚 (B)打卡 (C)回LINE (D)以上皆是

( )3. 請問下列哪一個關於程式語言的說明是不正確的？
(A)C語言不是一種機器語言
(B)電腦懂的語言稱為C語言
(C)高階語言是一種接近人類語言的程式語言
(D)C語言是Dennis Ritchie博士發明的程式語言

( )4. 請問我們需要使用哪一種工具來轉換高階語言程式成為機器語言程式？
(A)編譯器 (B)組譯器 (C)轉譯器 (D)載入器

( )5. 請問在Windows作業系統可以使用下列哪一種最佳的編輯工具來撰寫C程式？
(A)Word (B)Excel (C)PowerPoint (D)記事本

( )6. 請問下列哪一個關於程式語言整合開發環境的說明是不正確的？
(A)程式語言的開發環境是一種單一的工具程式
(B)目前高階語言大都擁有整合開發環境
(C)在本書是使用2種整合開發環境來建立C程式
(D)目前已經有多種整合開發環境都支援C語言

( )7. 請問下列哪一個輸入C程式碼的注意事項是不正確的？
(A)C程式碼區分英文字母大小寫
(B)輸入的數字或英文字是半形字
(C)每一行C程式碼的最後是冒號「:」
(D)在C程式的括號一定是成雙成對的

評

(　　)8. 請問使用C語言建立的程式碼檔案副檔名是什麼？
(A).cpp　(B).c　(C).cs　(D).c++

(　　)9. 請問Windows作業系統需要使用下列哪一種工具來執行C程式？
(A)編譯器　(B)組譯器　(C)轉譯器　(D)載入器

(　　)10. 請問test.c原始程式碼檔案預設建立的執行檔名稱是什麼？
(A)test.o　(B)test.obj　(C)test.exe　(D)test.c.exe

填充與問答題

1. 電腦是一種________（hardware）；程式是________（software）。
2. ____________（machine language）是一種電腦可以直接了解的程式語言，無需經過編譯，就可以直接在電腦上執行。我們使用C語言撰寫的程式碼稱為____________（C code）。
3. 請簡單說明什麼是C程式語言？
4. 請問在C程式碼之中我們會使用的括號有哪幾種？
5. 請簡單說明開發C程式的基本步驟？
6. 請簡單說明IDE整合開發環境？Orwell Dev-C++是什麼？

實作題

1. 請參閱附錄A的說明在Windows電腦安裝Dev-C++，建立本書使用的C語言開發環境。
2. 請使用Dev-C++建立名為Example02.c的C程式，可以顯示本書書名的一行文字內容。
3. 小明今天考試100分，請建立名為Example03.c的C程式，可以顯示「成績100分」的一行文字內容。
4. 今天天氣晴朗，請建立名為Example04.c的C程式，可以顯示「今天有出太陽」的一行文字內容。

Memo

Chapter 2

認識C程式

學習重點

- 顯示程式的執行結果
- 看看C程式的內容
- 常數值
- 數字表示法

2-1 顯示程式的執行結果

在第1章我們建立的第1個C程式只是在「命令提示字元」視窗輸出一行文字內容，其主要目的是讓讀者熟悉C程式的基本開發步驟。

這一節筆者準備使用Dev-C++整合開發環境來編輯現有的C程式，並且擴充C程式內容來撰寫能夠顯示多行文字的C程式。

2-1-1 編輯現存的C程式

Dev-C++整合開發環境可以直接開啓現存C程式來編輯，例如：將第1章的Example01.c另存成第2章同名Example01.c，其步驟如下所示：

Step 1 請啓動Dev-C++執行「檔案>開啓舊檔」指令，就可以開啓存在的C程式檔。

Step 2 在切換至「Ch01」目錄後，選【Exampe01.c】，按【開啓】鈕。

Step 3 可以看到標籤頁載入的C程式碼，如下圖所示：

Example01.c

```
1  #include <stdio.h>
2
3  int main()
4  {
5      printf("第一個C程式\n");
6
7      return 0;
8  }
9
```

Step 4 請執行「檔案>另存新檔」指令且切換至「Ch02」目錄後，檔案名稱是預設檔名（可更改），按【存檔】鈕另存程式檔至其他目錄。

Step 5 接著，請按 Del 鍵刪除printf()這一行程式碼，如下圖所示：

[*] Example01.c

```
1  #include <stdio.h>
2
3  int main()
4  {
5      
6
7      return 0;
8  }
9
```

Step 6 執行「執行>編譯並執行」指令（Dev-C++會自動儲存）同時編譯和執行C程式，可以看到執行結果，如下圖所示：

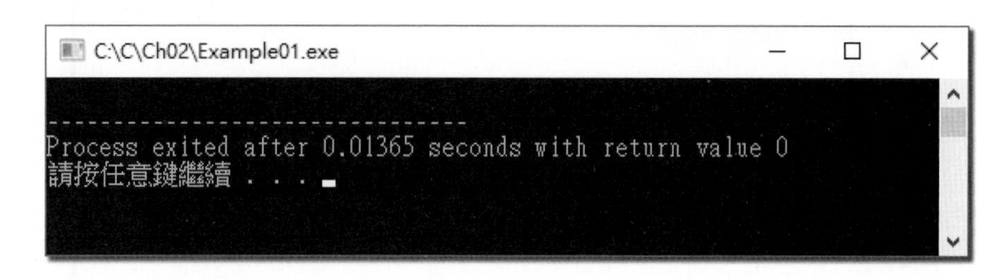

上述C程式沒有編譯錯誤，執行結果和第1章的最大不同，就是輸出的一行文字內容不見了。現在，就讓我們看看本節編輯的C程式Example01.c，其程式碼如下所示：

```
01: #include <stdio.h>
02:
03: int main()
04: {
05:
06:
07:     return 0;
08: }
```

上述Example01.c是一個完全合法的C程式（之前的行號是爲了方便說明，在輸入時千萬不要輸入每一行前面的行號和「:」號），只是沒有作任何事，所以，執行結果也沒有輸出任何內容，因爲main()大括號中，沒有任何輸出內容的程式碼（已經刪除第5行的printf()程式碼）。

從本節修改的C程式，我們可以了解到main()很重要，因爲第1章輸出一行文字內容的printf()，就是位在main()大括號之中，有了這一行程式，我們才能夠輸出一行文字內容。

而main()就是C程式執行的起始點，程式是從此大括號中的第1行程式碼開始執行，執行printf()輸出一行文字內容，因爲我們刪除這一行程式碼，所以程式就沒有任何輸出結果，進一步說明請參閱第2-1-3節。關於main()函數的進一步說明，請參閱第2-2節。

2-1-2 輸入新的C程式碼

在第2-1-1節已經說明如何在Dev-C++編輯標籤頁刪除程式碼，這一節我們準備擴充第1章的程式，可以輸出2行文字內容，這些新輸入的程式碼就是位在main()大括號之中。

Example02.c：輸出多行文字內容

這個C程式是啓動Dev-C++將第1章Example01.c另存成第2章的Example02.c，然後在編輯標籤頁輸入更多程式碼，我們需要輸入第1行的註解文字，和在第1個printf()之後的第7行新增另一個printf()，如下所示：

```
01: /* 輸出多行文字內容 */
02: #include <stdio.h>
03:
04: int main()
05: {
06:     printf("第一個C程式\n");
07:     printf("開始使用C程式\n");
08:     return 0;
09: }
```

上述註解文字是使用「/*」和「*/」包圍。請再次確認新輸入C程式碼的左右括號和最後的分號「;」沒有輸入錯誤，就可以參考第1章的步驟來儲存、編譯和執行C程式。

Example02.c的執行結果

```
第一個C程式
開始使用C程式
```

上述執行結果和第1章相同，都是在「命令提示字元」視窗輸出文字內容，第1章的Example01.c輸出一行；本節Example02.c輸出2行文字內容，因爲我們在C程式多加一行printf()程式碼。

從第2-1-1節和2-1-2節的範例可以看出，C程式輸出執行結果至螢幕顯示，就是使用printf()，printf()和main()一樣，都是C語言的函數（functions）。

2-1-3 在電腦螢幕輸出執行結果

C程式是使用printf()函數在電腦螢幕輸出執行結果的文字內容或數值，在main()函數使用printf()函數的基本語法，如下圖所示：

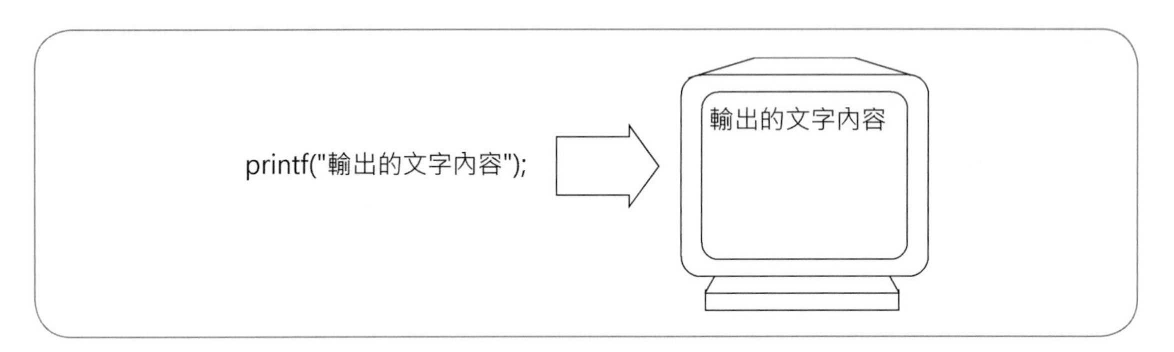

上述「"」括起的文字內容，就是輸出至電腦螢幕上顯示的文字內容，其顯示結果並不包含前後的「"」符號。如果需要輸出常數值或第3章的變數值，第1個「"」括起的文字內容需要包含「%」開頭的格式字元，其語法如下圖所示：

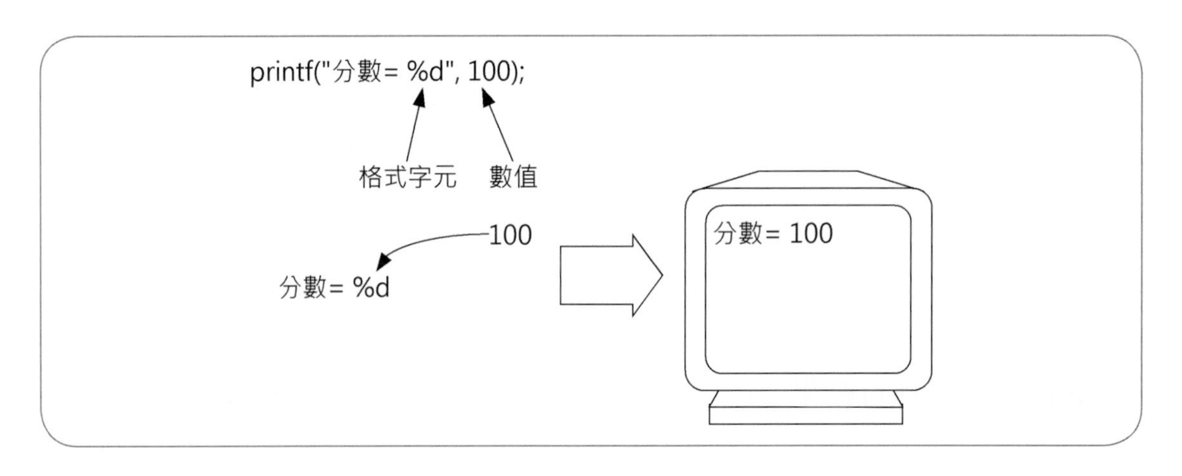

上述「%d」是格式字元，這是一個位置的記號，我們會將此位置取代成之後的數值100，所以，當「分數= %d」的%d位置替換成100後，就成爲「分數= 100」。

printf()函數的格式字元需要對應輸出值的類型（這些類型就是第3章的資料型態），常用格式字元如下表所示：

格式字元	輸出值
%d	沒有小數的整數常數值，100、25、123等
%f	擁有小數的浮點數常數值，12.5、34.2、123.11等
%c	字元常數值，使用「'」單引號括起的字元，例如：'c'
%s	字串常數值，使用「"」雙引號括起的字元序列，例如："第一個C程式"

Example03.c：輸出數值、字元和字串

```
01: /* 輸出數值、字元和字串 */
02: #include <stdio.h>
03:
04: int main()
05: {
06:     printf("整數= %d\n", 100);
07:     printf("浮點數= %f\n", 123.5);
08:     printf("字元= %c\n", 'c');
09:     printf("字串= %s\n", "C程式");
10:     return 0;
11: }
```

上述print()函數文字內容的最後請加上「\n」符號，這是換行符號，在輸入時請不要忘了輸入「\n」符號。

Example03.c的執行結果

```
整數= 100
浮點數= 123.500000
字元= c
字串= C程式
```

上述執行結果輸出的字元和字串不包含前後的「'」單引號和「"」雙引號，浮點數預設顯示小數點下6位數。

2-1-4 主控台輸出

在電腦執行的程式通常都需要與使用者進行互動，程式在取得使用者以電腦周邊裝置輸入的資料後，執行程式碼，就可以將執行結果的資訊輸出至電腦的輸出裝置。

主控台輸入與輸出

C語言建立的主控台應用程式（console application），就是在Windows作業系統的「命令提示字元」視窗執行的程式，最常使用的標準輸入裝置是鍵盤；標準輸出裝置是電腦螢幕，即主控台輸入與輸出（Console Input and Output，Console I/O），如下圖所示：

在上述圖例顯示程式的標準輸入與輸出，這是由循序一行一行組成的文字內容，每一行由新行字元（即「\n」字元）結束。程式取得使用者鍵盤輸入的資料（輸入），C程式在執行後（處理），就會以指定格式在螢幕上顯示執行結果（輸出）。

在輸出結果顯示換行：使用「\n」

在printf()函數輸出的文字內容中，我們只需加上新行字元「\n」，就可以在輸出至螢幕時顯示換行。

Example04.c：使用\n新行字元

```
01: /* 使用\n新行字元 */
02: #include <stdio.h>
03:
04: int main()
05: {
06:     printf("學習C程式 \n分數= %d\n", 100);
07:
08:     return 0;
09: }
```

Example04.c的執行結果

```
學習C程式
分數= 100
```

上述執行結果可以看到螢幕顯示二行，而字串只有一行，因為我們是使用新行字元「\n」來顯示2行的輸出結果。

2-2 看看C程式的內容

現在，我們就來詳細檢視本章Example02.c的程式碼內容，看看C程式到底是如何執行，如下圖所示：

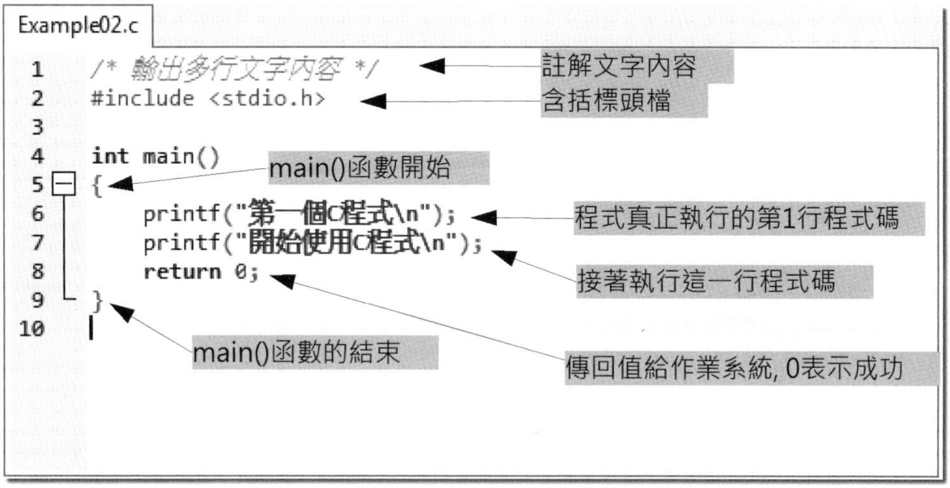

Example02.c

```
1   /* 輸出多行文字內容 */
2   #include <stdio.h>
3
4   int main()
5   {
6       printf("第一個C程式\n");
7       printf("開始使用C程式\n");
8       return 0;
9   }
10
```

註解文字內容
含括標頭檔
main()函數開始
程式真正執行的第1行程式碼
接著執行這一行程式碼
main()函數的結束
傳回值給作業系統, 0表示成功

main()函數

函數main()是C程式執行時的進入點，執行C程式是從此函數的第1行程式碼開始，直到執行到最後一行程式碼為止，左右大括號是main()函數的開始和結束，其包含的程式碼稱為「程式區塊」（blocks），如下所示：

```
int main()
{   /* main()函數開始 */
    ...
    return 0;
}   /* main()函數結束 */
```

上述main()函數是C程式的最主要部分，這是一個函數，關於函數的進一步說明請參閱第7章，在此之前，讀者可以將它視為是C語言的基本結構，在main()函數的內容就是我們執行的C程式碼。

return是用來傳回main()函數的傳回值，值0是一個整數，對應main()函數前int整數資料型態。此傳回值是傳回給執行C程式的作業系統，0表示程式執行沒有錯誤；非零值表示程式執行發生錯誤。

循序執行

「循序執行」（sequential run）是電腦程式預設的執行方式，也就是一個程式敘述跟著一個程式敘述來依序的執行，在C程式是使用「;」分號來分隔C程式成為一個一個程式敘述，以Example02.c為例，共有3個程式敘述，如下圖所示：

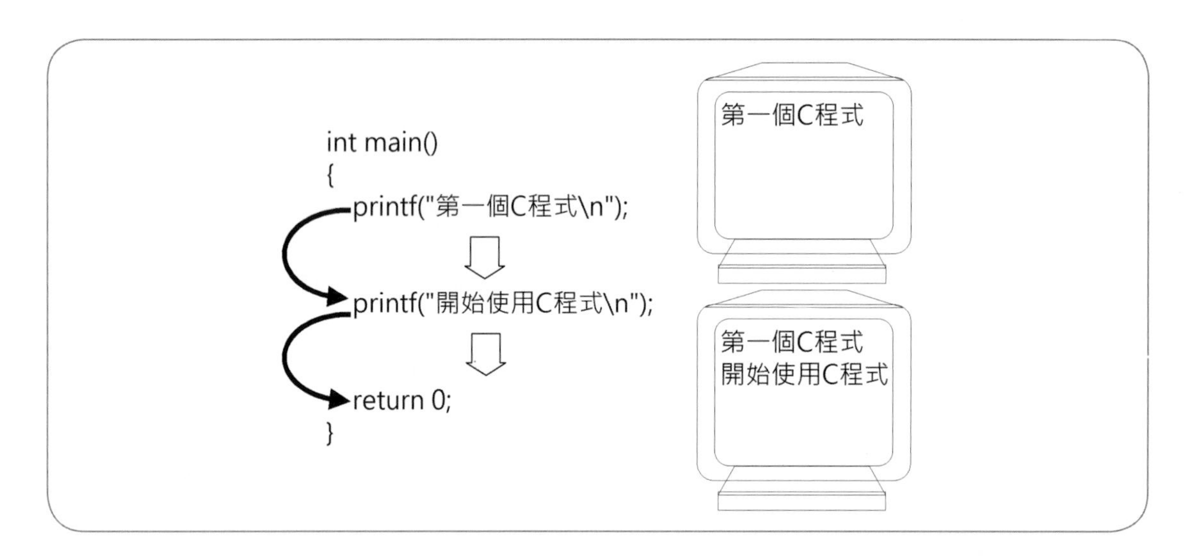

上述大括號之中擁有3行程式敘述（3個「;」分號分隔的程式敘述），首先執行第1行程式敘述輸出「第一個C程式」，然後執行第2行程式敘述輸出「開始使用C程式」，最後1行傳回0至作業系統，表示執行成功，沒有錯誤。

註解文字

在Example02.c程式開頭的第1行有使用「/*」和「*/」符號括起的文字內容，這是C語言的註解（comments），如下所示：

```
/* 輸出多行文字內容 */
```

當C語言編譯器在編譯C原始程式碼時會忽略上述註解文字，當編譯器看到「/*」和「*/」符號括起的文字內容時，就會：

「忽略這些內容，並不會寫入編譯結果的目的碼檔，所以它和執行結果完全無關。」

基本上，註解可以出現在C程式檔案的任何地方，其內容是給程式設計者閱讀；不是C編譯器，我們可以使用註解文字來提供程式內容的進一步說明，描述程式目的、設計理念和如何執行。如此，程式設計者不但能夠了解程式目的，而且在程式維護上，也可以提供更多資訊。

C語言的註解文字不只有單行，還可以跨過很多行，如下所示：

```
/* ---------------------------
  輸出多行文字內容
------------------------------ */
```

上述「/*」和「*/」符號括起跨過多行的文字內容都算是註解文字的一部分，不過，在C語言註解之中不能再包含其他註解，因爲並不支援巢狀註解，如下所示：

```
/* ---------------------------
   /* ---------------------------
       巢狀註解，錯誤寫法
   ------------------------------ */
------------------------------ */
```

說明

C99可以使用C++語言的註解語法，即在程式中以「//」符號開始的行，或位在程式行「//」符號後的文字內容，如下所示：

```
// 顯示訊息
printf("第一個C程式\n");    // 顯示訊息
```

雖然目前大部分C編譯器已經支援C++註解的語法，例如：Dev-C++。不過，在本書C程式範例仍然採用C語言的標準註解寫法。

編排你的C程式碼

C語言是一種「自由格式」（free-format）程式語言，程式設計者在撰寫C程式碼時：

「可以自由編排程式碼來加上空白字元，或在必須時縮排或換行。」

不只如此，我們可以將多個程式敘述寫在同一行，甚至將整個程式區塊置於同一行，如下所示：

```
int main() {printf("第一個C程式\n"); printf("開始使用C程式\n"); return 0;}
```

上述main()主程式和前述範例完全相同，但是閱讀上比較困難。在實務上，我們並不建議如此撰寫C程式碼，因爲在程式碼加上空白字元和換行符號的主要目的，就是爲了編排出更容易閱讀的C程式碼。

在撰寫程式時記得使用縮排編排程式碼，縮排是在程式碼前加上適當的空白字元，適當縮排程式碼可以讓程式碼更容易閱讀，因爲可以看出程式碼邏輯、程式區塊、條件和迴圈架構，例如：在main()程式區塊的程式碼縮幾格編排，如下圖所示：

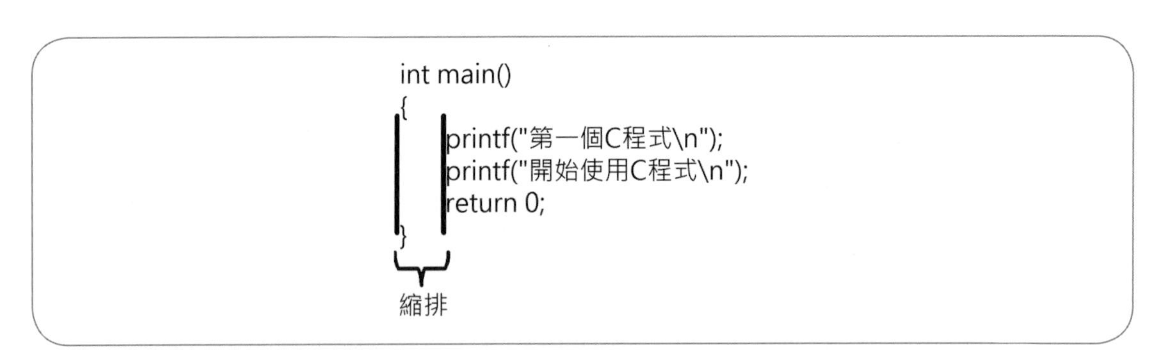

上述迴圈程式區塊的程式敘述向內縮排4個空白字元，表示這些程式碼屬於此程式區塊，可以讓我們清楚分辨哪些程式碼屬於同一個程式區塊。

說明

在程式區塊使用縮排可以讓程式碼更加層次分明，有些程式語言更是直接使用縮排來識別是否屬於同一程式區塊，例如：Python語言。

含括標頭檔

在Example02.c第1行註解文字之後是使用「#」開始的一行程式碼，如下所示：

```
#include <stdio.h>
```

上述程式碼使用「#」開頭，此指令需獨立成一行，而且在最後不能加上「;」分號，此行程式碼表示：

「因為C程式需要輸出執行結果至螢幕，所以在編譯前需要含括stdio.h標頭檔。」

C語言的stdio.h稱爲「標頭檔」（header file），這是C語言標準輸出/輸入函數庫，內含主控台輸出入的相關函數宣告，也就是第1章建立C程式連結步驟的外部函數庫。

在C語言編譯器提供「前置處理器」（preprocessor），可以在編譯C程式前處理「#」開頭的指令，#include指令是含括標頭檔，也就是將此行內容取代成studio.h標頭檔的內容，如下圖所示：

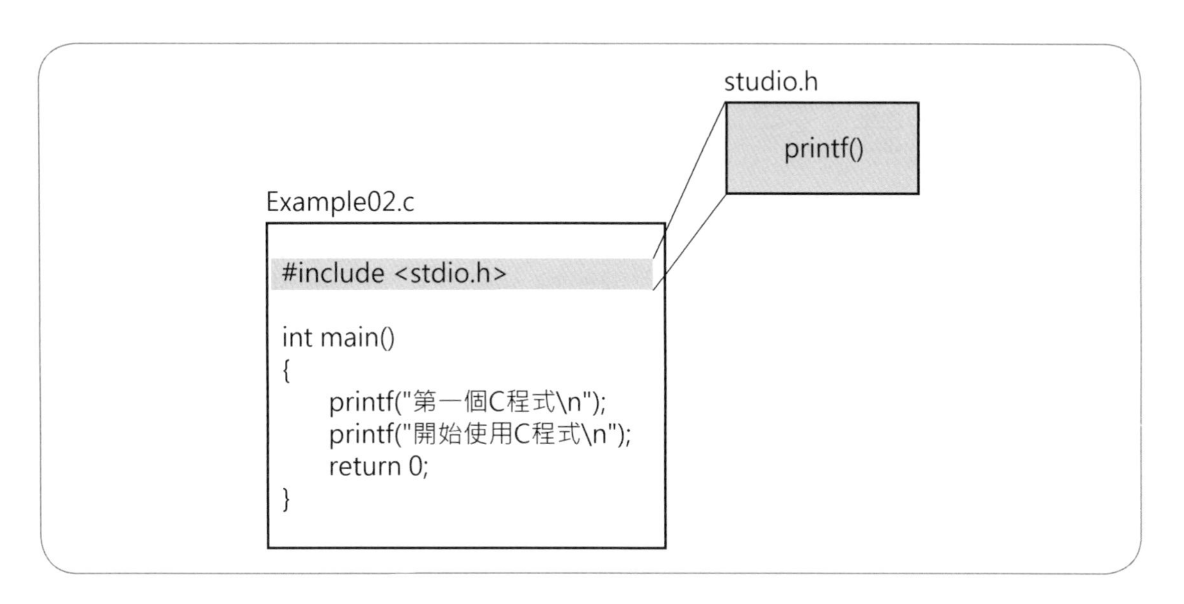

上述stdio.h標頭檔是位在「C:\Program Files (x86)\Dev-C++\MinGw64\x86_64-w64-mingw32\include」目錄，當我們使用記事本開啓標頭檔內容時，可以看到函數原型宣告的清單（請不要更改檔案內容），如下圖所示：

stdio.h - 記事本

檔案(F) 編輯(E) 格式(O) 檢視(V) 說明

```
#undef __builtin_vsnprintf
#undef __builtin_vsprintf

/*
 * Default configuration: simply direct all calls to MSVCRT...
 */
 int __cdecl fprintf(FILE * __restrict__ _File,const char * __restrict__ _Format,...
 int __cdecl printf(const char * __restrict__ _Format,...);
 int __cdecl sprintf(char * __restrict__ _Dest,const char * __restrict__ _Format,...

 int __cdecl vfprintf(FILE * __restrict__ _File,const char * __restrict__ _Format,va_
 int __cdecl vprintf(const char * __restrict__ _Format,va_list _ArgList);
 int __cdecl vsprintf(char * __restrict__ _Dest,const char * __restrict__ _Format,va_
```

第 378 列，第 61 行 100% Unix (LF) UTF-8

上述檔案內容可以找到printf()函數宣告，換句話說，因為在C程式有呼叫printf()函數，所以在C程式碼開頭需要含括<stdio.h>標頭檔。

2-3 常數值

C語言的「常數值」（constants）或稱為「文字值」（literals）是一種文字表面顯示的值，即撰寫程式碼時使用鍵盤輸入的值。在Example03.c程式輸出的整數100、浮點數123.5、字元'c'和字串"C程式"，都是常數值，如下圖所示：

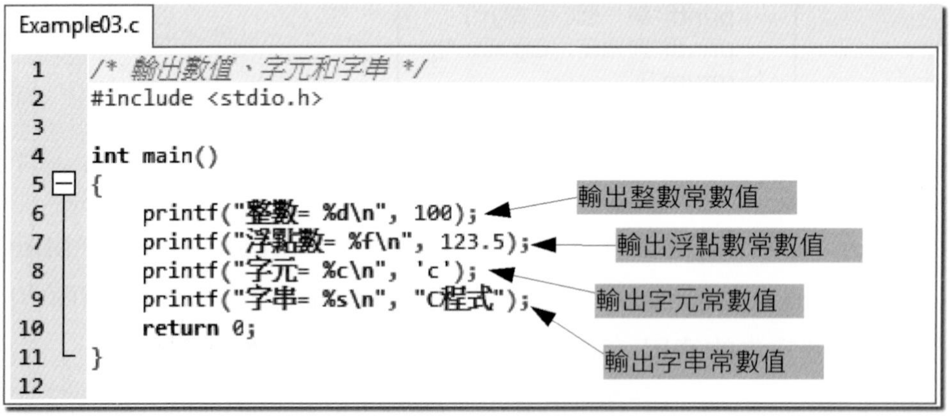

Example03.c

```
1  /* 輸出數值、字元和字串 */
2  #include <stdio.h>
3
4  int main()
5  {
6      printf("整數= %d\n", 100);
7      printf("浮點數= %f\n", 123.5);
8      printf("字元= %c\n", 'c');
9      printf("字串= %s\n", "C程式");
10     return 0;
11 }
12
```


我們可以看一看更多C常數值範例，例如：整數、浮點數、字元值或字串值，如下所示：

```
100
15.3
'A'
"第一個程式"
```

上述常數值的前2個是數值，之後是字元常數值，最後一個是使用「"」括起的字串常數值。基本上，C語言的常數值可以分爲：

- 字元常數。
- 字串常數。
- 數值常數。

2-3-1 字元常數

「字元常數」（character constant）是直接使用字元符號表示的資料，需要使用「'」單引號括起，如下所示：

```
'A'
'e'
'c'
```

上述字元常數只有單一字母，而且只有1個（多個字元常數連起來就是字串常數），請注意！Example03.c輸出字元常數值，並不會包含前後「'」單引號，只有位在其中的字元c，如下圖所示：

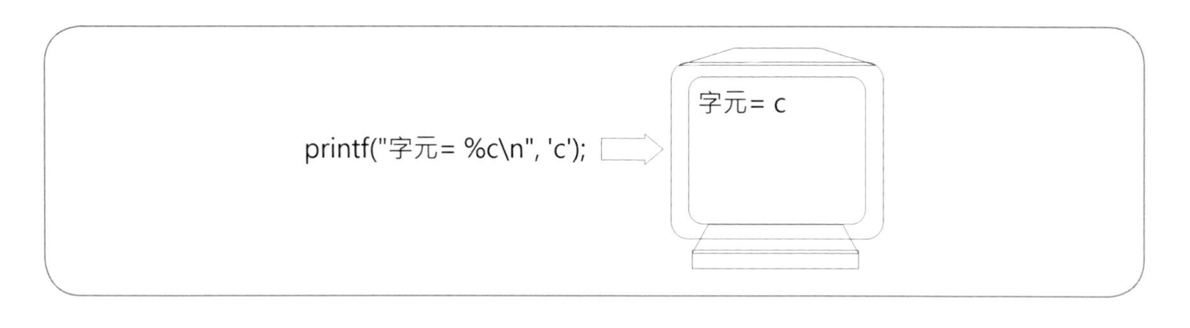

說明

請注意！字元常數值是使用「'」單引號括起，並不是「"」雙引號。

Escape逸出字元

對於我們使用「'」單引號括起的字元常數（character constant）來說，這些都是可以使用電腦鍵盤輸入的字元，對於那些無法使用鍵盤輸入的特殊字元，例如：新行符號，我們就需要使用Escape逸出字元。

C語言提供Escape逸出字元來輸入特殊字元，這是一些使用「\」符號開頭的字元，如下表所示：

Escape逸出字元	說明
\b	Backspace，Backspace 鍵
\f	FF，Form feed換頁字元
\n	LF（Line Feed）換行或NL（New Line）新行字元
\r	carriage return，Enter 鍵
\t	Tab 鍵，定位字元
\'	「'」單引號
\"	「"」雙引號
\\	「\」符號
\?	「?」問號

Example05.c：使用Escape逸出字元

```
01: /* 使用Escape逸出字元 */
02: #include <stdio.h>
03:
04: int main()
05: {
06:     printf("顯示反斜線: %c\n", '\\');
07:     printf("顯示單引號: %c\n", '\'');
08:     printf("顯示雙引號: %c\n", '\"');
09:
10:     return 0;
11: }
```

爲了讓main()函數中的程式碼明顯區分爲輸出內容和傳回值，我們在第9行增加一行空白行。實務上，我們可以在程式中適當加上一些空白行，以便讓程式結構看起來更清楚明白。

Example05.c的執行結果

```
顯示反斜線: \
顯示單引號: '
顯示雙引號: "
```

上述字元常數「\\」、「\'」和「\"」的執行結果是「\」、「'」和「"」。

八進位和十六進位值的字元常數

對於電腦來說，當在鍵盤按下大寫A字母時，傳給電腦的是1個位元組的數字（英文字母和數字只使用其中的7位元），目前個人電腦是使用「ASCII」（American Standard Code for Information Interchange，例如：大寫A是65，所以，電腦實際顯示和儲存的資料是數值65，稱爲字元碼（character code）。

同樣的，中文字的字元碼需要使用2個位元組數值來代表常用的中文字，繁體中文是Big 5；簡體中文有GB和HZ。所以，字元常數也可以使用「\x」字串開頭的2個十六進位數字或「\」字串開頭3個八進位數字來表示其字元碼，如下所示：

```
'\x61'
'\101'
```

上述表示法，筆者整理如下表所示：

字元碼	說明
\N	N是八進位值的字元常數，例如：\040空白字元
\xN	N是十六進位值的字元常數，例如：\x20空白字元

Example06.c：使用字元碼顯示字元

```
01: /* 使用字元碼顯示字元 */
02: #include <stdio.h>
03:
04: int main()
05: {
06:     printf("十六進位值的字元常數: %c\n", '\x62');
07:     printf("八進位值的字元常數: %c\n", '\102');
08:
09:     return 0;
10: }
```

Example06.c的執行結果

```
十六進位值的字元常數: b
八進位值的字元常數: B
```

上述字元常數值是十六和八進位，其進一步說明請參閱第2-4節。

2-3-2 字串常數

「字串常數」（string literals）就是字串，字串是0或多個依序字元使用雙引號「"」括起的文字內容，如下所示：

```
"輕鬆學C程式設計"
"Hello World!"
```

目前我們使用的字串常數大都是printf()函數的參數，而且在最後輸出至螢幕顯示時，並不會看到位在前後的雙引號「"」，如下圖所示：

2-3-3 數值常數

C語言的數值常數可以分爲沒有小數點的整數常數，和擁有小數點的浮點常數。

整數常數

「整數常數」（integral constants）是在程式碼直接使用數字1、123、21000和-5678等數值。整數包含0、正整數和負整數，可以使用十進位、八進位和十六進位來表示，如下所示：

- 八進位：「0」開頭的整數值，每個位數的值爲0~7的整數。
- 十六進位：「0x」或「0X」開頭的數值，位數值爲0~9和A~F。

一些十進位、八進位和十六進位整數常數的範例，如下表所示：

整數常數	十進位值	說明
123	123	十進位整數
-234	-234	十進位負整數
0256	174	八進位整數
0Xff	255	十六進位整數
0xccf	3279	十六進位整數

Example07.c：各種進位的數字表示法

```
01: /* 各種進位的數字表示法 */
02: #include <stdio.h>
03:
04: int main()
05: {
06:      printf("十進位值123的整數常數: %d\n", 123);
07:      printf("八進位值0256的整數常數: %d\n", 0256);
08:      printf("十六進位值0Xff的整數常數: %d\n", 0Xff);
09:
10:      return 0;
11: }
```

Example07.c的執行結果

```
十進位值123的整數常數: 123
八進位值0256的整數常數: 174
十六進位值0Xff的整數常數: 255
```

上述整數常數值是八進位和十六進位，進一步說明請參閱第2-4節。

浮點常數

浮點常數（floating constant）是在程式碼直接使用浮點數值，這是擁有小數點的數值，例如：123.23和4.34等。浮點常數值也可以使用「e」或「E」符號代表10爲底指數的科學符號表示。一些浮點常數的範例，如下表所示：

浮點常數	十進位值	說明
123.23	123.23	浮點數
.0007	0.0007	浮點數
5e4	50000	使用指數的浮點數
4.34e-3	0.00434	使用指數的浮點數

2-4 數字表示法

數字表示法是數值常數值的表示方式，我們可以使用十進位、二進位、八進位和十六進位來表示程式使用的常數值。

2-4-1 數字系統的基礎

對於程式設計師來說，或多或少都可能處理一些二進位或十六進位的數值，所以，我們需要對數字系統（number system）有一定的認識，以便在不同數字系統之間進行轉換。

十進位數字系統（the decimal number system）

十進位數字系統是日常生活中使用的數字系統，這是以10為基底的數字系統，使用0~9共10種符號表示，我們使用貨幣的1、10、100和1000元也是一種十進位數字系統。例如：十進位整數432，如下表所示：

4	$4 * 10^2 = 4 * 100 =$	400
3	$3 * 10^1 = 3 * 10 =$	30
2	$2 * 10^0 = 2 * 1 =$	2
		432

上述整數的第1個位數是2（從右至左），乘以10的0次方，第2個位數是3，乘以10的1次方，第3個位數是4，乘以10的2次方，以此類推，最後相加的結果是432。

二進位數字系統（the binary number system）

二進位數字系統是以2爲基底的數字系統，使用0和1兩種符號表示，例如：二進位整數1101，如下表所示：

1	$1 * 2^3 = 1 * 8 =$	8
1	$1 * 2^2 = 1 * 4 =$	4
0	$0 * 2^1 = 0 * 2 =$	0
1	$1 * 2^0 = 1 * 1 =$	1
		13

上述整數的第1個位數是1（從右至左），乘以2的0次方，第2個位數是0，乘以2的1次方，第3個位數是1，乘以2的2次方，第4個位數是1，乘以2的3次方，以此類推，最後相加的結果是13_{10}。

八進位數字系統（the octal number system）

八進位數字系統是以8爲基底的數字系統，使用0~7共8種符號表示，例如：八進位整數475，如下表所示：

4	$4 * 8^2 = 4 * 64 =$	256
7	$7 * 8^1 = 7 * 8 =$	56
5	$5 * 8^0 = 5 * 1 =$	5
		317

上述整數的第1個位數是5（從右至左），乘以8的0次方，第2個位數是7，乘以8的1次方，第3個位數是4，乘以8的2次方，以此類推，最後相加的結果是317_{10}。

十六進位數字系統（the hexadecimal number system）

十六進位數字系統是以16爲基底的數字系統，除了0~9外，還需A~F代表10~15共16種符號表示，例如：十六進位整數2DA，如下表所示：

2	$2 * 16^2 = 2 * 256 =$	512
D	$13 * 16^1 = 13 * 16 =$	208
A	$10 * 16^0 = 10 * 1 =$	10
		730

上述整數的第1個位數是A（從右至左），乘以16的0次方，第2個位數是D，乘以16的1次方，第3個位數是2，乘以16的2次方，以此類推，最後相加的結果是730_{10}。

2-4-2 八進位、十六進位和二進位的互換

十進位、八進位、十六進位和二進位數字系統的轉換表，如下表所示：

十進位	0	1	2	3	4	5	6	7	8	9	10	11	12	13	14	15
八進位	0	1	2	3	4	5	6	7	10	11	12	13	14	15	16	17
十六進位	0	1	2	3	4	5	6	7	8	9	A	B	C	D	E	F
二進位	0000	0001	0010	0011	0100	0101	0110	0111	1000	1001	1010	1011	1100	1101	1110	1111

上述轉換表可以幫助我們快速執行八進位、十六進位和二進位之間的互換，如下所示：

十六進位與二進位的互換

十六進位與二進位的互換是透過上述轉換表，將十六進位的每1個位數轉換成二進位的4個0或1，如下所示：

- 十六進位轉換成二進位：將每一個十六進位的位數，依據上表轉換成二進位，1個轉換成4個，如下所示：

$(4EC)_{16}$ = $(0100\ 1110\ 1100)_2$ = $(010011101100)_2$
$(5BD1.B)_{16}$ = $(0101\ 1011\ 1101\ 0001\ .\ 1011)_2$= $(101101111010001.1011)_2$

- 二進位轉換成十六進位：以小數點爲基準，整數部分是由右向左，每4位爲一組，不足4補0。小數部分是從左至右，每4位一組，不足4補0，然後將每一組數字轉換成十六進位值，如下所示：

$(111010011)_2$ = $(0001\ 1101\ 0011)_2$ = $(1D3)_{16}$
$(111010011.101)_2$ = $(0001\ 1101\ 0011\ .\ 1010)_2$ = $(1D3.A)_{16}$

八進位與二進位的互換

八進位與二進位的互換是透過上述轉換表的前半部分0~7，其二進位值是使用後3個位元，即1是001；2是010，以此類推，可以將八進位的每1個位數轉換成二進位的3個0或1，如下所示：

■ 八進位轉換成二進位：將每一個八進位的位數，依據上表轉換成二進位，1個轉換成3個，如下所示：

$(475)_8 = (100\ 111\ 101)_2 = (100111101)_2$
$(76.21)_8 = (111\ 110\ .\ 010\ 001)_2 = (111110.010001)_2$

■ 二進位轉換成八進位：以小數點為基準，整數部分是由右向左，每3位為一組，不足3補0。小數部分是從左至右，每3位一組，不足3補0，然後將每一組數字轉換成八進位值，如下所示：

$(101001110)_2 = (101\ 001\ 110)_2 = (516)_8$
$(101001110.01)_2 = (101\ 001\ 110\ .\ 010)_2 = (516.2)_8$

八進位與十六進位的互換

八進位與十六進位的互換是透過二進位來進行轉換，如下所示：

■ 十六進位轉換成八進位：先將十六進位轉換成二進位，然後再將二進位轉換成八進位，如下所示：

$(C9.A)_{16} = (1100\ 1001\ .\ 1010)_2 = (011\ 001\ 001\ .\ 101)_2 = (311.5)_8$

■ 八進位轉換成十六進位：先將八進位轉換成二進位，然後再將二進位轉換成十六進位，如下所示：

$(36.65)_8 = (011\ 110\ .\ 110\ 101)_2 = (0001\ 1110\ .\ 1101\ 0100)_2 = (1E.D4)_{16}$

學習評量

選擇題

(　)1. 請問C程式執行的起始點是下列哪一個函數的第1行？
(A)Start() (B)start() (C)Main() (D)main()

(　)2. 請問下列哪一組符號包圍的內容是C語言的註解文字？
(A)「// //」 (B)「/* */」 (C)「|* *|」 (D)「/& &/」

(　)3. 請問在C程式是使用下列哪一個函數來輸出一行文字內容？
(A)write() (B)writeln() (C)printf() (D)println()

(　)4. 請問在C程式使用函數輸出執行結果時，我們可以使用下列哪一個格式字元來輸出字元？
(A)%d (B)%f (C)%c (D)%s

(　)5. 在C程式準備使用函數輸出執行結果是整數100，請問我們可以下列哪一個格式字元來輸出此執行結果？
(A)%d (B)%f (C)%c (D)%s

(　)6. 如果主控台輸出的每一行會換行，請問我們需要使用下列哪一個字元來結束每一行？
(A)「\n」 (B)「\t」 (C)「\b」 (D)「\f」

(　)7. 當C程式需要含括標頭檔時，請問我們需要使用下列哪一個符號開始的程式碼來含括標頭檔？
(A)「$」 (B)「#」 (C)「*」 (D)「%」

(　)8. 請問下列哪一個不是C語言的常數值？
(A).12 (B)245.6 (C)'c' (D)abc

(　)9. 請問下列哪一個C語言的Escape逸出字元是 Tab 鍵的定位符號？
(A)「\f」 (B)「\t」 (C)「\b」 (D)「\n」

(　)10. 請問電腦CPU實際使用的數字系統是下列哪一種？
(A)二進位 (B)十進位 (C)八進位 (D)十六進位

填充與問答題

1. 請啟動Dev-C++執行「＿＿＿＿＿＿＿＿」指令，可以開啓硬碟中已經存在的C程式檔。
2. 在C程式使用函數輸出執行結果時，在輸出的文字內容中可以加上新行字元＿＿，以便在輸出至螢幕顯示時可以換行。
3. 如果沒有使用新行字元，小明準備建立C程式輸出5行文字內容，所以他需要一共需要呼叫＿＿次printf()函數。
4. 當C程式需要輸出至螢幕來顯示文字內容時，在文字內容的前後需要使用「＿＿」符號括起。
5. 請使用圖例說明什麼是主控台輸入與輸出？

實作題

1. 請建立C程式使用多個printf()函數，可以使用「*」星號字元來顯示5*5的三角形圖形，如下圖所示：

```
*
**
***
****
******
```

2. 請建立C程式使用printf()函數，可以使用「#」井號字元來顯示英文大寫字母「T」的圖形。
3. 請建立C程式在螢幕輸出顯示下列執行結果，如下所示：

```
學習C程式!
250
\100
```

4. 請建立C程式將下列八和十六進位值的變數轉換成十進位值來顯示，如下所示：

```
0277、 0xcc、 0xab、 0333、 0555、 0xff
```

5. 請建立C程式在螢幕輸出讀者你的姓名。

Memo

Chapter 3

變數

學習重點

- 認識變數
- 關鍵字與識別字
- 資料型態
- 宣告變數
- 使用變數
- 讓使用者輸入變數值
- 常數

3-1 認識變數

電腦程式在執行時常常需要記住一些資料，所以在程式語言會提供一個地方，用來記得執行時的一些資料，這個地方就是「變數」（variables）。

例如：去商店買東西時，爲了比較價格，我們會記下商品價格，同樣的，程式是使用變數儲存這些執行時需記住的資料，也就是將這些值儲存至變數，當變數擁有儲存值後，就可以在需要的地方取出變數值，例如：執行數學運算和比較等。

變數是儲存在哪裡

問題是，這些需記住的資料是儲存在哪裡，答案就是電腦的「記憶體」（memory），變數是一個名稱，用來代表電腦記憶體空間的一個位址，如下圖所示：

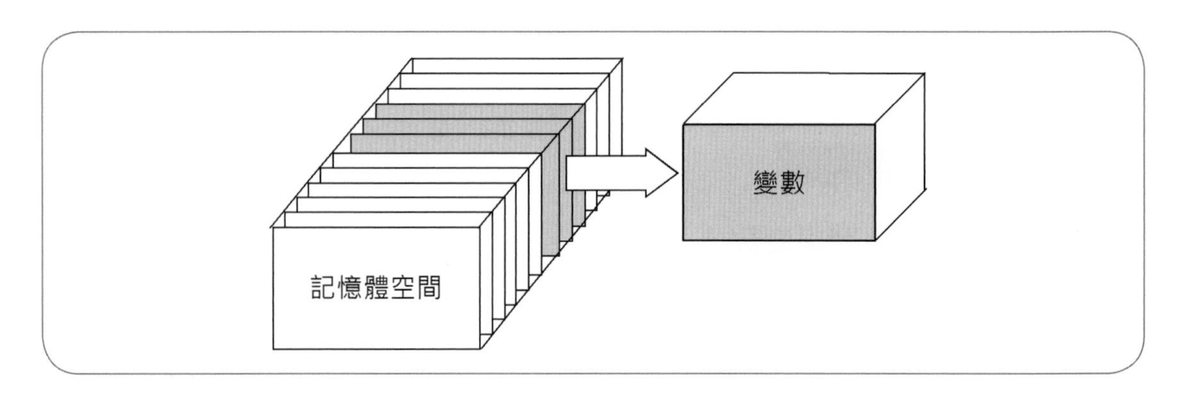

上述位址如同儲物櫃的儲存格，可以佔用數個儲存格來儲存值，當儲存值後，值不會改變直到下一次存入一個新值爲止。我們可以讀取變數目前的值來執行數學運算，或進行大小比較。

變數的基本操作

對比眞實世界，當我們想將零錢存起來時，可以準備一個盒子來存放這些錢，並且隨時看看已經存了多少錢，這個盒子如同一個變數，我們可以將目前的金額存入變數，或取得變數值來看看已經存了多少錢，如下圖所示：

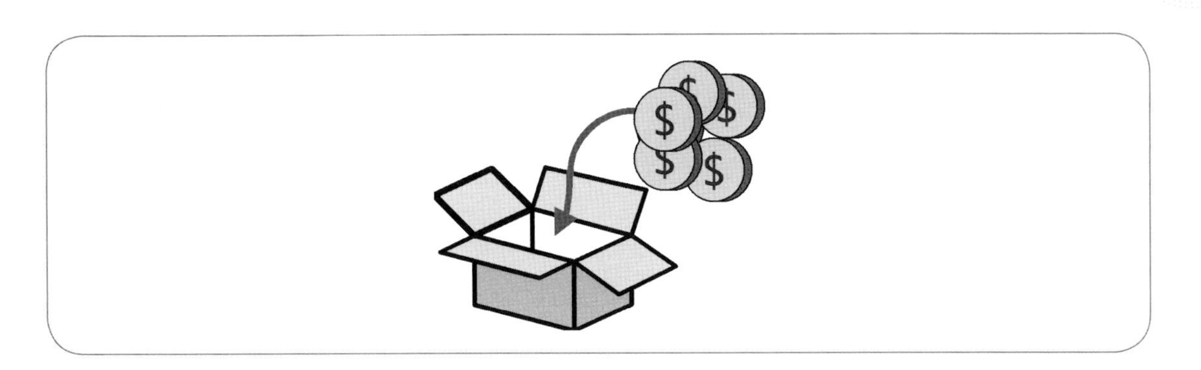

請注意！眞實世界的盒子和變數仍然有一些不同，我們可以輕鬆將錢幣丟入盒子，或從盒子取出錢幣，但是，變數只有兩種操作，如下所示：

- **在變數存入新值**：指定變數成爲一個全新值，我們並不能如同盒子一般，只取出部分金額。因爲變數只能指定成一個新值，如果需要減掉一個值，其操作是先讀取變數值，在減掉後，再將變數指定成最後運算結果的新值。
- **讀取變數值**：取得目前變數的值，讀取變數值，並不會更改變數目前儲存的值。

3-2 關鍵字與識別字

識別字（identifier）就是C語言的變數名稱，「關鍵字」（keywords）或稱爲「保留字」（reserved words）是一些對編譯器來說擁有特殊意義的名稱，在替變數命名時，我們需要避開這些名稱。

3-2-1 使用變數前的準備工作

程式語言的變數如同是一個擁有名稱的盒子，能夠暫時儲存程式執行時所需的資料，也就是記住這些資料，如下圖所示：

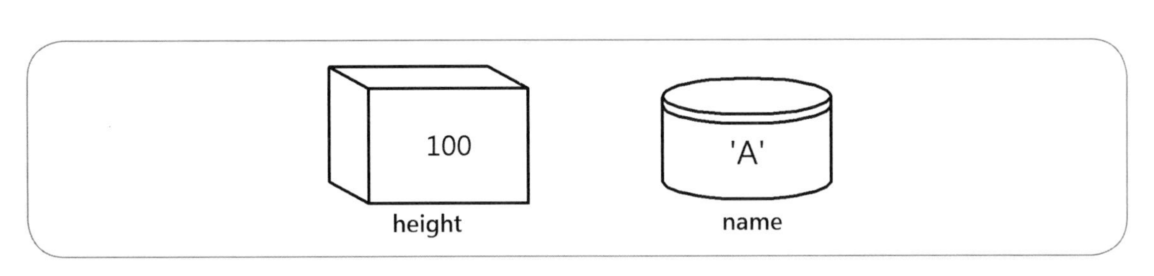

上述圖例是方形和圓柱形的兩個盒子，盒子名稱是變數名稱height和name，在盒子儲存的資料100和'A'是常數值。現在回到盒子本身，盒子形狀和尺寸決定儲存的資料種類，對比程式語言，形狀和尺寸是變數的「資料型態」（data types）。

資料型態決定變數能夠儲存什麼值？可以是數值或字元等資料，當變數指定資料型態後，就表示它只能儲存這種型態的資料，如同圓形盒子放不進相同直徑的方形物品，我們只能將它放進方形盒子。

所以，在C程式使用變數前，我們需要2項準備工作，如下所示：

- 替變數命名，例如：上述的name和height等變數名稱。
- 指定變數儲存資料的型態，例如：上述的整數和字元等型態。

3-2-2 識別字的命名規則

C語言的變數名稱是一個識別字，其基本命名規則，如下所示：

- 名稱是一個合法「識別字」（identifiers），識別字是使用英文字母開頭（不允許數字開頭），不限長度，包含字母、數字和底線「_」字元組成的名稱。
- C語言的名稱至少前31個字元是有效字元，也就是說，只需前31個字元不同，就表示它們是不同的識別字。
- C語言的名稱區分英文字母大小寫，例如：sum、Sum和SUM是不同的識別字。
- 名稱不能使用C語法「關鍵字」（keywords）或稱爲「保留字」（reserved words），因爲這些字對於編譯器來說擁有特殊意義。C語言關鍵字（即程式敘述的指令）如下表所示：

auto	break	case	char	const
continue	default	do	double	else
enum	extern	float	for	goto
if	inline	int	long	long long
register	retstrict	return	short	signed
sizeof	static	struct	switch	typedef
union	unsigned	void	volatile	while

上表restrict、long long和inline關鍵字是C99關鍵字。

我們可以依據上述命名原則來替變數命名，記得在命名時，儘量使用有意義的名稱，一些合法變數名稱的範例，如下所示：

```
T、c、a、Size、test123、count、_hight、Long_name、helloWord
```

一些不合法名稱的範例，如下表所示：

不合法名稱	說明
1、2、12、250、1count	數字開頭
hi!world、hi-world	識別字中擁有「!」和「-」
Long…name、hello World	識別字中擁有「...」和空白字元
return、int、for	使用C語言關鍵字

3-3 資料型態

當我們替變數命名後，就完成使用變數前的第一項工作，第二項工作是決定變數儲存哪一種資料，這就是C語言「資料型態」（data type）。

對於不同電腦系統和C語言編譯器來說，C語言資料型態的範圍可能有些不同，以ANSI-C編譯器為例的資料型態範圍，如下所示：

字元型態

資料型態	說明	位元數	範圍
char	字元	8	-128 ~ 127
unsigned char	無符號字元	8	0 ~ 255

說明

位元（bits）是使用0或1代表的二進位資料，每一個位元可以儲存0或1，這是電腦資料的最小儲存單位。位元組（bytes）是由8個位元組成，或稱爲字元（character），這是一般電腦記憶體空間的最小單位，也是電腦檔案儲存資料的最小單位，如下圖所示：

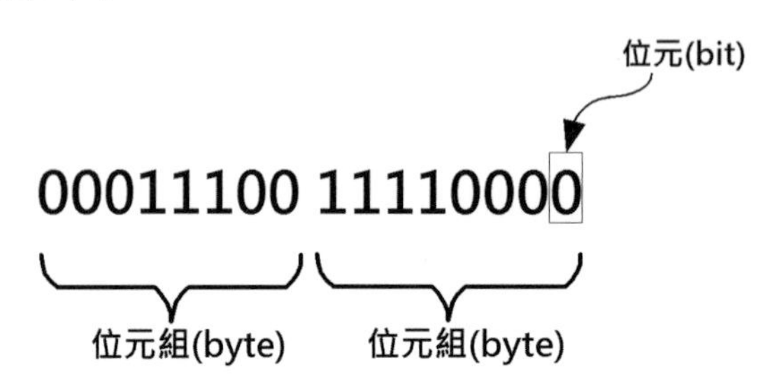

上表資料型態的尺寸是使用位元數來表示，例如：char型態是8位元，8/8 = 1，即1個位元組。同理，下方short int是2個位元組。

整數型態

資料型態	說明	位元數	範圍
short int	短整數	16	-32,768 ~ 32,767
unsigned short int	無符號短整數	16	0 ~ 65,535
int	整數	32	-2,147,483,648 ~ 2,147,483,647
unsigned int	無符號整數	32	0 ~ 4,294,967,295
long int	長整數	32	-2,147,483,648 ~ 2,147,483,647
unsigned long int	無符號長整數	32	0 ~ 4,294,967,295

說明

unsigned無符號是指此型態的變數值都是正整數，不會有負數值，其範圍是位元數可以儲存二進位值的範圍，例如：unsigned short int型態是16位元，如下所示：

```
0000000000000000     --> 0
0000000000000001     --> 1
0000000000000010     --> 2
......
1111111111111111     --> 65,535
```

上述2個位元組是無符號，所以值範圍是：0 ~ 65,535。如果是有符號的整數型態，即可儲存負值，就會保留第1個位元用來判斷正負號，只有剩下的位元數才是變數值的範圍，例如：short int型態是16位元，如下所示：

```
0000000000000000    --> 0
0000000000000001    --> 1
0000000000000010    --> 2
......
0111111111111111    --> 32,767
1000000000000000    --> -32,768
1000000000000000    --> -32,767
......
1111111111111111    --> -1
```

上述第1個位元是符號位元，值0是正值；1是負值，所以範圍是：-32,768 ~ 32,767。

浮點數型態

資料型態	說明	位元數	範圍
float	單精度浮點數	32	1.18e-38~3.40e+38
double	雙精度浮點數	64	2.23e-308~1.79e+308
long double	長雙精度浮點數	80	3.37e-4932~1.18e+4932

請注意！當變數指定儲存資料的型態後，此後這個變數就只能儲存此型態的常數值，例如：名為height變數的資料型態是short int短整數，如下圖所示：

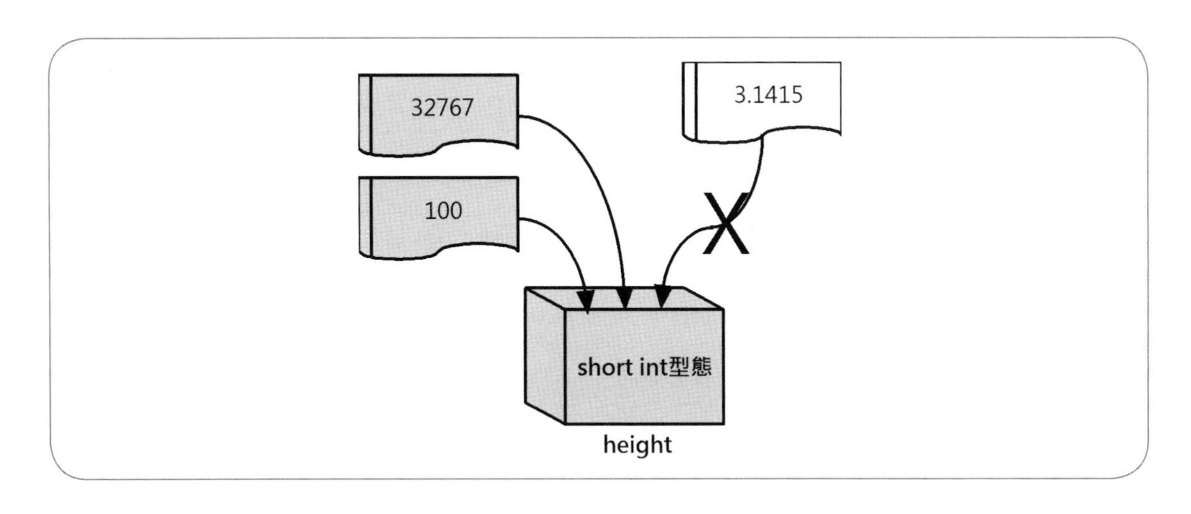

上述方盒子的變數名稱是height，指定儲存short int型態的短整數值，變數會「記住」它可以儲存的型態，從上表可知，其變數值的範圍如下所示：

「height 變數可以儲存 -32,768 ~ 32,767 範圍之間的任何整數值。」

因為變數height的型態是短整數short int，所以不能儲存擁有小數點的浮點數3.1415，如果程式需要儲存浮點數型態的變數，我們需要使用float、double或long double型態。

3-4 宣告變數

C語言的變數在使用前一定需要事先宣告（declaration），和指明儲存資料的資料型態，也就是告知編譯器變數準備儲存哪一種資料，如此才能預先配置所需記憶體空間，即資料型態尺寸的位元數。

3-4-1 宣告C語言的變數

在完成使用變數前的準備工作，即取好變數名稱，和決定資料型態後，我們就可以撰寫C程式碼來宣告變數，其語法如下所示：

```
資料型態 變數名稱的識別字清單;
```

上述語法是使用資料型態開頭，在空一格（至少1個空格）後，跟著變數名稱的識別字清單，如果變數名稱不只一個，請使用「,」逗號分隔，最後是程式敘述結束符號「;」，請注意！千萬不要忘了最後的結束符號，否則就會產生編譯錯誤。

變數宣告的目的是：

「宣告指定資料型態的變數和配置所需的記憶體空間。」

例如：宣告int整數變數score和字元變數ch，如下所示：

```
int score;     /* 宣告int整數變數score */
char ch;       /* 宣告char字元變數ch */
```

上述程式碼的第1行宣告一個int整數變數；變數名稱是score，儲存的資料是整數沒有小數點，第2行是char字元變數；變數名稱是ch，可以儲存字元常數，如下圖所示：

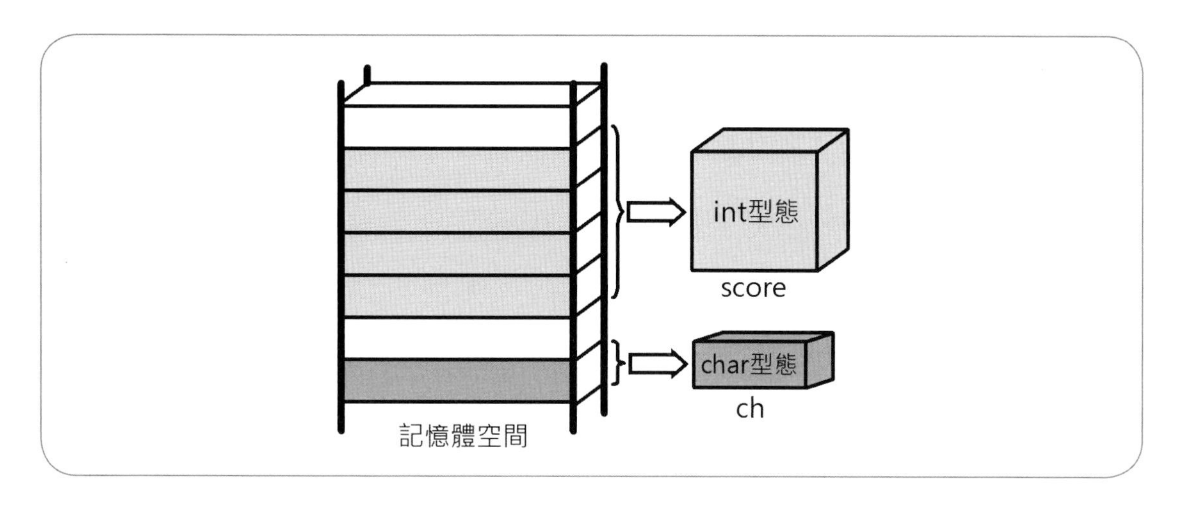

在上述圖例的記憶體空間中，每一格是一個位元組，變數score是int整數，佔用4個位元組；變數ch佔用1個位元組。我們也可以在同一行程式碼宣告多個相同資料型態的變數，如下所示：

```
double sales, sum;    /* 宣告2個double型態變數sales, sum */
```

上述程式碼宣告2個double浮點數型態的變數（使用「,」逗號分隔），變數名稱分別是sales和sum。

說明

請注意！變數宣告單純只是告訴編譯器配置所需的記憶體空間，並沒有指定變數儲存的常數值。

3-4-2 C語言變數宣告的位置

C語言宣告變數需要集中在程式區塊的開頭宣告（C99可以置於任何位置），以main()函數來說，就是集中在函數左大括號「{」之後馬上接著宣告變數，如下所示：

```
int main()
{
    int score;     /* 宣告int整數變數score */
```

```
    char ch;        /* 宣告char字元變數ch */
    ......
}
```

上述程式碼是在左大括號「{」後，接著2個變數宣告，而且，我們要將程式區塊中使用的所有變數，都在程式區塊開頭全部進行宣告，一個都不能漏掉。

3-5 使用變數

在程式區塊開頭宣告變數後，我們就可以使用宣告的變數，也就是指定變數值、輸出變數值，或更改變數值。

3-5-1 指定和輸出變數值

C語言在宣告變數後，就可以使用指定敘述來指定變數值，宣告變數如同準備好一個盒子；指定變數值，就是將值放入盒子之中，如下圖所示：

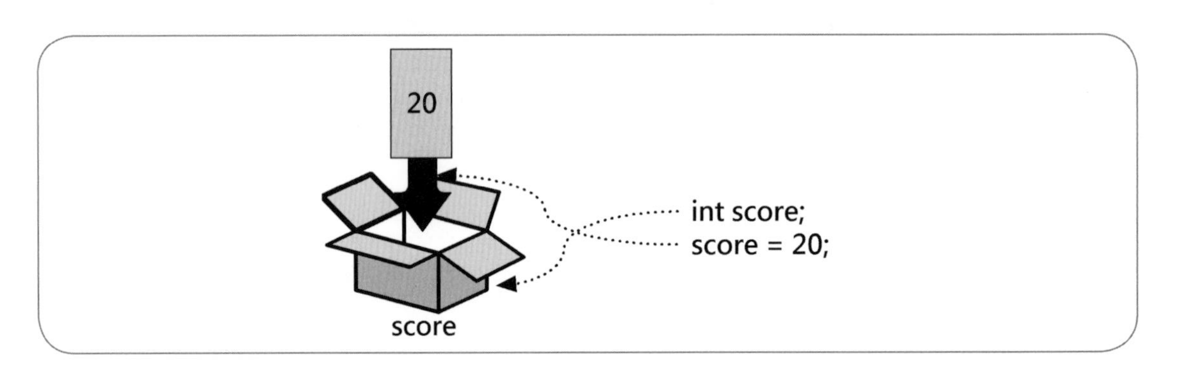

上述圖例的盒子就是宣告成int整數變數score，然後將常數值20放入盒子中，即使用「=」等號指定變數score的值，如下所示：

```
score = 20;
```

上述程式碼指定變數score值是20，此時變數score會記得此常數值20，其基本語法如下所示：

```
變數 = 資料;
```

上述「=」等號是指定敘述，可以：

「將右邊資料的常數值指定給左邊的變數，所以，在左邊變數儲存的值就是右邊資料的常數值。」

在左邊是變數名稱（一定是變數），右邊資料除了常數值外，還可以是第3-5-4節的變數，或第4章的運算式（expression）。

說明

請注意！「=」等號指定敘述是指定變數值，也就是將資料放入變數的盒子中，並沒有相等的意思，不要弄錯成數學的等於A=B，因為它不是等於。

Example01.c：指定和輸出變數值

```
01: /* 指定和輸出變數值 */
02: #include <stdio.h>
03:
04: int main()
05: {
06:     int score;       /* 宣告整數變數score */
07:     score = 20;      /* 將常數值20指定給變數score */
08:                      /* 輸出變數score存入的值20 */
09:     printf("變數score值是: %d\n", score);
10:
11:     return 0;
12: }
```

Example01.c的執行結果

```
變數score值是: 20
```

上述執行結果是在第9行是輸出變數score指定的常數值，簡單的說，變數score代表的值就是20，如下圖所示：

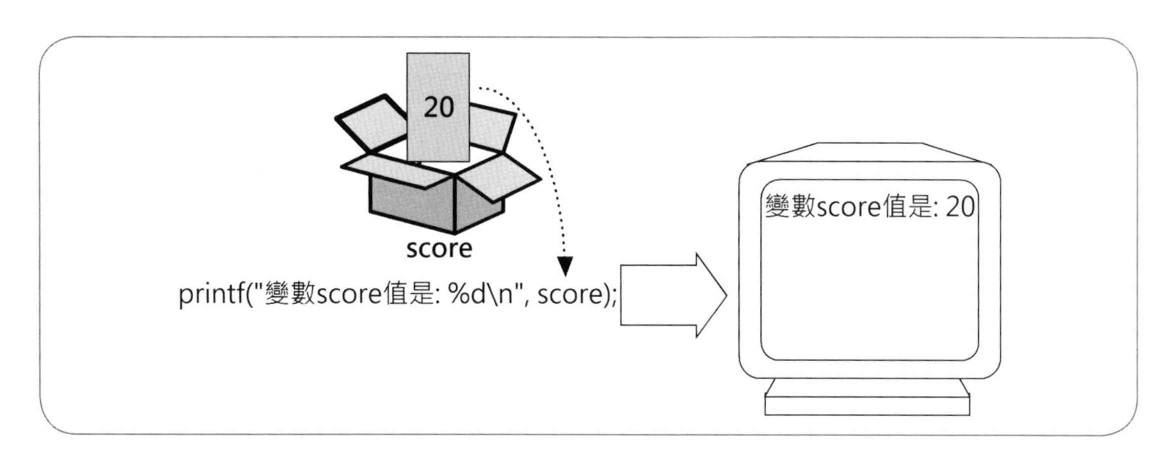

上述printf()輸出變數score代表的值，而不是字串常數"score"，所以不可以在前後加上「"」雙引號，如此才能眞正輸出變數代表的值20。

3-5-2 變數的初值

上一節Example01.c在宣告變數score後，我們馬上使用「=」等號指定敘述來指定變數值，如下所示：

```
int score;
score = 20;
```

上述程式碼相當於是在初始化變數score的值是20，C語言提供變數初值（initialization）敘述，可以在宣告變數的同時指定變數初值，如下所示：

```
int score = 20;
```

上述程式碼只需使用1行程式敘述，就可以作到Example01.c需要2行程式敘述才能完成的工作。C語言指定變數初值的語法，如下所示：

```
資料型態 變數名稱 = 初值;
```

上述語法是使用「=」等號指定變數初值。

說明

在撰寫C程式時，記得一定要初始變數值，因爲很多程式錯誤都是因爲忘了初始變數值造成，所以，儘可能使用C語言初值語法來宣告和指定變數值，就可以避免掉很多忘了初始變數值所造成的程式錯誤。

3-5-3 指定成其他常數值

變數的主要功能是在執行程式時，用來儲存暫存資料的地方，在宣告和指定變數初值，例如：宣告變數score和指定初值20後，我們可以隨時再次使用指定敘述「=」等號來更改變數值，如下所示：

```
score = 50;
```

上述程式碼將變數score改成50，也就是將變數指定成其他常數值，所以，現在的score變數值是新值50，而不是原來的初值20，如下圖所示：

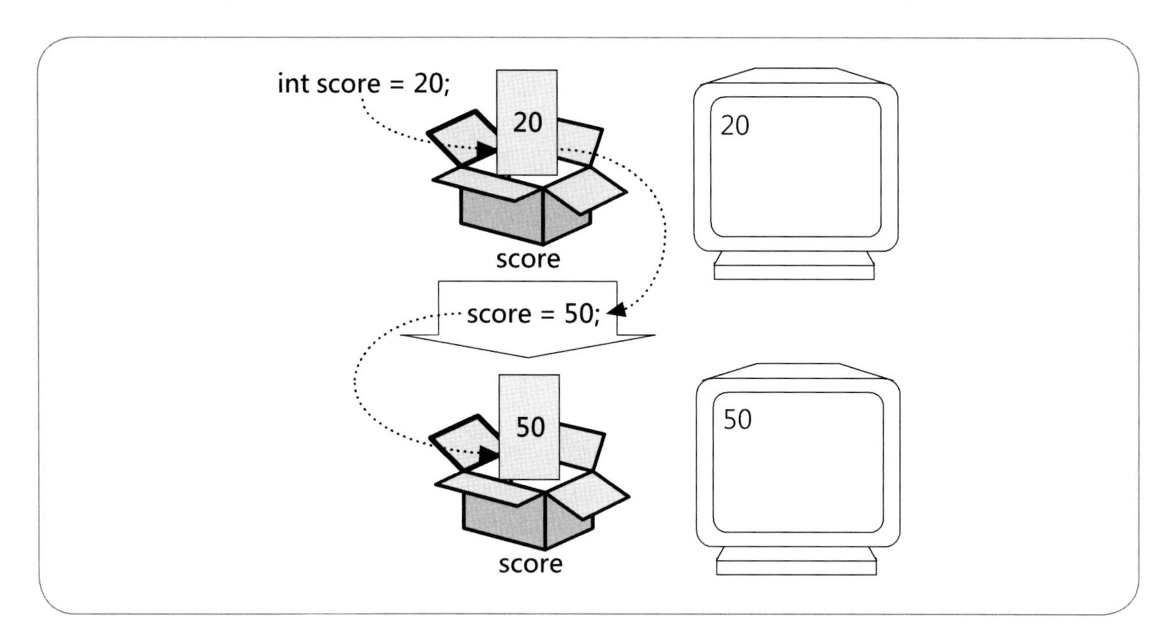

Example02.c：指定成其他常數值

```
01: /* 指定成其他常數值 */
02: #include <stdio.h>
03:
04: int main()
05: {
06:     int score = 20;      /* 宣告整數變數score和指定初值20 */
07:                          /* 輸出變數score的初值20 */
08:     printf("變數score值是: %d\n", score);
09:     score = 50;          /* 更改變數score的值 */
10:                          /* 輸出變數score存入的更新值50 */
11:     printf("變數score更新值是: %d\n", score);
12:
13:     return 0;
14: }
```

Example02.c的執行結果

```
變數score值是: 20
變數score更新值是: 50
```

上述執行結果首先輸出變數score的初值20，在第9行更改變數score值成爲新值50後，第11行輸出的是更改後的新值50。

3-5-4 指定成其他變數值

變數除了可以使用指定敘述「=」等號更新成其他常數值外，我們也可以將變數指定成其他變數值，此時就是更改成其他變數所代表的常數值，例如：宣告2個整數變數score和score2，同時指定變數score的初值是20，如下所示：

```
int score = 20;
int score2;
```

然後，我們可以使用指定敘述來指定變數score2的值是score變數所代表的值，如下所示：

```
score2 = score;      /* 指定敘述 */
```

上述程式碼在「=」等號右邊是取出變數值，以此例是score變數值20，指定敘述可以將變數score的「值」20，存入變數score2的盒子中，即將變數score2的值更改爲20，如下圖所示：

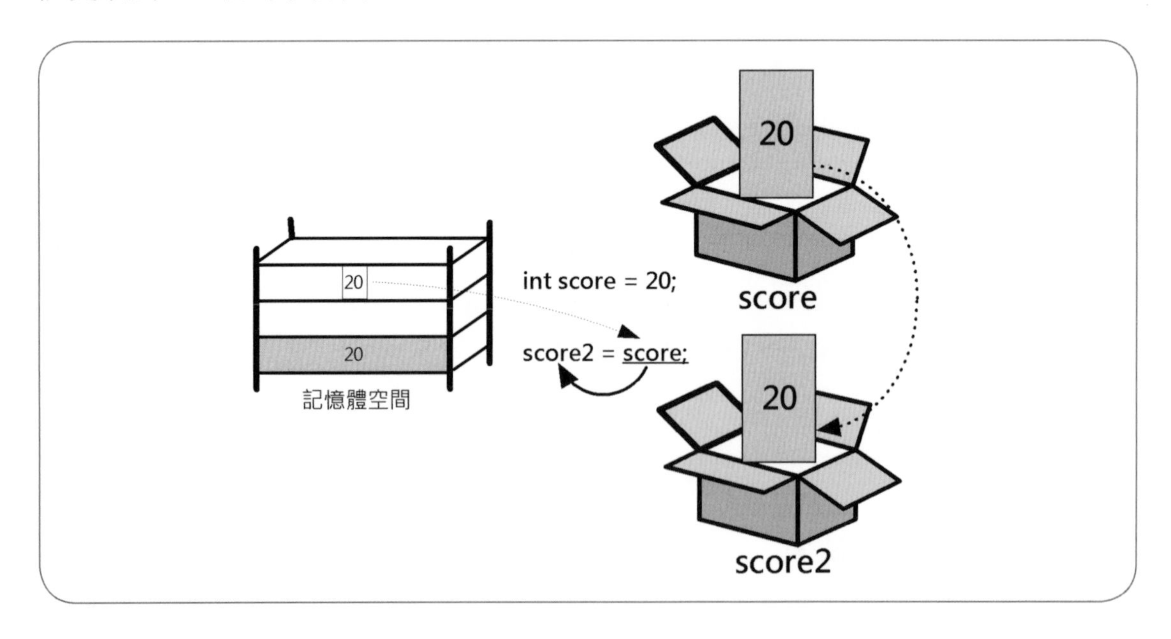

Example03.c：指定成其他變數值

```
01: /* 指定成其他變數值 */
02: #include <stdio.h>
03:
04: int main()
05: {
06:     int score = 20;        /* 宣告整數變數score和指定初值20 */
07:     int score2;
08:                            /* 輸出變數score的初值20 */
09:     printf("變數score值是: %d\n", score);
10:     score2 = score;        /* 更改變數score2的值是變數score */
11:                            /* 輸出變數score2的值20 */
12:     printf("變數score2值是: %d\n", score2);
13:
14:     return 0;
15: }
```

Example03.c的執行結果

```
變數score值是: 20
變數score2值是: 20
```

上述執行結果可以看到變數score和score2的值都是相同值20，因爲第10行是將score變數值20指定給變數score2，所以變數score2的值也成爲20。

3-5-5 指定變數值的注意事項

C語言在使用「=」等號指定敘述指定變數值時，請確認變數宣告的資料型態和常數值相符，例如：浮點數常數值需要指定給double型態的變數，如下所示：

```
double score:
score = 20.54;
```

同理，整數常數值是指定給int型態的變數，如果我們將浮點數常數值指定給int型態的變數，如下所示：

```
int score2;
score2 = 20.54;
```

上述程式碼依然可以執行，只是變數score2是int整數型態，並不能存入浮點數值20.54，所以，常數值的型態就會自動轉換成整數20，刪除小數部分.54，如下圖所示：

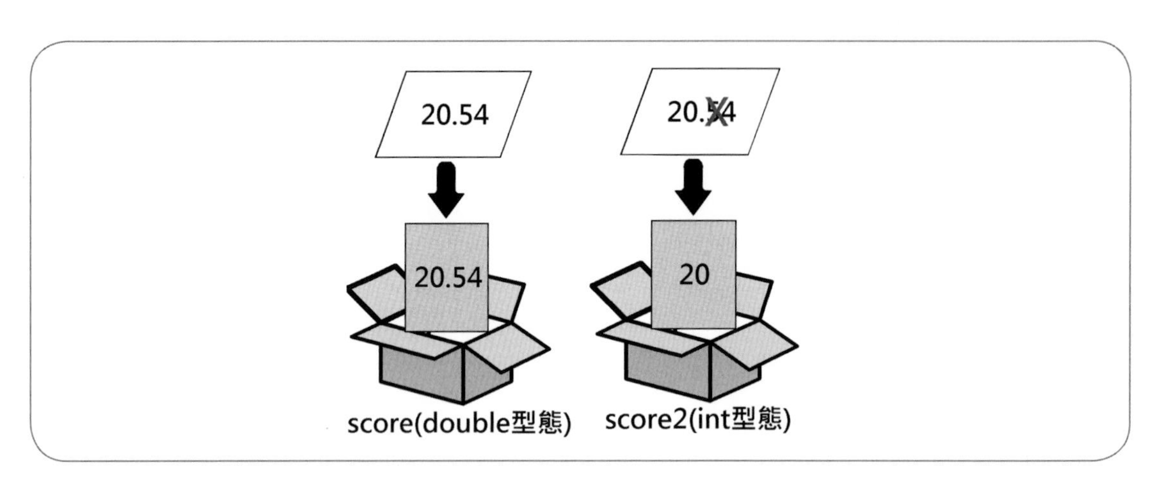

Example04.c：指定變數值的注意事項

```
01: /* 指定變數值的注意事項 */
02: #include <stdio.h>
03:
04: int main()
05: {
06:     double score;          /* 宣告double變數score */
07:     int score2;            /* 宣告int變數score2 */
08:     score = 20.54;         /* 指定變數值 */
09:     score2 = 20.54;
10:                            /* 輸出變數score的值 */
11:     printf("變數score值是: %f\n", score);
12:     printf("變數score2值是: %d\n", score2);
13:
14:     return 0;
15: }
```

Example04.c的執行結果

```
變數score值是: 20.540000
變數score2值是: 20
```

上述執行結果可以看到變數score的值是浮點數，score2的值是整數，這就是第4-4節的資料型態轉換。

3-6 讓使用者輸入變數值

C語言可以讓使用者以鍵盤輸入變數值，這就是第2-1-4節的主控台輸入，我們可以使用scanf()函數讓使用者輸入字元、數值或字串常數值。

3-6-1 從鍵盤輸入整數值

因爲變數存入的常數值可以讓使用者以鍵盤輸入，所以，我們建立的C程式將擁有更多彈性，因爲變數存入的值是在執行C程式時，才讓使用者自行從鍵盤輸入，而不是在C程式碼指定成常數值。

scanf()函數的語法類似第2章的printf()函數，也是使用格式字元來判斷輸入哪一種資料型態的資料，例如：使用格式字元「%d」讀取整數常數值來儲存至score變數，如下所示：

```
scanf("%d", &score);    /* 使用scanf()函數讀取整數 */
```

上述第1個字串內含「%d」表示輸入整數，在之後的score變數需要使用「&」運算子取得變數的記憶體位址，以便將輸入的整數常數值存入變數score的盒子，如下圖所示：

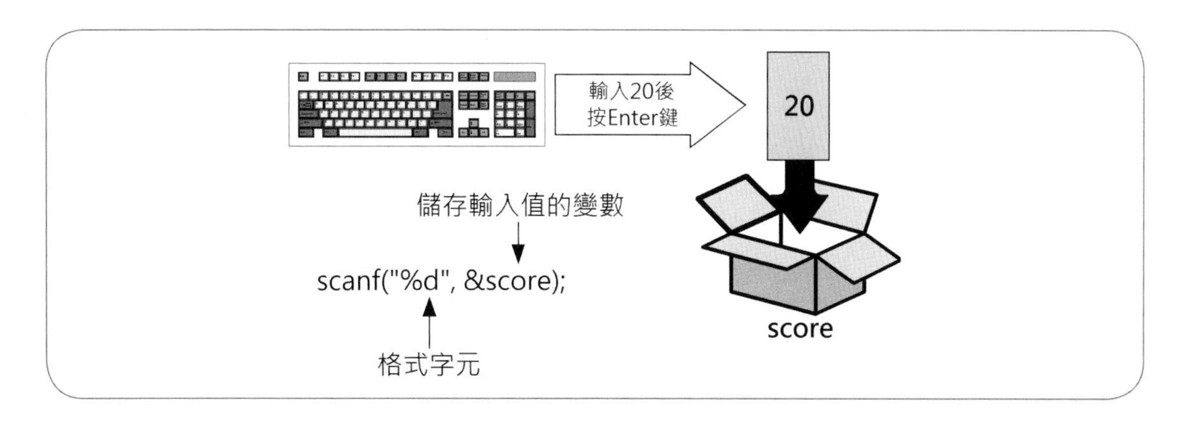

上述圖例當執行到scanf()函數時，執行畫面就會暫停等待，等待使用者輸入資料，直到按下 Enter 鍵，輸入的資料只會取出整數部分，將取得的輸入值存入變數score，請注意！輸入變數名稱時，不要漏掉變數前的「&」符號，否則就無法將輸入值存入變數。

除了整數「%d」格式字元外，在scanf()函數使用的格式字元需要對應輸入值的資料型態，如下表所示：

格式字元	輸入值
%d	輸入沒有小數的整數常數值
%f	輸入擁有小數的float浮點數常數值，double是使用%lf
%c	輸入字元常數值，不需使用「'」單引號括起
%s	輸入字串常數值，不需使用「"」雙引號括起，字串是使用空白字元來分隔

Example05.c：從鍵盤輸入整數值

```
01: /* 從鍵盤輸入整數值 */
02: #include <stdio.h>
03:
04: int main()
05: {
06:     int score = 0;      /* 宣告整數變數score和指定初值0 */
07:
08:     printf("請輸入整數值==> \n");     /* 顯示提示字串 */
09:     scanf("%d", &score);              /* 輸入整數值 */
10:                             /* 輸出變數score的值 */
11:     printf("變數score值是: %d\n", score);
12:
13:     return 0;
14: }
```

Example05.c的執行結果(1)

```
請輸入整數值==>
20 Enter
變數score值是: 20
```

上述執行結果可以看到在第8行使用printf()函數顯示的提示字串，此時程式執行暫停，等待使用者輸入整數，在輸入20後，按 Enter 鍵，就會在第9行存入變數score，最後第11行顯示使用者輸入的整數常數值。

請注意！scanf()函數只會取出格式字元指定的整數資料，它會自動忽略掉不是整數的部分，請再次執行Example05.c。

Example05.c的執行結果(2)

```
請輸入整數值==>
20.5 [Enter]
變數score值是: 20
```

上述執行結果輸入20.5，不過，scanf()函數只會取出整數部分20，忽略掉小數點的值。

3-6-2 從鍵盤輸入浮點數值

scanf()函數是使用「%f」格式字元來讀取float浮點數值，double是用「%lf」，在變數price儲存的值，就是使用者自行輸入的浮點數值，如下所示：

```
scanf("%lf", &price);    /* 使用scanf()函數讀取浮點數 */
```

上述程式碼可以讓使用者輸入浮點數值，如果使用者輸入整數也會自動轉換成浮點數。

Example06.c：從鍵盤輸入浮點數值

```
01: /* 從鍵盤輸入浮點數值 */
02: #include <stdio.h>
03:
04: int main()
05: {
06:     double price = 0.0;  /* 宣告浮點變數price和指定初值0.0 */
07:
08:     printf("請輸入浮點數值==> \n");     /* 顯示提示字串 */
09:     scanf("%lf", &price);               /* 輸入浮點數值 */
10:                           /* 輸出變數price的值 */
11:     printf("變數price值是: %f\n", price);
12:
13:     return 0;
14: }
```

Example06.c的執行結果

```
請輸入浮點數值==>
20.5 [Enter]
變數price值是: 20.500000
```

上述執行結果是在第8行使用printf()函數顯示的提示字串，此時程式執行暫停，等待使用者輸入浮點數，在輸入20.5後，按 Enter 鍵，就會在第9行存入變數price，最後第11行顯示使用者輸入的浮點數常數值。

3-6-3 連續輸入2個變數值

在C程式如果需要多個輸入資料，我們可以重複呼叫多次scanf()函數來讀取多個資料，另一種方式是在同一scanf()函數連續輸入2個變數值，如下所示：

```
scanf("%d %d", &score, &score2);    /* 使用scanf()函數讀取2筆資料 */
```

上述函數有2個格式字元「%d」（使用空白字元分隔），在之後對應2個變數&score和&score2來讀取2筆輸入資料的整數值，如下圖所示：

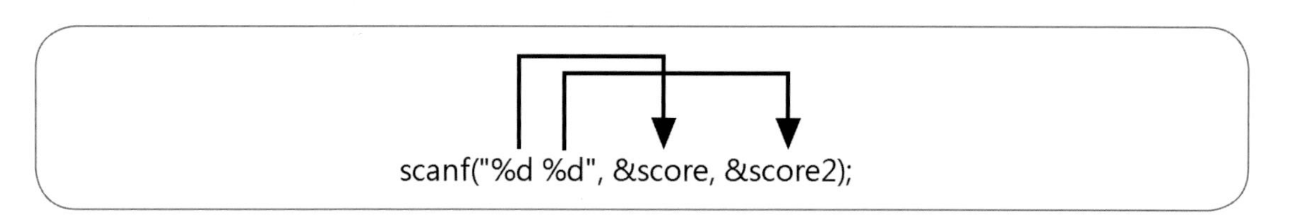

上述scanf()函數擁有2個格式字元，格式字元數就是scanf()函數讀取的資料數，在之後也需要相同數量的變數來取得輸入資料，所以有2個變數。

Example07.c：連續輸入2個變數值

```
01: /* 連續輸入2個變數值 */
02: #include <stdio.h>
03:
04: int main()
05: {
06:     int score = 0;          /* 宣告整數變數score和指定初值0 */
07:     int score2 = 0;         /* 宣告整數變數score2和指定初值0 */
08:
09:     printf("請輸入2個空白分隔的整數==> \n");      /* 顯示提示字串 */
10:     scanf("%d %d", &score, &score2);            /* 輸入2個整數值 */
11:                             /* 輸出變數score和score2的值 */
12:     printf("變數score值是: %d\n", score);
13:     printf("變數score2值是: %d\n", score2);
14:
15:     return 0;
16: }
```

Example07.c的執行結果

```
請輸入2個空白分隔的整數==>
20 30 Enter
變數score值是: 20
變數score2值是: 30
```

上述執行結果可以看到在第9行使用printf()函數顯示的提示字串，此時程式執行暫停，等待使用者輸入2個使用空白字元分隔的整數，在輸入20 30後，按 Enter 鍵，就會在第10行依序存入變數score和score2，最後第12~13行顯示使用者輸入的2個常數值。

說明

如果C程式可以讓使用者輸入資料，我們就需要確認使用者輸入的是正確的資料，例如：正確的資料型態，或在指定範圍中。如果使用者不小心輸入錯誤資料，輕者只是執行結果不符合需求；重者有可能產生意想不到的程式錯誤。

所以，在撰寫C程式時，我們需要再次檢查使用者輸入資料的正確性，使用的是第6章的條件判斷，在第6章讀者可以看到很多檢查輸入資料的程式範例。

3-7 常數

「常數」（constants）是在程式中使用一個名稱（識別字）代表一個常數值，例如：圓周率PI的值是3.1415926，因爲數值不好記，如果使用PI取代這串數字，反而讓程式碼更容易了解，而且PI值是固定值，不應該在程式碼中任易更改此值。

變數和常數都是儲存常數值，其主要差異是變數可以更改值；而常數不可以。C語言提供兩種方法建立常數：#define指令和const關鍵字。

3-7-1 使用#define指令

在C程式可以使用前置處理器（preprocessor）的#define指令定義常數，其語法如下所示：

```
#define 識別字 常數值
```

上述語法是使用#define開始，在空至少一個空白字元後，就是常數的識別字，接著在空至少一個空白字元後，是常數值，例如：圓周率PI的常數值，如下所示：

```
#define PI 3.1415926
```

上述程式碼宣告圓周率常數PI，請注意！這不是C程式碼，所以沒有等號，最後也不需要「;」分號，當在C程式出現PI名稱時，就會將它取代成3.1415926，PI是一個識別字。

Example08.c：使用常數

```
01: /* 使用常數 */
02: #include <stdio.h>
03: #define PI 3.1415926
04:
05: int main()
06: {
07:     printf("圓周率值是常數不能更改\n");
08:     printf("圓周率PI值是: %f\n", PI);   /* 顯示常數值 */
09:
10:     return 0;
11: }
```

Example08.c的執行結果

```
圓周率值是常數不能更改
圓周率PI值是: 3.141593
```

上述執行結果可以看到顯示的常數值，因為精確度只到小數點下6位，所以四捨五入，在第3行定義常數，第8行顯示常數值。

說明

常數在程式中扮演的角色是希望在程式執行中，無法使用程式碼更改變數值，只能在編譯前修改原始程式碼來更改常數值。例如：前述PI圓周率因為前置處理器是在編譯前執行，所以定義的常數可以在編譯前取代名稱PI的值，其功能如同第3-7-2節使用const關鍵字宣告的常數。

3-7-2 使用const關鍵字

C程式也可以使用const關鍵字建立「常數」（constant），我們只需在宣告變數前使用const關鍵字，就可以將變數建立成常數，不允許更改其值，其語法如下所示：

```
const 資料型態 識別字 = 常數值;
```

上述語法和第3-5-2節變數初值的語法相似，只是在之前加上const關鍵字，表示此變數值不允許在之後更改，因為這是C程式敘述，記得在最後加上「;」分號，例如：宣告圓周率PI的常數值，如下所示：

```
const double PI = 3.1415926;
```

上述程式碼表示變數PI的值不允許更改。使用const關鍵字建立常數的注意事項，如下所示：

- 在指定常數值後，我們就不能再更改此變數值，如下所示：

```
const double PI = 3.1415926;
PI = 3.14;    /* 此程式碼錯誤，我們不能更改常數值 */
```

- 常數宣告之後的「=」等號初值一定不能漏掉，因為我們一定需要在宣告常數的同時就指定常數值，如下所示：

```
const double PI;
PI = 3.1415926;    /* 此程式碼錯誤，我們不能再指定常數值 */
```

上述程式碼在宣告常數時沒有指定常數的值，雖然尚未初始化常數，不過，我們仍然無法在之後重新指定常數的值。

Example09.c：使用常數

```
01: /* 使用常數 */
02: #include <stdio.h>
03:
04: int main()
05: {
06:     const double PI = 3.1415926;        /* 建立常數 */
07:     printf("圓周率值是常數不能更改\n");
```

```
08:     printf("圓周率PI值是: %f\n", PI);  /* 顯示常數值 */
09:
10:     return 0;
11: }
```

Example09.c的執行結果

```
圓周率值是常數不能更改
圓周率PI值是: 3.141593
```

學習評量

選擇題

(　)1. 請問下列哪一個關於變數的說明是不正確的？
(A)程式是使用變數儲存執行時需記住的資料
(B)變數代表電腦記憶體空間的一個位址
(C)變數操作有讀取、指定新值和更新變數值
(D)C語言可以指定變數值成為常數值

(　)2. 請問下列哪一個C語言變數名稱的命名規則是不正確的？
(A)變數名稱區分英文字母大小寫
(B)變數名稱至少前31個字元是有效字元
(C)變數名稱是一個合法識別字
(D)變數名稱可以使用C語言的關鍵字

(　)3. 小明在學習替變數命名，所以一共取了4個名稱，請指出下列哪一個並不是合法C語言的名稱？
(A)hi!world　(B)abc123　(C)counter　(D)_hight

(　)4. 請問哪一種C語言的資料型態只能儲存正整數？
(A)int　(B)short int　(C)long int　(D)unsigned int

(　)5. 在阿忠的C程式需要一個儲存值1.256的變數，請問他需要使用下列使用哪一種資料型態來宣告變數？
(A)char　(B)double　(C)int　(D)long

(　)6. 如果在同一行程式碼需要宣告3個變數，請問我們可以使用下列哪一個符號來分隔這些變數？
(A)「,」　(B)「;」　(C)「:」　(D)「.」

(　)7. 請問C語言是使用哪一個符號來指定變數值？
(A)「==」　(B)「!=」　(C)「:=」　(D)「=」

(　)8. 請問C語言是使用下列哪一個函數來讓使用者輸入字元、數值或字串常數值？
(A)read()　(B)scan()　(C)scanf()　(D)input()

(　　)9. 請問C語言可以使用下列哪一個格式字元來輸入double資料型態的常數值？

(A)%d　(B)%f　(C)%c　(D)%lf

(　　)10. 請問下列哪一個關於C語言常數的說明是不正確的？

(A)常數是在程式中使用一個名稱代表一個常數值

(B)C語言的常數可以在程式中更改其值

(C)C程式可以使用const關鍵字建立常數

(D)C程式可以使用#define指令定義常數

填充與問答題

1. 電腦程式在執行時常常需要記住一些資料，所以程式語言會提供一個地方記得執行時的暫存資料，這就是「______」（variables）。
2. C語言的變數名稱是一個_________（identifier）；「_________」（keywords）是一些對編譯器來說擁有特殊意義的名稱。
3. ________（bytes）是8個位元所組成，或稱為______（character），這是一般電腦記憶體空間的最小儲存單位。
4. 請指出下列哪一個不是合法C語言的識別字（請圈起來）？

   Tom、 Mary、 C22_333、 _B24、 456
5. 請逐行說明下列C程式碼，並且寫出其執行結果，如下所示：

```
#include <stdio.h>
int main() {
   int num = 150;
   printf("num = %d\n", num);
   return 0;
}
```

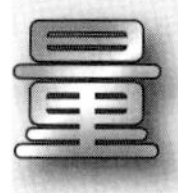

實作題

1. 請依序寫出下列C程式敘述來完成最後的C程式，如下所示：
   - 宣告int型態的變數var和num， char型態的變數ch，同時指定ch的初值'B'； num的初值100。
   - 讓使用者自行輸入變數var的值。
   - 在螢幕顯示變數ch、 var和num的值。
2. 請建立C程式在螢幕輸出顯示下列的執行結果，如下所示：

```
請輸入圓半徑的值==>
100 [Enter]
圓半徑的值是: 100
```

3. 請建立C程式在螢幕輸出顯示下列的執行結果，如下所示：

```
請輸入圓周率的值==>
3.14159 [Enter]
圓周率的值是: 3.141590
```

4. 請建立C程式在螢幕輸出顯示下列的執行結果，如下所示：

```
請輸入空白分隔的身高與體重值==>
176 75 [Enter]
身高: 176 公分
體重: 75 公斤
```

5. 請建立C程式使用1個scanf()函數連續輸入2個變數a和b的值後，在螢幕輸出顯示這2個變數值。

Memo

Chapter

運算式和運算子

學習重點

- 認識運算式和運算子
- C語言的運算子
- 運算子的優先順序
- 資料型態的轉換

4-1 認識運算式和運算子

程式語言的運算式（expressions）是一個執行運算的程式敘述，可以產生運算結果的常數值，整個運算式可以簡單到只有單一常數值或變數，或複雜到由多個運算子和運算元組成。

4-1-1 關於運算式

到目前為止，我們已經撰寫過多個C程式，在說明運算式之前，讓我們先回到程式（program）本身，看一看程式到底在作什麼事？在第2章是使用printf()函數輸出執行結果；第3章使用scanf()函數取得輸入資料，事實上，幾乎所有程式都可以簡化成三種基本元素，如下所示：

- 取得輸入資料。
- 處理輸入資料。
- 產生輸出結果。

當然有些程式可能沒有輸入元素（直接使用常數值，或指定變數值來取代輸入值），只有輸出元素的執行結果，但是，對於任何有功能的程式，一定少不了處理元素，我們需要使用本章的運算式，第6~7章的條件判斷和迴圈來處理輸入資料，以便產生所需的執行結果。

「運算式」（expressions）是由一序列「運算子」（operators）和「運算元」（operands）組成，可以在程式中執行所需的運算任務（即處理資料），如下圖所示：

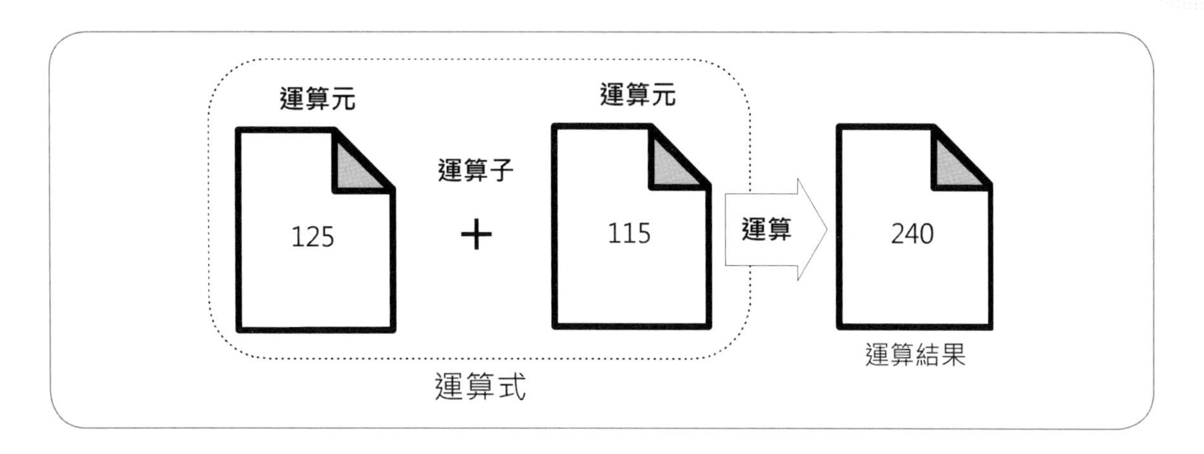

上述圖例的運算式是「125+115」，「+」加號是運算子；125和115是運算元，在執行運算後，可以得到運算結果240，其說明如下所示：

- **運算子**：執行運算處理的加、減、乘和除等符號。
- **運算元**：執行運算的對象，可以是常數值、變數或其他運算式。

4-1-2 輸出運算式的運算結果

在第2章我們是使用printf()函數在電腦螢幕輸出執行結果，同樣的，我們一樣可以輸出運算式的運算結果，如下圖所示：

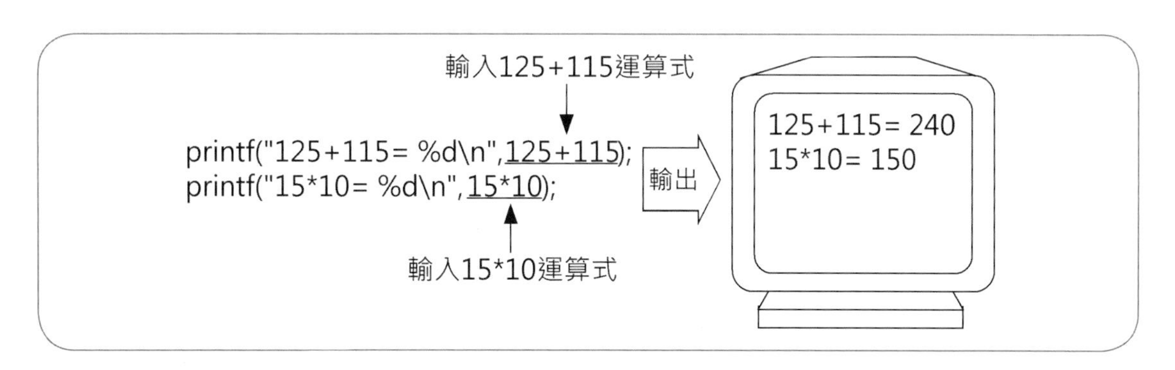

上述程式碼計算「125+115」和「15*10」運算式的結果後，輸出顯示在電腦螢幕上。

說明

程式語言的乘法是使用「*」符號，而不是手寫的「x」符號，因爲「x」符號很容易與變數名稱混淆，因爲當運算式有x時，我們會將它視爲變數；而不是乘法運算子。

Example01.c：輸出運算式的運算結果

```
01: /* 輸出運算式的運算結果 */
02: #include <stdio.h>
03:
04: int main()
05: {
06:     /* 計算和輸出125+115運算式的值 */
07:     printf("125+115= %d\n", 125+115);
08:     /* 計算和輸出15*10運算式的值 */
09:     printf("15*10= %d\n", 15*10);
10:
11:     return 0;
12: }
```

Example01.c的執行結果

```
125+115= 240
15*10= 150
```

4-1-3 執行不同種類運算元的運算

第4-1-1節說明過運算元可以是常數值或變數，在第4-1-2節運算式的2個運算元都是常數值，除此之外，我們還有2種組合，即2個運算元都是變數，和1個運算元是變數；1個是常數值。

2個運算元都是變數

C語言加法運算式的2個運算元可以是2個變數，例如：計算分數的總和，如下所示：

```
int score1 = 56;            /* 宣告變數 */
int score2 = 67;

int sum = score1 + score2;  /* 加法運算式 */
```

上述運算式「score1+score2」的2個運算元都是變數，「sum = score1+score2」運算式的意義是：

「取出變數score1儲存的值56，和取出變數score2儲存的值67後，將2個常數值相加56+67後，再將運算結果123存入變數sum。」

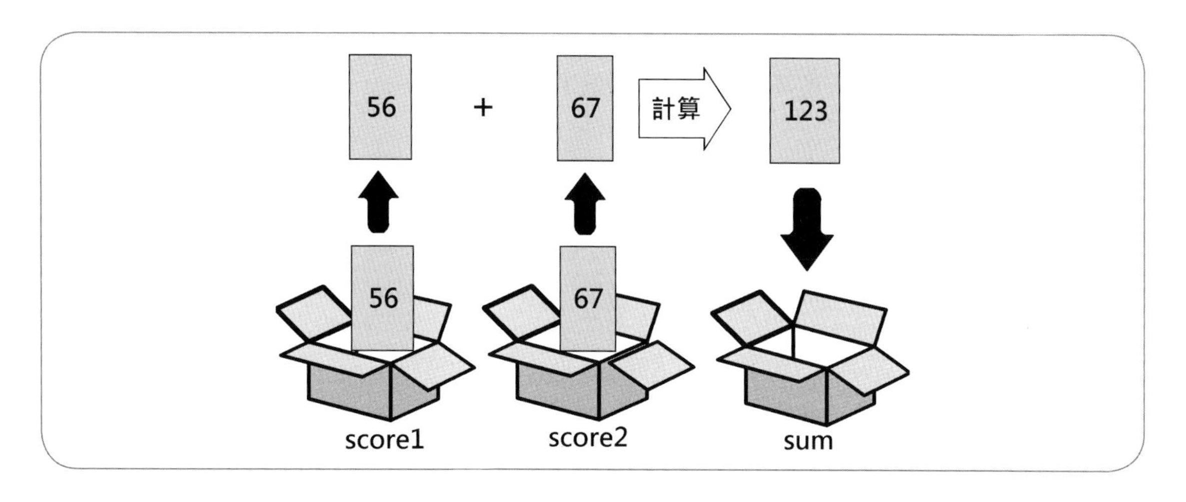

1個運算元是變數；1個運算元是常數值

C語言加法運算式的2個運算元可以其中一個是變數；另一個是常數值，例如：調整變數score1的分數，將它加10分，如下所示：

```
int score1 = 56;          /* 宣告變數 */
score1 = score1 + 10;     /* 加法運算式 */
```

上述運算式「score1+10」的第1個運算元是變數；第2個是常數值，「score1 = score1+10」運算式的意義是：

「取出變數score1儲存的值56，加上常數值10後，再將運算結果56+10=66存入變數score1。」

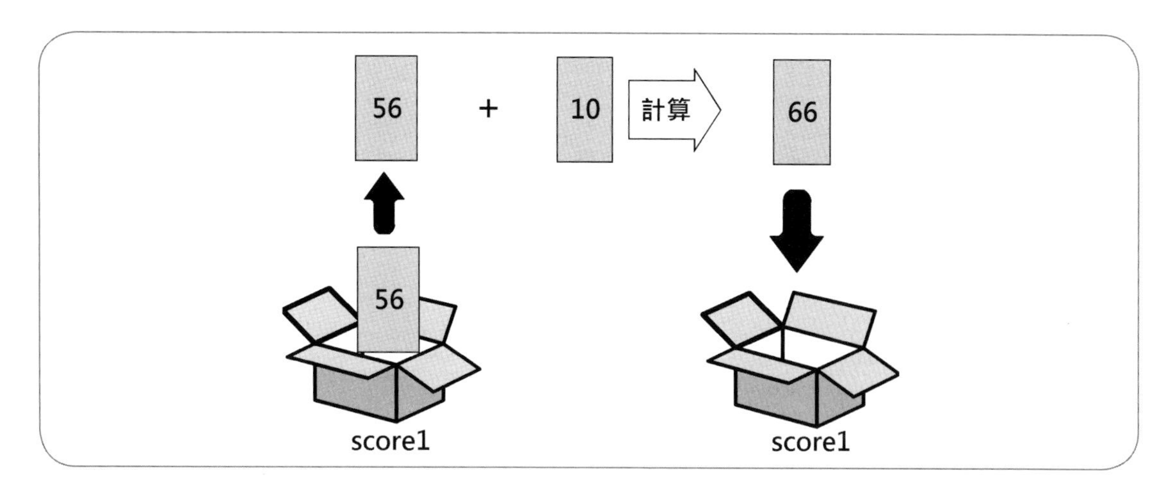

說明

請注意！從「score1 = score1 + 10」運算式就可以明顯看出「=」等號不是相等，而是用來指定或指派左邊變數的值，不要弄錯成數學的等於，因爲從運算式可以看出，score1根本不可能等於score1+10。

Example02.c：執行不同種類運算元的運算

```
01: /* 執行不同種類運算元的運算 */
02: #include <stdio.h>
03:
04: int main()
05: {
06:     int score1 = 56;              /* 第1個運算元 */
07:     int score2 = 67;              /* 第2個運算元 */
08:     int sum = score1 + score2;   /* 計算2個變數相加 */
09:
10:     /* 顯示score1+score2運算式的運算結果 */
11:     printf("變數score1= %d\n", score1);
12:     printf("變數score2= %d\n", score2);
13:     printf("score1+score2= %d\n", sum);
14:
15:     score1 = score1 + 10;        /* 計算變數加常數值 */
16:     /* 顯示score1+10運算式的運算結果 */
17:     printf("變數score1加10分= %d\n", score1);
18:
19:     return 0;
20: }
```

Example02.c的執行結果

```
變數score1= 56
變數score2= 67
score1+score2= 123
變數score1加10分= 66
```

說明

本節運算式的常數值10和變數score1是運算元，它們也是一種最簡單的運算式，如下所示：

```
10
score1
```

上述常數值10；變數score1是運算式，常數值10的運算結果是10；變數score1的運算結果是儲存的常數值。我們可以說，運算式的運算元就是另一個運算式，可以簡單到只是一個常數值，或一個變數，也可以是另一個擁有運算子的運算式。

4-1-4 讓使用者輸入值來執行運算

C語言的變數是用來儲存執行時的暫存資料，如果運算式的運算元是變數，我們只需更改變數值，就可以產生不同的運算結果，如下所示：

```
sum = score1 + score2;    /* 加法運算式 */
```

上述運算元變數score1和score2的值如果不同，sum變數的運算結果就會不同，如下表所示：

score1	score2	sum = score1 + score2
56	67	123
80	60	140

我們可以活用第3章的scanf()函數，讓使用者自行輸入變數值來執行運算，只需輸入不同值，就可以得到不同的運算結果。

Example03.c：讓使用者輸入分數來執行成績總分計算

```
01: /* 讓使用者輸入分數來執行成績總分計算 */
02: #include <stdio.h>
03:
04: int main()
05: {
06:     int score1, score2, sum;          /* 宣告變數 */
07:
08:     printf("請輸入第1個分數==> \n");  /* 顯示提示字串 */
```

```
09:     scanf("%d", &score1);                /* 輸入整數值 */
10:     printf("請輸入第2個分數==> \n");     /* 顯示提示字串 */
11:     scanf("%d", &score2);                /* 輸入整數值 */
12:
13:     sum = score1 + score2;               /* 計算2個變數相加 */
14:
15:     /* 顯示score1+score2運算式的運算結果 */
16:     printf("score1+score2分數總和= %d\n", sum);
17:
18:     return 0;
19: }
```

Example03.c的執行結果

```
請輸入第1個分數==>
80 Enter
請輸入第2個分數==>
60 Enter
score1+score2分數總和= 140
```

4-2 C語言的運算子

C語言的運算子依運算元個數可以分成三種，如下所示：

- **單元運算子（unary operator）**：只有一個運算元，例如：正號或負號，如下所示：

```
-15
+10
```

- **二元運算子（binary operator）**：擁有位在左右的兩個運算元，C語言的運算子大部分都是二元運算子，如下所示：

```
5 + 10
10 - 2
```

- **三元運算子（ternary operator）**：擁有3個運算元，C語言只有一種三元運算子「?:」用來建立條件運算式，詳見第6章的說明。

4-2-1 算術運算子

「算術運算子」（arithmetic operators）可以建立數學的算術運算式（arithmetic expressions）。C語言算術運算子和運算式範例，其說明如下表所示：

運算子	說明	運算式範例
-	負號	-7
+	正號	+7
*	乘法	7 * 2 = 14
/	除法	7 / 2 = 3
%	餘數	7 % 2 = 1
+	加法	7 + 2 = 9
-	減法	7 – 2 = 5

上表算術運算式範例是使用常數值，在本節程式範例是改用變數。算術運算子加、減、乘、除和餘數運算子都是二元運算子（binary operators），需要2個運算元。

單元運算子（unary operator）

算術運算子的「+」正號和「-」負號是單元運算子，只需1個位在運算子之後的運算元，如下所示：

```
+5      /* 數值正整數5 */
-x      /* 負變數x的值 */
```

上述程式碼使用「+」正、「-」負號表示數值是正數或負數。

加法運算子「+」

加法運算子「+」是將運算子左右2個運算元相加，如下所示：

```
a = 6 + 7;          /* 計算6+7的和後，指定給變數a */
b = c + 5;          /* 將變數c的值加5後，指定給變數b */
total = x + y + z;  /* 將變數x, y, z的值相加後，指定給變數total */
```

減法運算子「-」

減法運算子「-」是將運算子左右2個運算元相減，即將左邊的運算元減去右邊的運算元，如下所示：

```
a = 8 - 2;          /* 計算8-2的值後，指定給變數a */
b = c - 3;          /* 將變數c的值減3後，指定給變數b */
offset = x - y;     /* 將變數x值減變數y值後，指定給變數offset */
```

乘法運算子「*」

乘法運算子「*」是將運算子左右2個運算元相乘，如下所示：

```
a = 5 * 2;          /* 計算5*2的值後，指定給變數a */
b = c * 5;          /* 將變數c的值乘5後，指定給變數b */
result = d * e;     /* 將變數d, e的值相乘後，指定給變數result */
```

除法運算子「/」

除法運算子「/」是將運算子左右2個運算元相除，也就是將左邊的運算元除以右邊的運算元，如下所示：

```
a = 7 / 2;          /* 計算7/2的值後，指定給變數a */
b = c / 3;          /* 將變數c的值除以3後，指定給變數b */
result = x / y;     /* 將變數x, y的值相除後，指定給變數result */
```

除法運算子「/」的運算元如果是int資料型態，此時的除法運算是整數除法，自動會將小數刪除，所以7 / 2 = 3，不是3.5。

餘數運算子「%」

「%」運算子是整數除法的餘數，2個運算元是整數，可以將左邊的運算元除以右邊的運算元來得到餘數，所以運算元不能是float和double資料型態，如下所示：

```
a = 9 % 2;          /* 計算9%2的餘數值後，指定給變數a */
b = c % 7;          /* 計算變數c除以7的餘數值後，指定給變數b */
result = y % z;     /* 將變數y, z值相除取得的餘數後，指定給變數result */
```

Example04.c：使用算術運算子

```
01: /* 使用算術運算子 */
02: #include <stdio.h>
03:
04: int main()
05: {
06:     int score1 = 7;    /* 宣告變數 */
07:     int score2 = 2;
08:
09:     /* 顯示score1和score2變數的算術運算 */
10:     printf("score1+score2= %d\n", score1+score2);
11:     printf("score1-score2= %d\n", score1-score2);
12:     printf("score1*score2= %d\n", score1*score2);
13:     printf("score1/score2= %d\n", score1/score2);
14:     printf("score1%%score2= %d\n", score1%score2);
15:
16:     return 0;
17: }
```

Example04.c的執行結果

```
score1+score2= 9
score1-score2= 5
score1*score2= 14
score1/score2= 3
score1%score2= 1
```

上述執行結果是使用2個變數的運算元score1和score2，因爲「%」本身就是格式字元符號，所以第14行是重複2次來顯示餘數運算子。

4-2-2 遞增和遞減運算子

遞增和遞減運算子「++」和「--」是位在變數的運算元之前或之後來建立運算式，可以執行變數值加1或減1的運算，其說明如下表所示：

運算子	說明	運算式範例
++	遞增運算	x++（後置遞增運算子） ++x（前置遞增運算子）
--	遞減運算	y--（後置遞減運算子） --y（前置遞減運算子）

上表遞增和遞減運算子可以置於變數之前或之後，例如：將變數x加1的運算式「x = x + 1;」，相當於是：

```
x++; 或 ++x;
```

將變數減1的運算式「y = y - 1;」，相當於是：

```
y--; 或 --y;
```

上述遞增和遞減運算子在變數之後或之前並不會影響運算結果，都是將變數x加1；變數y減1。

說明

「x++;」或「++x;」是「x = x + 1;」的簡化寫法。

「y--;」或「 --y;」是「y = y - 1;」的簡化寫法。

遞增和遞減運算子常常使用在第7章迴圈結構來處理計數器變數的增減，所以，在第7章的迴圈程式碼就會常常看到遞增和遞減運算子。

當變數x的值是10時，「x++;」或「++x;」的運算結果都是11；變數y是10，「y--;」或「--y;」的運算結果都是9，如下圖所示：

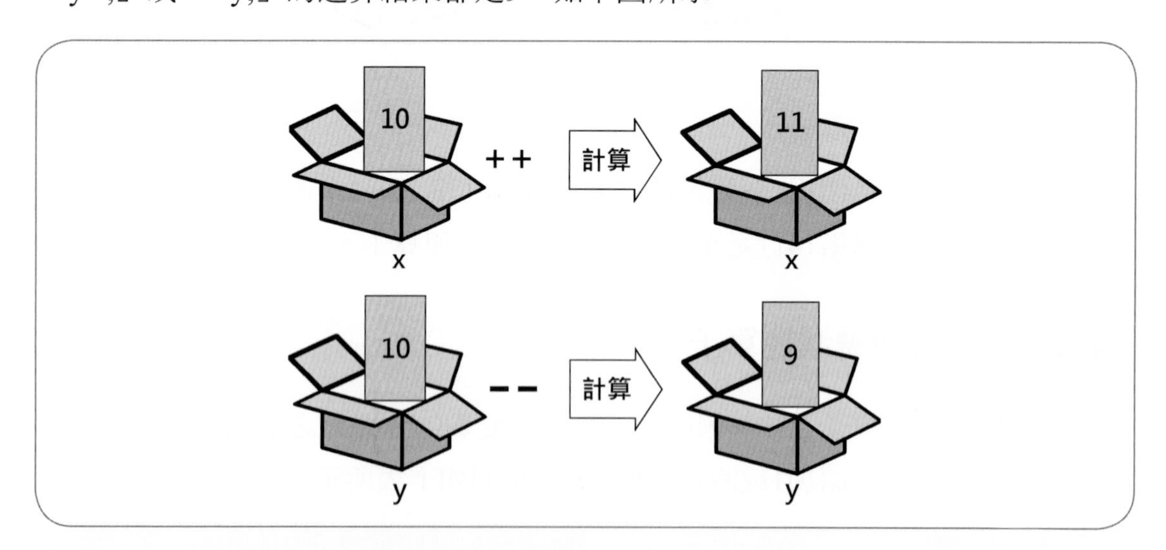

4-2-3 遞增和遞減運算子的位置

遞增和遞減運算子如果是使用在算術或指定運算式，運算子置於運算元的前面或後面，就有很大的不同，如下表所示：

運算子位置	說明
前置遞增和遞減運算子（++x、--y）	先執行運算，才取得運算元的值
後置遞增和遞減運算子（x++、y--）	先取得運算元值，再執行運算

前置遞增和遞減運算子

當運算子在前面時，變數值是立刻改變，例如：運算子「--」是在運算元x之前，如下所示：

```
x = 10;
y = --x;    /* 運算元x是在運算子--之後 */
```

上述程式碼變數x的初始值爲10，因爲是前置遞減運算子，就會先執行遞減運算。「y = --x;」的計算步驟，如下所示：

Step 1　將變數x的值減1，即遞減，所以值從10減成9。

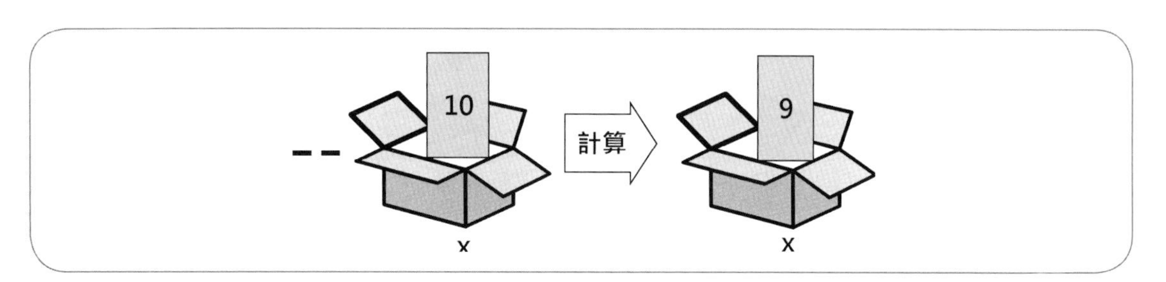

Step 2　取出變數x的值9，然後指定給變數y，所以變數y的值是9。

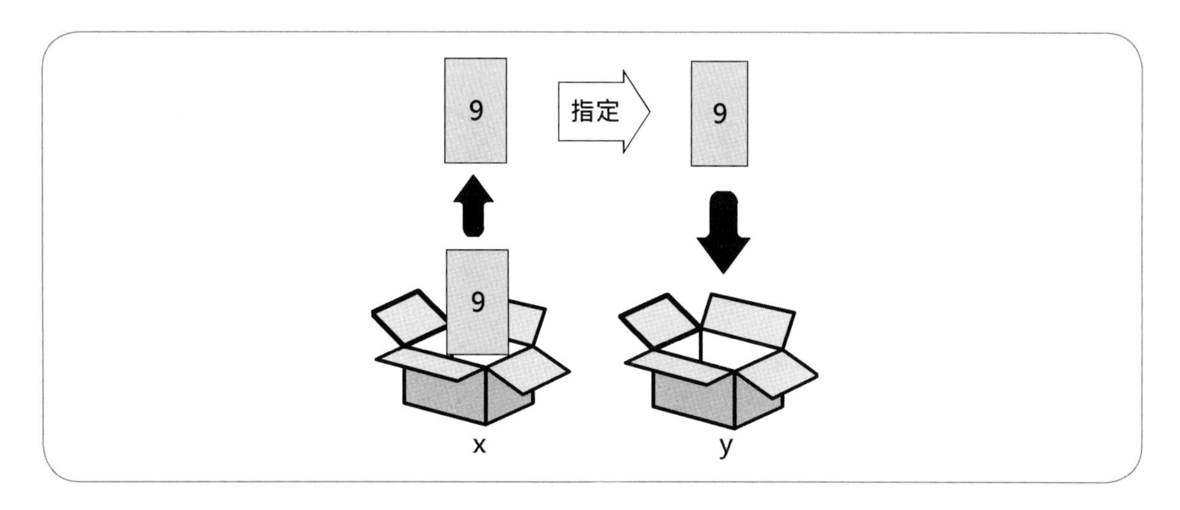

上述「--x;」的運算子是在前，所以x爲9；y也是9。

後置遞增和遞減運算子

如果遞增和遞減運算子是在後面，表示在執行運算式後才會改變。例如：運算子「++」是在運算元x之後，如下所示：

```
x = 10;
y = x++;    /* 運算子++是在運算元x之後 */
```

上述程式碼變數x的初始值爲10，因爲是後置遞增運算子，在取出值後才會遞增。「y = x++;」的計算步驟，如下所示：

Step 1 取出變數x的值10，然後指定給變數y，所以變數y的值是10。

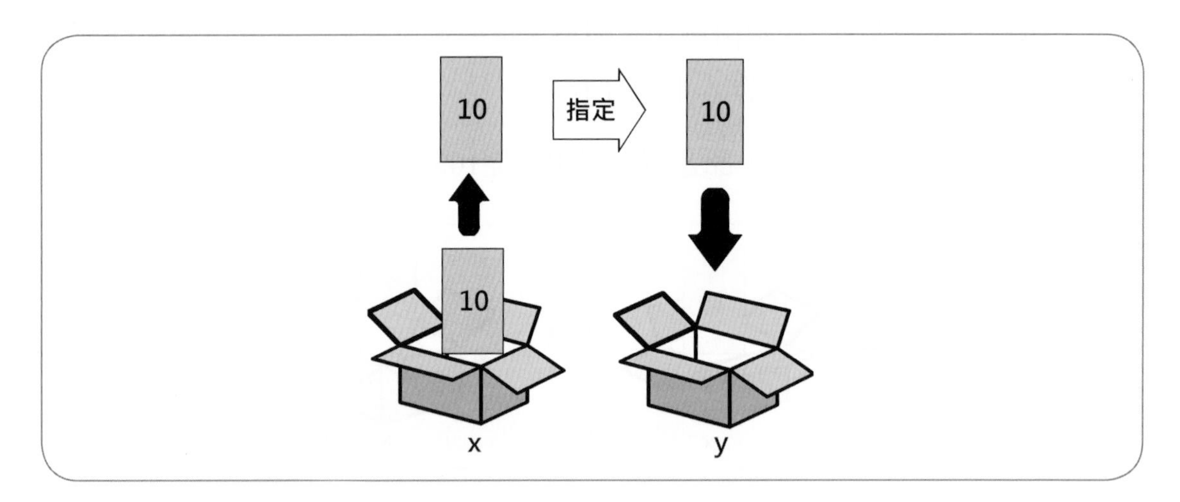

Step 2 將變數x的值加1，即遞增，所以值從10加成11。

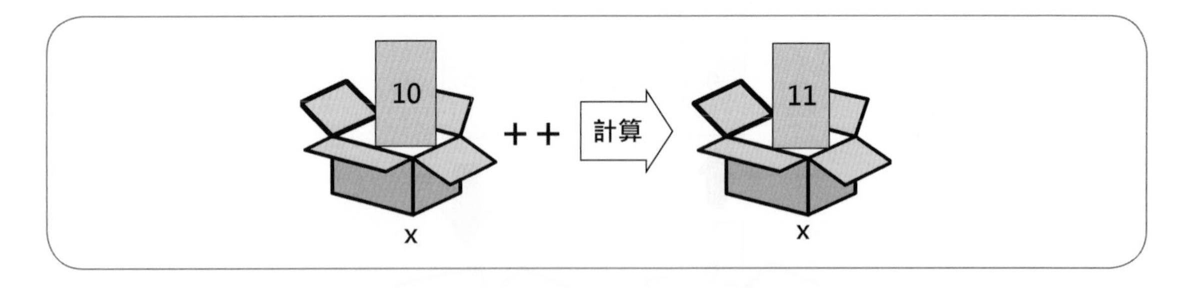

上述「x++;」的運算子在後，所以運算在之後才會改變，y值仍然爲10；x爲11。

Example05.c：測試遞增和遞減運算子的位置

```
01: /* 測試遞增和遞減運算子的位置 */
02: #include <stdio.h>
03:
04: int main()
05: {
06:     int x, y;  /* 宣告變數 */
07:
08:     /* 測試遞增和遞減運算子 */
09:     x = 10;
10:     y = --x;   /* 運算子在前 */
11:     printf("y = --x = %d\n" , y);
12:     printf("x = %d\n" , x);
13:     x = 10;
14:     y = x++;   /* 運算子在後 */
15:     printf("y = x++ = %d\n" , y);
16:     printf("x = %d\n" , x);
17:
18:     return 0;
19: }
```

Example05.c的執行結果

```
y = --x = 9
x = 9
y = x++ = 10
x = 11
```

4-2-4 指定運算子

指定運算式（assignment expressions）就是第3章的指定敘述，使用「=」等號指定運算子來建立運算式，請注意！這是指定或稱爲指派；並不是相等的等於，其目的如下所以：

「將右邊運算元或運算式運算結果的常數值，存入位在左邊的變數。」

在指定運算子「=」等號的左邊是指定值的變數；右邊可以是變數、常數值或運算式，在第3章和第4-1-3節已經有很多程式範例。

在這一節我們準備說明C語言指定運算式的簡化寫法，其條件如下所示：

- 在指定運算子「=」等號的右邊是二元運算式，擁有2個運算元。
- 在指定運算子「=」等號的左邊的變數和第1個運算元相同。

例如：滿足上述條件的指定運算式，如下所示：

```
x = x + y;
```

上述「=」等號右邊是加法運算式，擁有2個運算元，而且第1個運算元x和「=」等號左邊的變數相同，所以，我們可以改用「+=」運算子來改寫此運算式，如下所示：

```
x += y;
```

上述運算式就是指定運算式的簡化寫法，其語法如下所示：

```
變數名稱 op= 變數或常數值;
```

上述op代表「+」、「-」、「*」或「/」等運算子，在op和「=」之間不能有空白字元，此種寫法展開的指定運算式，如下所示：

```
變數名稱 = 變數名稱 op 變數或常數值
```

上述「=」等號左邊和右邊是同一變數名稱。各種簡潔或稱縮寫表示的指定運算式和運算子，如下表所示：

指定運算子	範例	相當的運算式	說明
=	x = y	N/A	指定敘述
+=	x+ = y	x = x + y	加法
-=	x -= y	x = x - y	減法
*=	x *= y	x = x * y	乘法
/=	x /= y	x = x / y	除法
%=	x %= y	x = x % y	餘數

Example06.c：使用簡化寫法的指定運算子

```
01: /* 使用簡化寫法的指定運算子 */
02: #include <stdio.h>
03:
04: int main()
05: {
06:     int score, sum = 0;                  /* 宣告變數 */
07:
08:     printf("請輸入第1個分數==> \n");      /* 顯示提示字串 */
09:     scanf("%d", &score);                 /* 輸入整數值 */
10:
11:     sum += score;                        /* 加法的指定運算式 */
12:
13:     printf("請輸入第2個分數==> \n");      /* 顯示提示字串 */
14:     scanf("%d", &score);                 /* 輸入整數值 */
15:
16:     sum += score;                        /* 加法的指定運算式 */
17:
18:     printf("請輸入第3個分數==> \n");      /* 顯示提示字串 */
19:     scanf("%d", &score);                 /* 輸入整數值 */
20:
21:     sum += score;                        /* 加法的指定運算式 */
22:
23:     /* 顯示運算式的運算結果 */
24:     printf("3 個分數的總和= %d\n", sum);
25:
26:     return 0;
27: }
```

Example06.c的執行結果

```
請輸入第1個分數==>
85 Enter
請輸入第2個分數==>
69 Enter
請輸入第3個分數==>
72 Enter
3 個分數的總和= 226
```

上述執行結果是使用「+=」運算子來依序加總3次使用者輸入的分數，以第2次輸入分數69的第16行運算式爲例，如下所示：

```
sum += score;
```

上述運算式的圖例（變數sum的值是85），如下圖所示：

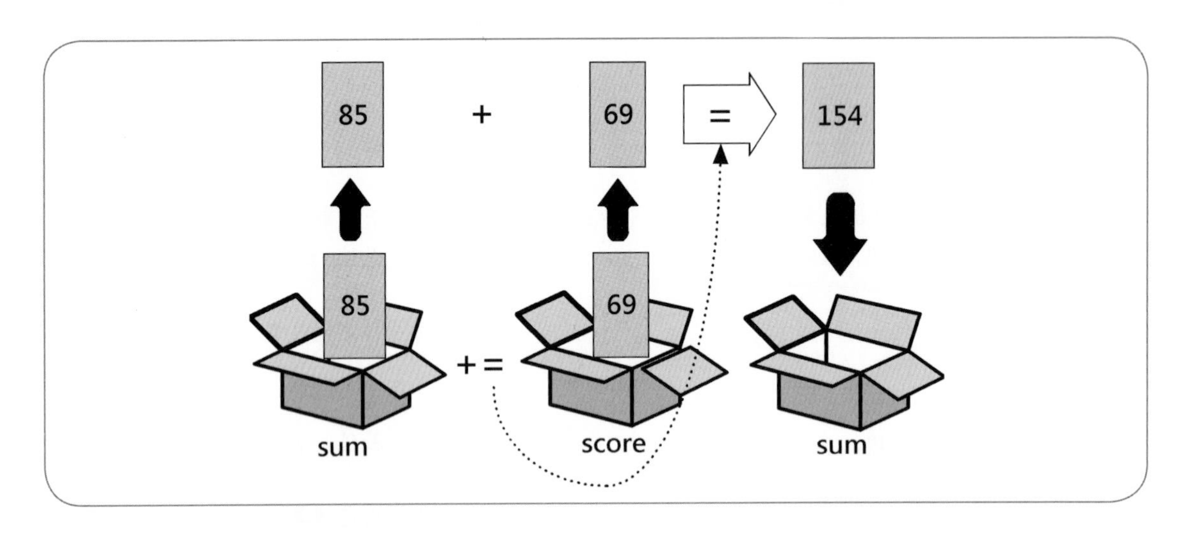

4-2-5 sizeof運算子

在撰寫C程式時，我們可能需要知道變數或特定資料型態佔用記憶體空間的位元組數，C語言是使用sizeof運算子來取得變數、型態和運算式佔用的位元組數。

sizeof運算子是一種單元運算子，可以取得指定變數或資料型態佔用記憶體空間的位元組數，其語法如下所示：

```
整數常數值 = sizeof(資料型態名稱或變數名稱或運算式);
```

上述語法計算指定型態名稱或變數佔用的記憶體空間尺寸，資料型態名稱需要使用括號來括起；變數則括起或不括起都可以，其運算結果是整數常數值的位元組數。

例如：使用sizeof運算子取得char資料型態和變數test佔用的位元組數，如下所示：

```
/* 顯示char型態佔用的位元組數 */
printf("char資料型態的尺寸 = %d位元組\n", sizeof(char));
/* 顯示變數test佔用的位元組數 */
printf("test變數尺寸 = %d位元組\n", sizeof test);
```

上述程式碼使用sizeof運算子取得資料型態char和變數test佔用的位元組數。不只如此，我們還可以使用在運算式，如下所示：

```
printf("運算式score+test的尺寸 = %d位元組\n", sizeof(score+test));
```

Example07.c：使用sizeof運算子取得佔用的位元組數

```
01: /* 使用sizeof運算子取得佔用的位元組數 */
02: #include <stdio.h>
03:
04: int main()
05: {
06:     int score = 5;                    /* 宣告變數 */
07:     double test = 0;
08:
09:     /* 顯示資料型態和變數尺寸 */
10:     printf("char資料型態的尺寸 = %d位元組\n", sizeof(char));
11:     printf("int資料型態的尺寸 = %d位元組\n", sizeof(int));
12:     printf("float資料型態的尺寸 = %d位元組\n", sizeof(float));
13:     printf("double資料型態的尺寸 = %d位元組\n", sizeof(double));
14:
15:     printf("score變數尺寸 = %d位元組\n", sizeof(score));
16:     printf("test變數尺寸 = %d位元組\n", sizeof test);
17:     printf("運算式score+test的尺寸 = %d位元組\n", sizeof(score+test));
18:
19:     return 0;
20: }
```

Example07.c的執行結果

```
char資料型態的尺寸 = 1位元組
int資料型態的尺寸 = 4位元組
float資料型態的尺寸 = 4位元組
double資料型態的尺寸 = 8位元組
score變數尺寸 = 4位元組
test變數尺寸 = 8位元組
運算式score+test的尺寸 = 8位元組
```

上述執行結果依序顯示資料型態、變數和運算式佔用的位元組數，其中score和test變數的資料型態分別是int和double，如下圖所示：

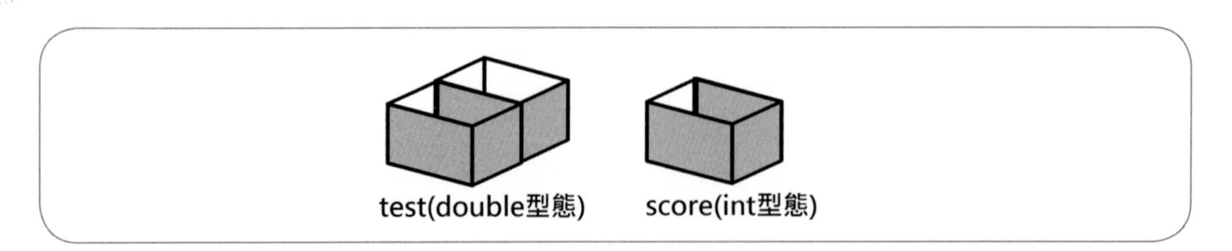

上述變數test是double型態的8位元組，它是score變數的int型態佔用4位元組的2倍。最後運算式的位元組數和double型態相同是8，因此變數score是int，所以需要使用第4-4節的資料型態轉換來執行運算。

4-3 運算子的優先順序

當運算式擁有多個運算子時，爲了得到相同的運算結果，我們需要使用優先順序和結合來執行運算式的運算。

4-3-1 認識優先順序和結合

當同一運算式擁有一個以上的運算子時，運算式的執行結果會因運算子的執行順序而不同。例如：一個擁有加法和乘法的數學運算式，如下所示：

```
10 * 2 + 5
```

上述運算式的執行結果有2種情況，如下所示：

- **先執行加法**：運算過程是「2+5=7」，然後「7*10=70」，結果爲70，如下圖所示：

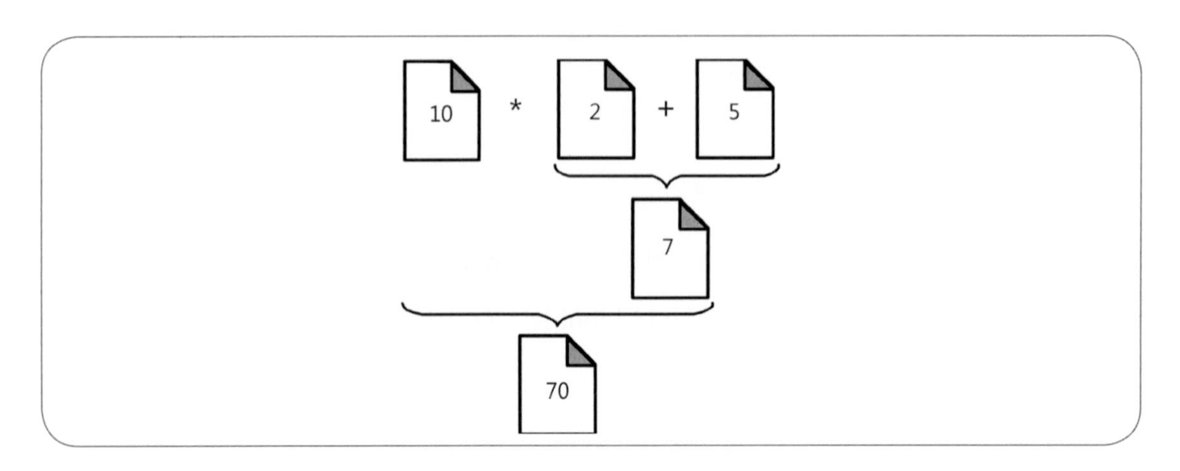

- **先執行乘法**：運算過程是「10*2=20」，然後「20+5=25」，結果是25，如下圖所示：

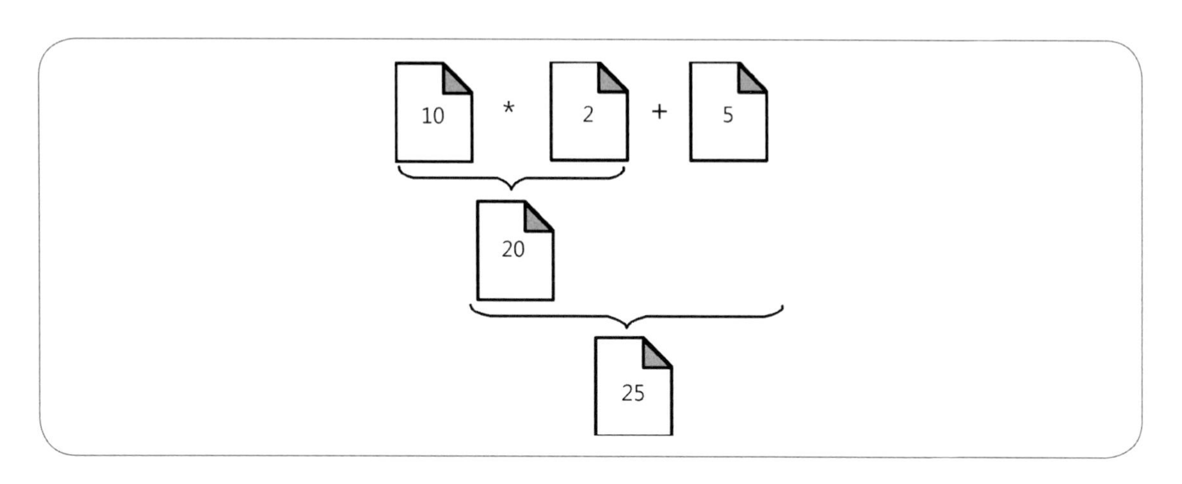

雖然是同一運算式，卻有兩種不同運算結果，程式在執行時不允許這種情況發生，爲了保證運算式得到相同的運算結果，當運算式擁有多個運算子時，運算子的執行順序是由優先順序（precedence）和結合（associativity）來決定。

優先順序（precedence）

C語言提供有多種運算子，當在同一運算式使用多個運算子時，爲了讓運算式能夠得到相同的運算結果，運算式是以運算子預設的優先順序進行運算，也就是我們熟知的「先乘除後加減」口訣，如下所示：

```
a + b * 2
```

上述運算式因爲運算子優先順序「*」大於「+」，所以先計算「b*2」的值c後才和a相加，即「a+c」等於d，如下圖所示：

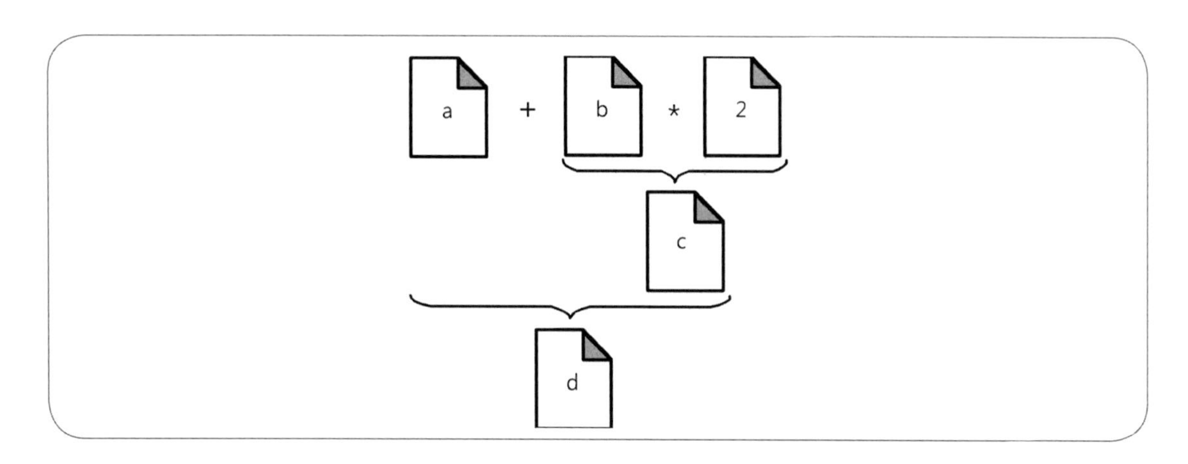

在運算式可以使用括號推翻預設的運算子優先順序，例如：改變上述運算式的運算順序，先執行加法運算後，才是乘法，如下所示：

```
(a + b) * 2
```

上述加法運算式有使用括號括起，表示目前運算順序是先計算「a+b」，然後才乘以2。

結合（associativity）

當運算式所有運算子都擁有相同優先順序時，運算子的執行順序是由結合（associativity）決定。結合可以分為兩種，如下所示：

- **右左結合（right-to-left associativity）**：運算式是從右到左執行運算子的運算，例如：運算式「a=b=c+4」是先計算「b=c+4」，然後才是「a=b」。
- **左右結合（left-to-right associativity）**：運算式是從左到右執行運算子的運算，例如：運算式「a-b-c」是先計算「a-b」的結果d，然後才是「d-c」。

4-3-2 C語言運算子的優先順序和結合

C語言運算子預設的優先順序（愈上面愈優先），如下表所示：

運算子	說明	結合
()、[]、->、.	括號、陣列元素、結構指標存取結構元素、存取結構元素	左右結合
!、-、+、++、--、~、 *、&、(type)、sizeof	邏輯運算子NOT、負號、正號、後置遞增、後置遞減、1' 補數、取值、取址、型態迫換、取得記憶體尺寸	右左結合
*、/、%	算術運算子的乘法、除法、餘數	左右結合
+、-	算術運算子的加法、減法	左右結合
<<、>>	位元運算子的左移、右移	左右結合
>、>=、<、<=	關係運算子大於、大於等於、小於、小於等於	左右結合
==、!=	關係運算子的等於、不等於	左右結合
&	位元運算子AND	左右結合
^	位元運算子XOR	左右結合

運算子	說明	結合
|	位元運算子OR	左右結合
&&	邏輯運算子AND	左右結合
||	邏輯運算子OR	左右結合
?:	條件控制運算子	右左結合
=、op=	指定運算子	右左結合
,	逗號運算子	左右結合

4-4 資料型態的轉換

「資料型態轉換」（type conversions）是因爲運算式可能擁有多個不同資料型態的變數或常數值。例如：在運算式中同時擁有整數和浮點數的變數或常數值時，就需要執行型態轉換。

資料型態轉換是指轉換變數儲存的資料，而不是變數本身的資料型態。因爲不同型態佔用的位元組數不同，在進行資料型態轉換時，例如：double轉換成int，變數資料有可能損失資料或精確度。

4-4-1 指定敘述的型態轉換

指定敘述的型態轉換規則很簡單且明確，如下所示：

「將「=」運算子右邊的運算式轉換成和左邊變數相同的資料型態。」

例如：一個指定運算式，如下所示：

```
a = b;     /* 指定敘述的型態轉換 */
```

上述指定敘述的變數a和b如果是不同資料型態，變數b的值會自動轉換成變數a的資料型態。C資料型態的指定敘述型態轉換，其可能的資料損失，如下表所示：

變數資料型態	運算式的資料型態	可能的資料損失
char	unsigned char	如果值大於127，變數值將為負值
char	short int	高位的8位元
char	int	高位的24位元
char	long int	高位的24位元
short int	int	高位的16位元
int	long int	沒有損失
int	float	損失小數且可能更多
float	double	損失精確度
double	long double	損失精確度

上表是指定敘述型態轉換，從右邊運算式的資料型態轉換成左邊變數資料型態時，可能產生的資料損失；反過來從char轉換成int；float或double資料型態，並不會增加資料的精確度。

如果上表找不到直接轉換的資料型態，可能需要經過多次轉換。例如：double轉換成short int，就需要從double轉換成float，float轉換成int，到int轉換成short int。

Example08.c：使用指定敘述的型態轉換

```
01: /* 使用指定敘述的型態轉換 */
02: #include <stdio.h>
03:
04: int main()
05: {
06:     int iNum;            /* 宣告變數 */
07:     double dNum = 123.456;
08:
09:     iNum = dNum;         /* 指定敘述型態轉換大到小 */
10:
11:     printf("dNum = %f 轉換成 iNum = %d\n", dNum, iNum);
12:
13:     iNum = 550;          /* 指定整數值 */
14:     dNum = iNum;         /* 指定敘述型態轉換小到大 */
15:
16:     printf("iNum = %d 轉換成 dNum = %f\n", iNum, dNum);
17:
18:     return 0;
19: }
```

Example08.c的執行結果

```
dNum = 123.456000 轉換成 iNum = 123
iNum = 550 轉換成 dNum = 550.000000
```

上述執行結果的第1行是從double轉換成int，所以損失了小數點以下的值；第2行是從int轉換成double，可以看到整數值已經成爲浮點數。

4-4-2 算術型態轉換

「算術型態轉換」（arithmetic conversions）並不需要特別語法，其轉換規則，如下所示：

「在運算式中如果擁有不同型態的運算元，就會將儲存的資料自動轉換成相同資料型態，而且是各運算元之中範圍最大的資料型態。」

算術型態轉換的順序是優先轉換成型態數值範圍比較大者，由大至小，如下所示：

```
long double > double > float > unsigned long > long > unsigned int > int
```

上述型態的轉換順序是當2個運算元分屬不同型態時，就會自動轉換成範圍比較大的資料型態。一些轉換範例如下表所示：

運算元1	運算元2	自動轉換成
long double	float	long double
double	float	double
float	int	float
long	int	long

例如：宣告char、int、float和double資料型態的變數c、i、f和d且指定初值，運算式「(c+i)*(f/d)+(i-f)」的型態轉換，如下圖所示：

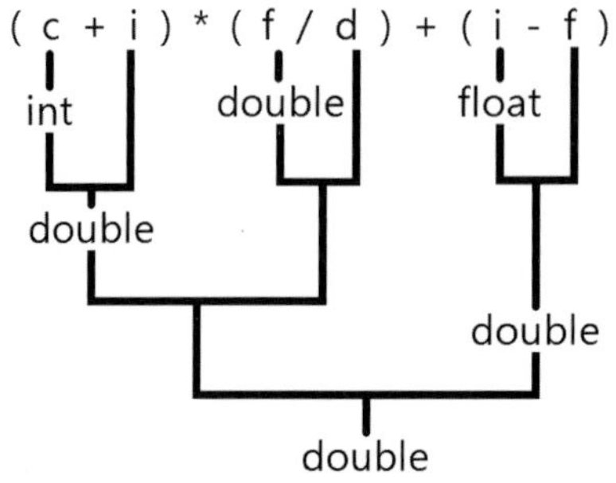

(c + i) * (f / d) + (i - f)

int double float

double

double

double

上述運算式「c + i」轉換成int，「f / d」轉換成double，「i - f」轉換成float，接著是「(c+i)*(f/d)」轉換成double，最後運算式是轉換成double資料型態。

Example09.c：使用算術型態轉換

```
01: /* 使用算術型態轉換 */
02: #include <stdio.h>
03:
04: int main()
05: {
06:     char c = 100;       /* 宣告變數 */
07:     int i = 500;
08:     float f = 15.5;
09:     double d = 124.345;
10:
11:     /* 算術型態轉換 */
12:     printf("c + i = %d\n", c + i);
13:     printf("c + i * f = %f\n", c + i * f);
14:     printf("(c+i)*(f/d)+(i-f) = %f\n", (c+i)*(f/d)+(i-f));
15:
16:     return 0;
17: }
```

Example09.c的執行結果

```
c + i = 600
c + i * f = 7850.000000
(c+i)*(f/d)+(i-f) = 559.291910
```

上述執行結果的第1行是轉換成int；第2行轉換成float；第3行轉換成double。

4-4-3 強迫型態轉換運算子

指定敘述和算術型的型態轉換都會自動進行型態轉換，當自動轉換結果並非預期結果時，我們可以使用C語言的「型態轉換運算子」（cast operator），在運算式強迫轉換資料型態，其語法如下所示：

```
(型態名稱) 運算式或變數
```

上述語法可以將運算式或變數強迫轉換成前面括號的型態，請注意！型態名稱外一定需要加上括號。

例如：整數除法運算式「27 / 5」，其結果是整數5。如果需要精確到小數點，就不能使用算術型態轉換，我們需要強迫將它轉換成浮點數後，再進行運算，例如：變數a的值是27；變數b的值是5，除法運算式「a / b」就需要型態轉換，如下所示：

```
r = (double)a / (double)b;    /* 型態迫換成double */
```

上述程式碼將int整數變數a和b都強迫轉換成浮點數double，我們也可以只強迫轉換其中之一，然後讓算術型態轉換自動轉換其他運算元，此時「27 / 5」的結果是5.4。

Example10.c：使用強迫型態轉換運算子

```
01: /* 使用強迫型態轉換運算子 */
02: #include <stdio.h>
03:
04: int main()
05: {
06:
07:     int a = 27, b = 5;  /* 宣告變數 */
08:     double r;
09:
10:     /* 算術型態轉換 */
11:     printf("a = %d  b = %d\n", a, b);
12:     r = a / b;
13:     printf("r = a / b = %f\n", r);
14:
15:     /* 強迫型態轉換運算子 */
```

```
16:     r = (double)a / (double)b;   /* 型態迫換成double */
17:     printf("r = (double)a / (double)b = %f\n", r);
18:
19:     return 0;
20: }
```

Example10.c的執行結果

```
a = 27  b = 5
r = a / b = 5.000000
r = (float)a / (float)b = 5.400000
```

上述執行結果可以看到第2行是使用算術型態轉換，所以結果是5，在第3行使用強迫型態轉換子，所以結果是5.4。

學習評量

選擇題

(　)1. 請問在運算式「150 + 210」之中，下列哪一個是運算子？
(A)「50+21」 (B)「150」 (C)「+」 (D)「210」

(　)2. 請問下列哪一個是C語言乘法運算子的符號？
(A)「x」 (B)「#」 (C)「X」 (D)「*」

(　)3. 請問下列哪一種是C語言加法運算式中2個運算元的組合？
(A)變數+變數 (B)變數+常數值
(C)常數值+常數值 (D)以上皆是

(　)4. 請問下列哪一個並不是C語言運算子的種類？
(A)四元運算子 (B)三元運算子
(C)二元運算子 (D)單元運算子

(　)5. 請問下列哪一個不是C語言的算術運算子？
(A)「=」 (B)「-」 (C)「*」 (D)「+」

(　)6. 請問執行C程式碼片段：x = 11; y = x--; 後，變數y值是什麼？
(A)8 (B)9 (C)10 (D)11

(　)7. 請問C語言可以使用下列哪一個運算子取得變數佔用的位元組數？
(A)numofsize (B)sizeof (C)size (D)bytes

(　)8. 請問下列哪一個C語言的運算子優先順序最高？
(A)「&&」 (B)「++」 (C)「*」 (D)「==」

(　)9. 請問下列哪一個C運算子是使用右左結合？
(A)「&&」 (B)「++」 (C)「%」 (D)「>=」

(　)10. 請問我們可以使用下列哪一種語法，將整數變數a轉換成浮點數型態？
(A)(float)[a] (B)<float>a (C)(float)a (D)[float](a)

評量

填充與問答題

1. 所有程式都可以簡化成三種基本元素：____________、__________和____________。
2. 「運算式」（expressions）是使用一序列的「__________」（operators）和「________」（operands）所組成，可以在程式中執行所需的運算任務。
3. 運算式：a + b * 2的執行順序是先計算「_____」的值c後，才計算「_____」的值。
4. 請依序寫出下列C運算式的值，如下所示：

```
(1) 1 * 2 + 4
(2) 7 / 5
(3) 10 % 3 * 2 * ( 2 + 5 )
(4) 1 + 2 * 3
(5) (1 + 2) * 3
(6) 16 +7 * 6 + 9
(7) (13 - 6 ) / 7 + 8
(8) 12 - 4 % 6 / 4
```

5. 請依序寫出下列C程式碼片段的執行結果，如下所示：

(1)

```
int i = 1;
i *= 5;
i += 2;
printf("i = %d\n", i);
```

(2)

```
int x = 7;
printf("x = %d\n", ++x);
printf("x = %d\n", x--);
```

實作題

1. 圓周長的公式是2*PI*r， PI是圓周率3.1415， r是半徑，請建立C程式使用常數定義圓周率後，輸入半徑來計算和顯示圓周長。

```
請輸入半徑值==>
10 Enter
圓周長的值是: 62.830000
```

2. 計算體脂肪BMI值的公式是W/(H*H)， H是身高（公尺）， W是體重（公斤），請建立C程式輸入身高和體重後，計算和顯示BMI值。

```
請輸入空白分隔的身高與體重值==>
175 78 Enter
BMI值是: 25.469387
```

3. 長方形面積是L*H， L是高；H是長，請建立C程式輸入長和高後，計算和顯示長方形面積。

4. 請建立C程式輸入一個整數值，然後分別計算和顯示輸入值的平方值和3次方值。

Memo

Chapter 5

流程圖

學習重點

- 認識演算法與流程圖
- 演算法、流程圖與程式設計
- 繪製流程圖
- 你的程式可以走不同的路

5-1 認識演算法與流程圖

程式設計的最重要工作是將解決問題的步驟詳細的描述出來，稱爲演算法（algorithms），我們可以直接使用文字內容描述演算法，或使用圖形的流程圖（flow chart）來表示。

5-1-1 演算法

如同建設公司興建大樓有建築師繪製的藍圖，廚師烹調有食譜，設計師進行服裝設計有設計圖，程式設計也一樣有藍圖，哪就是演算法。

認識演算法

「演算法」（algorithms）簡單的說就是一張食譜（recipe），提供一組一步接著一步（step-by-step）的詳細過程，包含動作和順序，可以將食材烹調成美味的食物，例如：在第1-1節說明的蛋糕製作，製作蛋糕的食譜就是一個演算法，如下圖所示：

演算法 = 一張食譜 = 一組指令步驟

電腦科學的演算法是用來描述解決問題的過程，也就是完成一個任務所需的具體步驟和方法，這個步驟是有限的；可行的，而且沒有模稜兩可的情況。

演算法的表達方法

因爲演算法的表達方法是在描述解決問題的步驟，所以並沒有固定方法，常用表達方法，如下所示：

- **文字描述**：直接使用一般語言的文字描述來說明執行步驟。
- **虛擬碼（pseudo code）**：一種趨近程式語言的描述方法，並沒有固定語法，每一行約可轉換成一行程式碼，如下所示：

```
/* 計算1加到10 */
Let counter = 1
Let sum = 0
while counter <= 10
   sum = sum + counter
   Add 1 to counter
Output the sum     /* 顯示結果 */
```

- **流程圖（flow chart）**：使用標準圖示符號來描述執行過程，以各種不同形狀的圖示表示不同的操作，箭頭線標示流程執行的方向。

因爲一張圖常常勝過千言萬語的文字描述，圖形比文字更直覺和容易理解，所以對於初學者來說，流程圖是一種最適合描述演算法的工具，事實上，繪出流程圖本身就是一種很好的程式邏輯訓練。

5-1-2 流程圖

不同於文字描述或虛擬碼是使用文字內容來表達演算法，流程圖是使用簡單的圖示符號來描述解決問題的步驟。

認識流程圖

流程圖是使用簡單的圖示符號來表示程式邏輯步驟的執行過程，可以提供程式設計者一種跨程式語言的共通語言，作爲與客戶溝通的工具和專案文件。如果我們可以畫出流程圖的程式執行過程，就一定可以將它轉換成指定的程式語言，以本書爲例是撰寫成C程式碼。

所以，就算你是一位完全沒有寫過程式碼的初學者，也一樣可以使用流程圖來描述執行過程，以不同形狀的圖示符號表示操作，在之間使用箭頭線標示流程的執行方向，筆者稱它爲圖形版程式（對比程式語言的文字版程式）。

本書的fChart流程圖直譯工具是建立圖形版程式的最佳工具，因爲你不只可以編輯繪製流程圖，更可以執行流程圖來驗證演算法的正確性，完全不用涉及程式語言的語法，就可以輕鬆開始寫程式。

流程圖的符號圖示

目前演算法使用的流程圖是由Herman Goldstine和John von Neumann開發與製定，常用流程圖符號圖示的說明，如下表所示：

流程圖的符號圖示	說明
（長方形）	長方形的【動作符號】（或稱為處理符號）表示處理過程的動作或執行的操作
（橢圓形）	橢圓形的【起止符號】代表程式的開始與終止
（菱形）	菱形的【決策符號】建立條件判斷
（箭頭）	箭頭連接線的【流程符號】是連接圖示的執行順序
（圓形）	圓形的【連接符號】可以連接多個來源的箭頭線
（平行四邊形）	【輸入/輸出符號】（或稱為資料符號）表示程式的輸入與輸出

流程圖的繪製原則

一般來說，爲了繪製良好的流程圖，一些繪製流程圖的基本原則，如下所示：

- 流程圖需要使用標準的圖示符號，以方便閱讀、溝通和小組討論。
- 在每一個流程圖符號的說明文字需力求簡潔、扼要和明確可行。
- 流程圖只能有一個起點，和至少一個終點。
- 流程圖的繪製方向是從上而下；從左至右。
- 決策符號有兩條向外的流程符號；終止符號不允許有向外的流程符號。
- 流程圖連接線的流程符號應避免交叉或太長，請儘量使用連接符號來連接。

5-2 演算法、流程圖與程式設計

傳統程式語言的程式設計是從設計演算法開始，然後依據演算法撰寫程式碼來建立可執行的程式，我們可以使用流程圖、文字描述或虛擬碼來描述設計的演算法，如下圖所示：

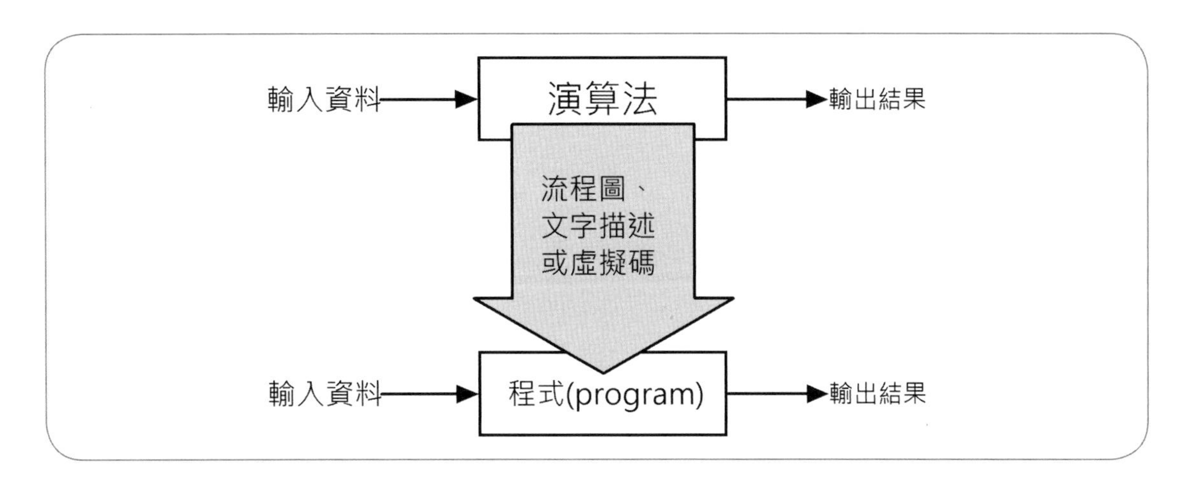

上述圖例當我們將演算法描述的步驟寫成程式語言的程式碼後，即可建立程式，而這就是程式設計。

演算法與流程圖

流程圖是演算法步驟的表達方法之一，雖然，我們可以使用文字描述來撰寫演算法步驟，但是，圖片效果遠勝過文字描述，使用流程圖呈現演算法步驟，比文字描述更加有說服力，配合本書fChart流程圖直譯教學工具的流程圖執行功能，我們可以在撰寫程式碼之前，就驗證出演算法的正確性。

流程圖與C程式碼

對於傳統程式語言的程式碼來說，如果我們可以畫出流程圖的執行過程，就一定可以轉換撰寫成特定程式語言的程式碼，例如：C語言，如下圖所示：

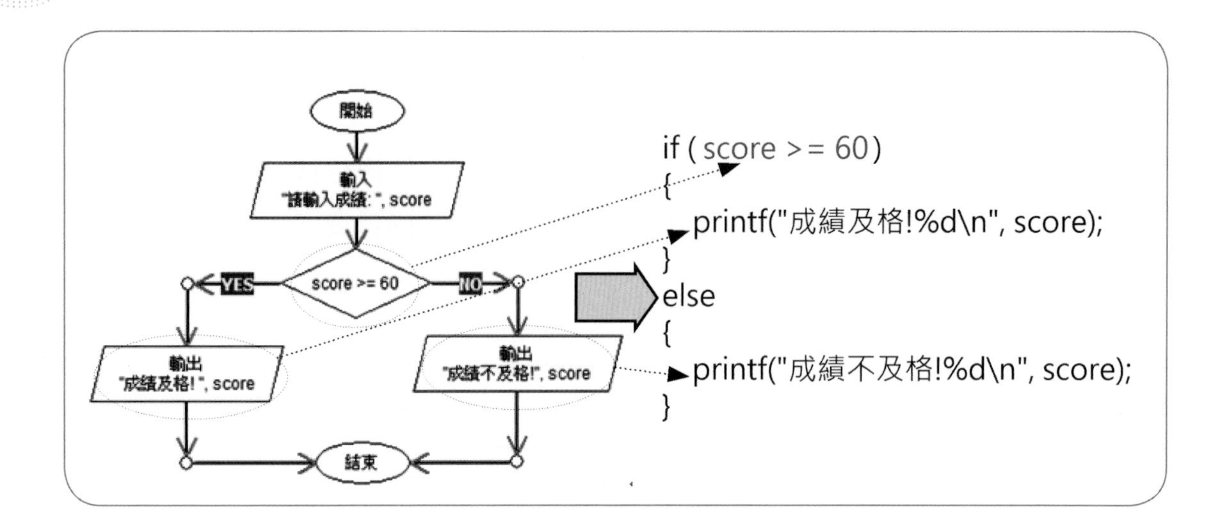

5-3 繪製流程圖

程式設計（programming）是資訊科學一門相當重要的課程，也是數十年來資訊教育上最大的挑戰，有相當多研究證明從流程圖開始學習程式設計，可以幫助初學者學習程式設計、訓練程式邏輯和解決問題的能力。因為流程圖是程式語言之間的共通符號，我們只需繪出流程圖，就可以使用各種不同的程式語言來實作流程圖。

fChart流程圖直譯工具是一套流程圖直譯程式，我們不只可以編輯繪製流程圖；還可以使用動畫來完整顯示流程圖的執行過程和結果，輕鬆驗證演算法是否可行和訓練讀者的程式邏輯。

5-3-1 安裝與啟動fChart工具

在本書提供的fChart教學工具是一套綠化版本，沒有安裝程式，在複製或解壓縮後，就可以在Windows 10作業系統上執行此教學工具。

安裝fChart工具

fChart工具並不需要安裝，只需解壓縮或將相關程式檔案複製至指定的資料夾，例如：「C:\FlowChart」資料夾，如下圖所示：

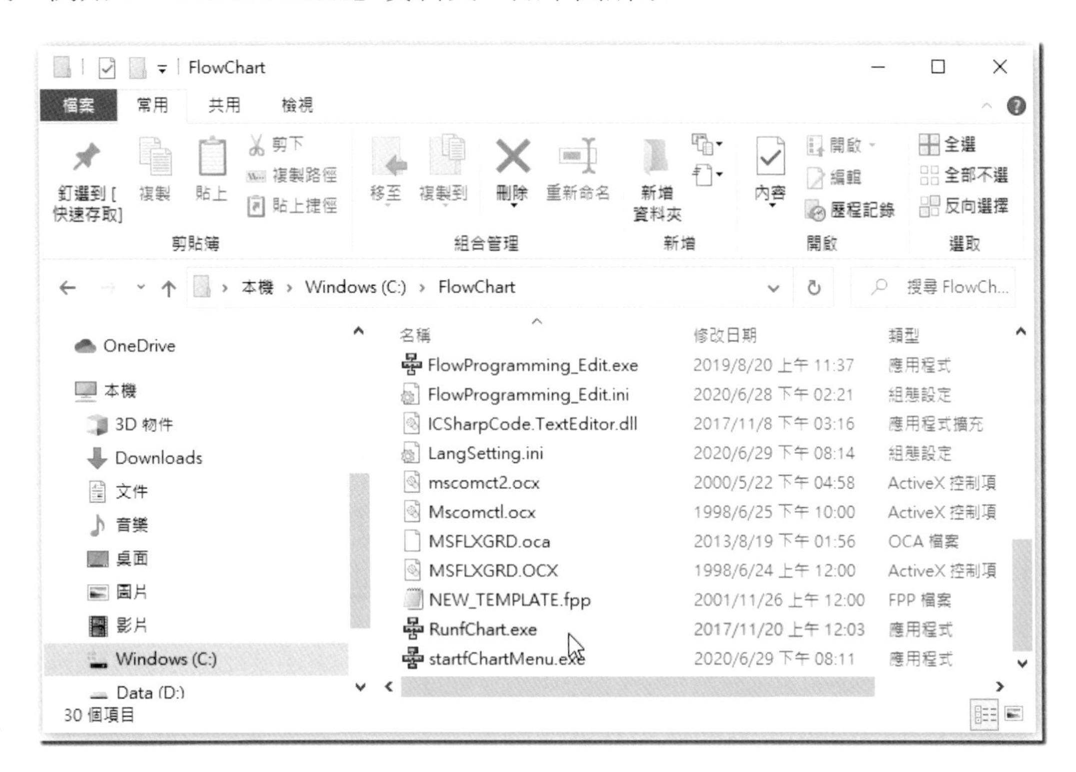

啓動fChart工具

在複製fChart工具相關檔案至「C:\FlowChart」資料夾後，就可以在Windows 10作業系統執行fChart工具，其步驟如下所示：

Step 1　請開啓fChart工具解壓縮後所在的「C:\FlowChart」資料夾，執行【RunfChart.exe】檔案，按【是】鈕來啓動fChart工具。

Step 2　在成功啓動fChart流程圖直譯器後，可以進入工具的使用介面，如下圖所示：

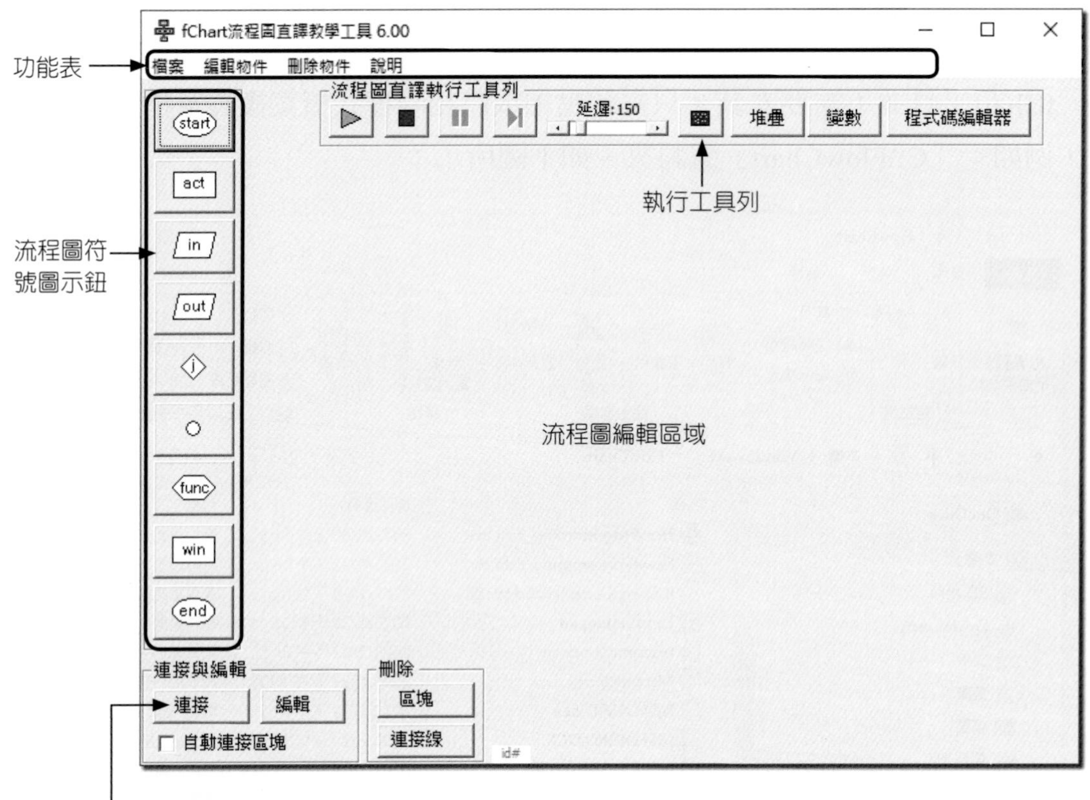

上述圖例是fChart工具的使用介面，在上方是功能表；位在功能表的下方是執行工具列，可以執行繪出的流程圖，在左邊是建立流程圖符號圖示的按鈕工具列，在左下角是連接、編輯和刪除圖示符號的按鈕，位在中間的區域就是流程圖的編輯區域。

結束fChart工具

結束fChart工具請執行「檔案>結束」指令，或按視窗右上角【X】鈕關閉fChart工具。

5-3-2 建立第一個fChart流程圖

fChart工具提供相當容易的使用介面來繪製流程圖，我們準備建立第1個fChart流程圖來顯示一段文字內容，即傳統程式語言最常見的Hello World程式，其步驟如下所示：

Step 1　請啟動fChart流程圖直譯器，執行「檔案>新增流程圖專案」指令，可以看到新增的流程圖專案，預設新增開始和結束2個符號。

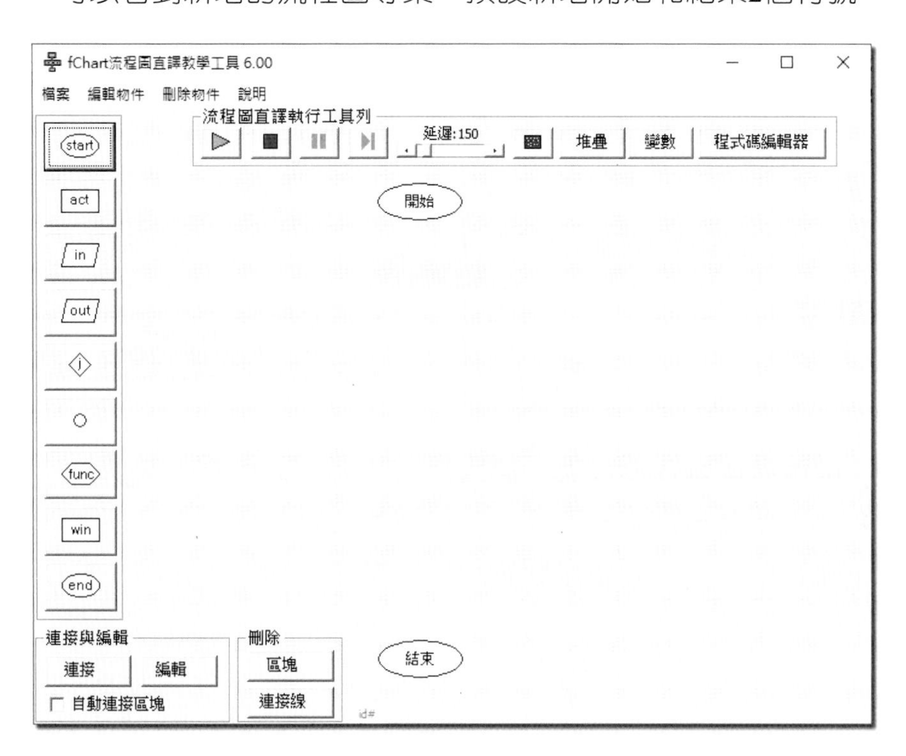

Step 2　在左邊垂直工具列，選第4個out輸出符號後，拖拉至插入位置，點選一下，開啟「輸出」對話方塊。

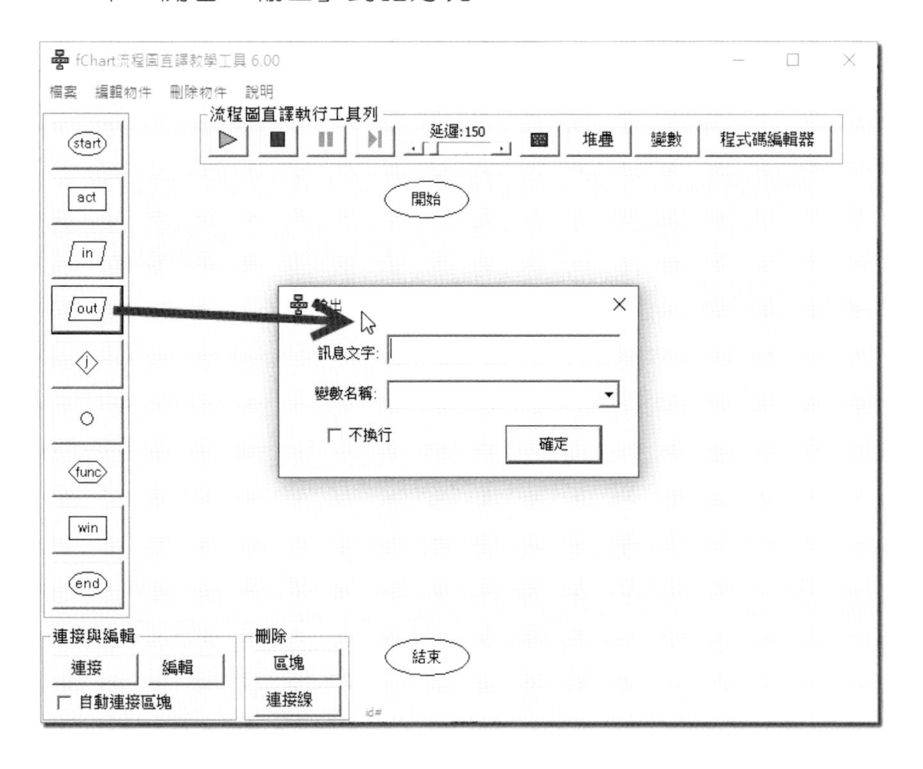

Step 3 在【訊息文字】欄輸入欲輸出的文字內容【我的第1個流程圖程式】，如果有輸出變數值，請在下方【變數名稱】欄位輸入或選擇變數名稱，按【確定】鈕，可以看到新增的輸出符號。

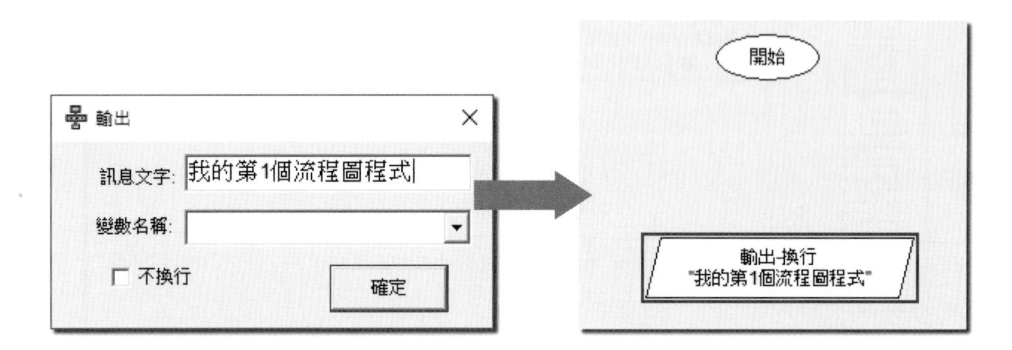

Step 4 接著連接流程圖符號，請先點選「開始」符號，然後是「輸出」符號，在沒有符號的區域，執行滑鼠【右】鍵快顯功能表的【連接區塊】指令，可以新增開始至輸出符號之間的連接線，紅色箭頭是執行方向。

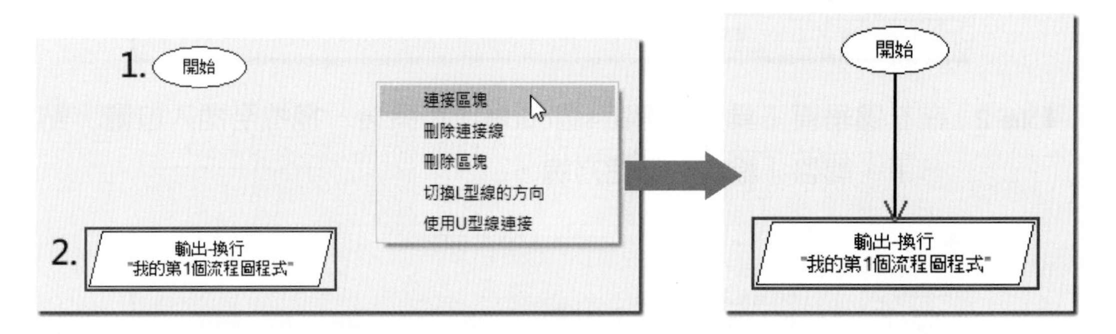

Step 5 然後點選輸出符號，再選結束符號，在沒有符號區域，執行滑鼠【右】鍵快顯功能表的【連接區塊】指令，新增輸出至結束符號之間的連接線，紅色箭頭是執行方向。

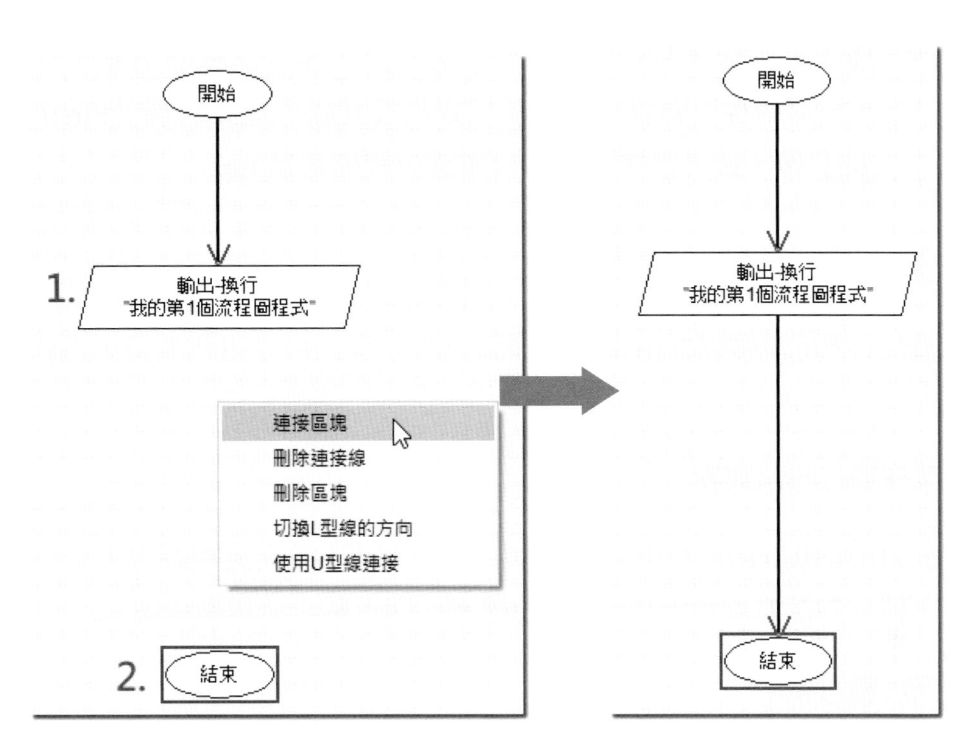

Step 6 在拖拉調整流程圖符號的位置後，即可完成fChart流程圖的繪製。

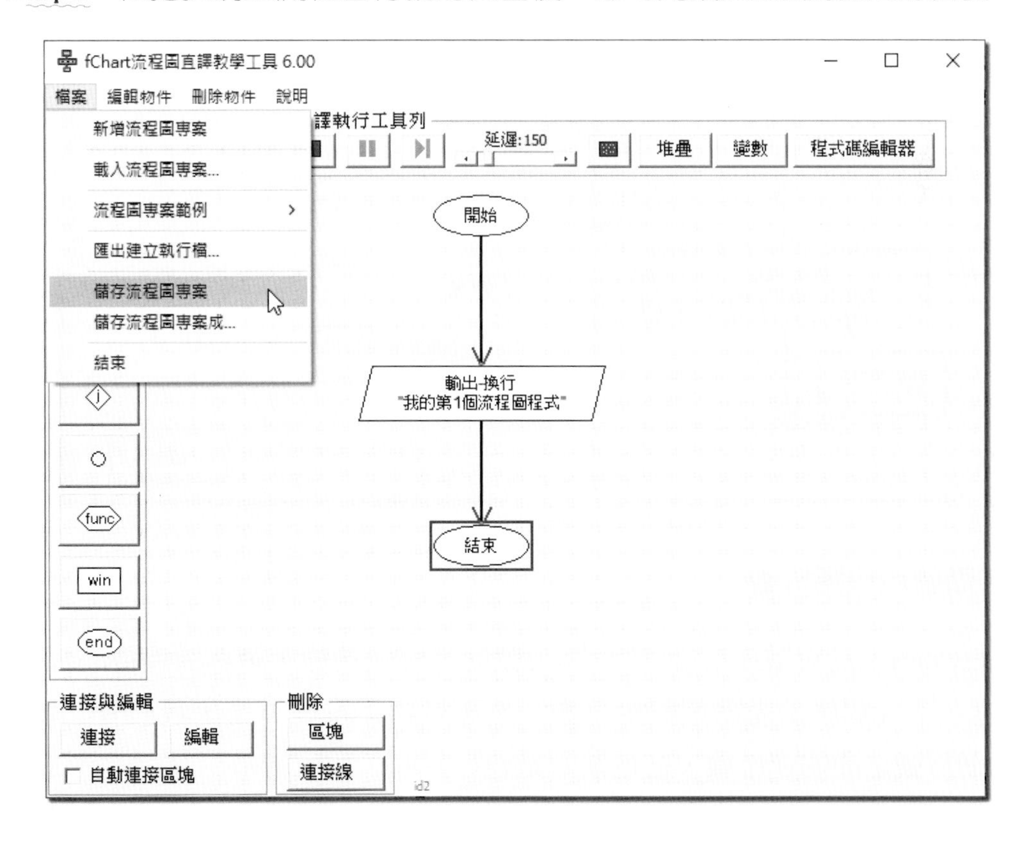

Step 7 請執行「檔案>儲存流程圖專案」指令儲存流程圖專案，可以看到「另存新檔」對話方塊，請切換路徑和輸入檔案名稱【FirstProgram.fpp】後，按【存檔】鈕儲存專案，副檔名是.fpp。

5-3-3 開啓與編輯流程圖專案

對於現存和已經建立的fChart流程圖專案，我們可以重新開啓來編輯專案的流程圖。

開啓存在的fChart專案

對於書附的fChart流程圖專案，請執行「檔案>載入流程圖專案」指令，在「開啓舊檔」對話方塊選副檔名.fpp的檔案，即可載入流程圖專案。

編輯流程圖符號

在流程圖編輯區域建立的流程圖符號，只需按二下符號圖示，就可以開啓符號的編輯對話方塊，重新編輯流程圖符號，如下圖所示：

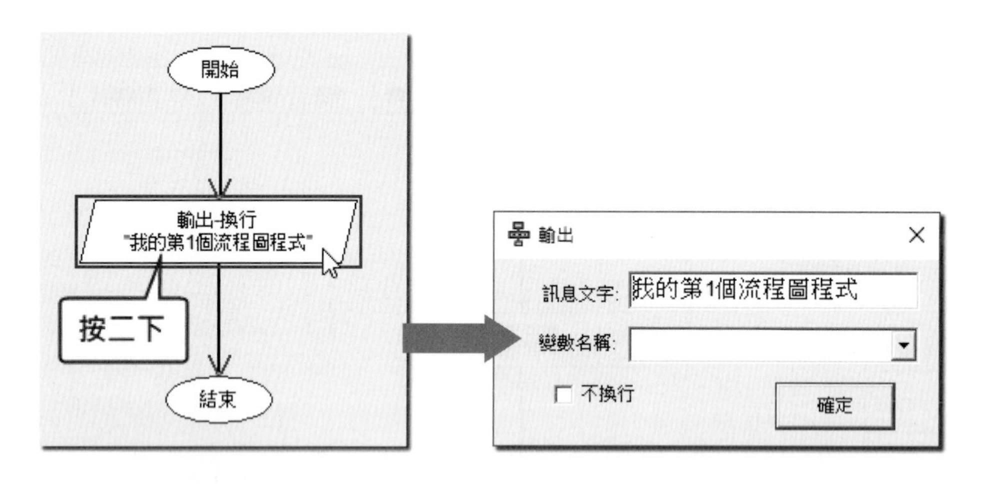

連接兩個流程圖符號

在fChart工具新增連接2個流程圖符號的箭頭連接線，請在欲連接的2個符號各點選一下（順序是先點選開始符號，然後是結束符號）後，我們有二種方式建立2個符號之間的連接線，紅色箭頭是執行方向，如下所示：

- 請按左下方「連接與編輯」框的【連接】鈕來建立，如下圖所示：

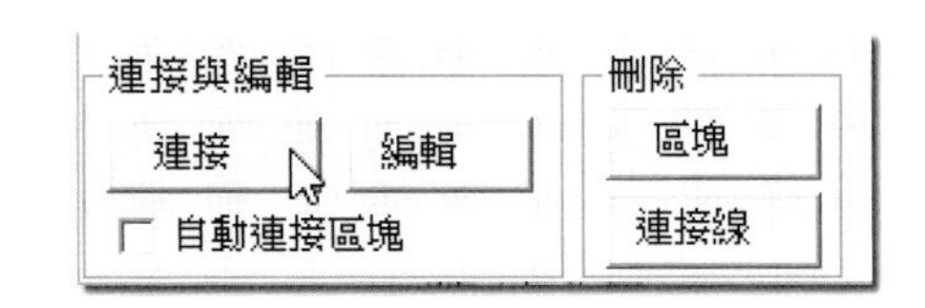

- 在沒有符號區域，執行滑鼠【右】鍵快顯功能表的【連接區塊】指令來建立。

如果在左下方「連接與編輯」框勾選【自動連接區塊】，在新增符號圖示後，就會自動建立符號圖示之間的連接線，如下圖所示：

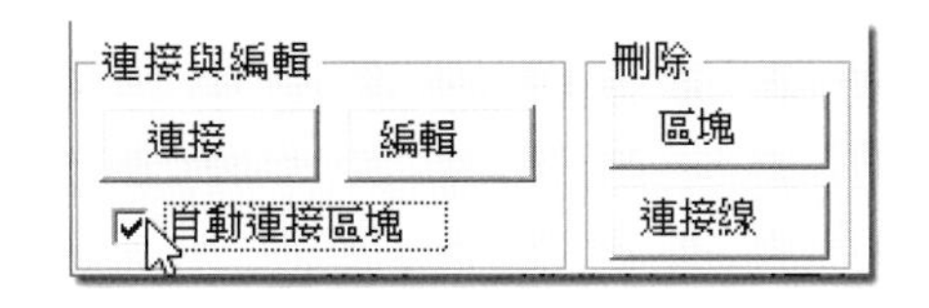

刪除符號之間的連接線

刪除連接線請分別點選一下連接線兩端的流程圖符號（順序沒有關係），我們有三種方式來刪除連接線，如下所示：

- 按左下方「刪除」框的【連接線】鈕刪除之間的連接線。

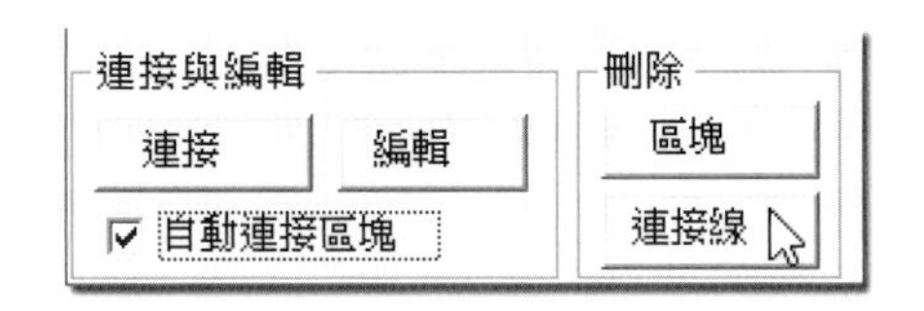

- 在沒有符號區域，執行滑鼠【右】鍵快顯功能表的【刪除連接線】指令來刪除連接線。
- 執行「刪除物件>刪除連接線」指令刪除連接線，如下圖所示：

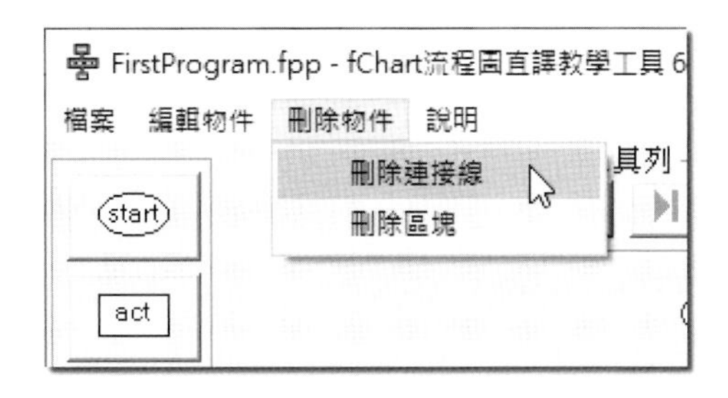

刪除流程圖符號

當流程圖符號已經沒有任何連接線時，我們才可以刪除流程圖符號，請點選一下欲刪除符號後，有三種方式刪除流程圖符號，如下所示：

- 按左下方「刪除」框的【區塊】鈕刪除流程圖符號。
- 在沒有符號區域，執行滑鼠【右】鍵快顯功能表的【刪除區塊】指令。
- 執行「刪除物件>刪除區塊」指令。

流程圖的連接線

fChart預設自動依據符號位置來調整是否使用自動L型連接線，如果2個符號太接近，空間不足就使用直線；空間足夠使用L型線，當起點位置已經有其他連接線（fChart預設不允許出去和進入連接線重疊在一起；只允許多條進入線可重疊），就會自動切換成相反方向的L型線，如下所示：

- 自動L型線：當2個符號位置的終點符號是位在起點符號的右下方，預設是先水平再垂直90度的L型線；如果是位在右上方、左下方或左上方，預設是先垂直再水平90度的L型線，如下圖所示：

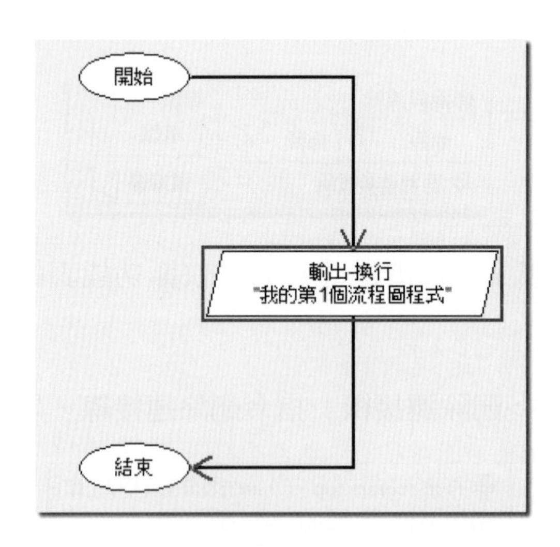

- 切換L型線的方向：在連接線的2個符號各點選一下（順序沒有關係）後，執行「編輯物件>切換L型線的方向」指令，或【右】鍵快顯功能表的【切換L型線的方向】指令，可以切換成先水平再垂直L型線或先垂直再水平的L型連接線，如下圖所示：

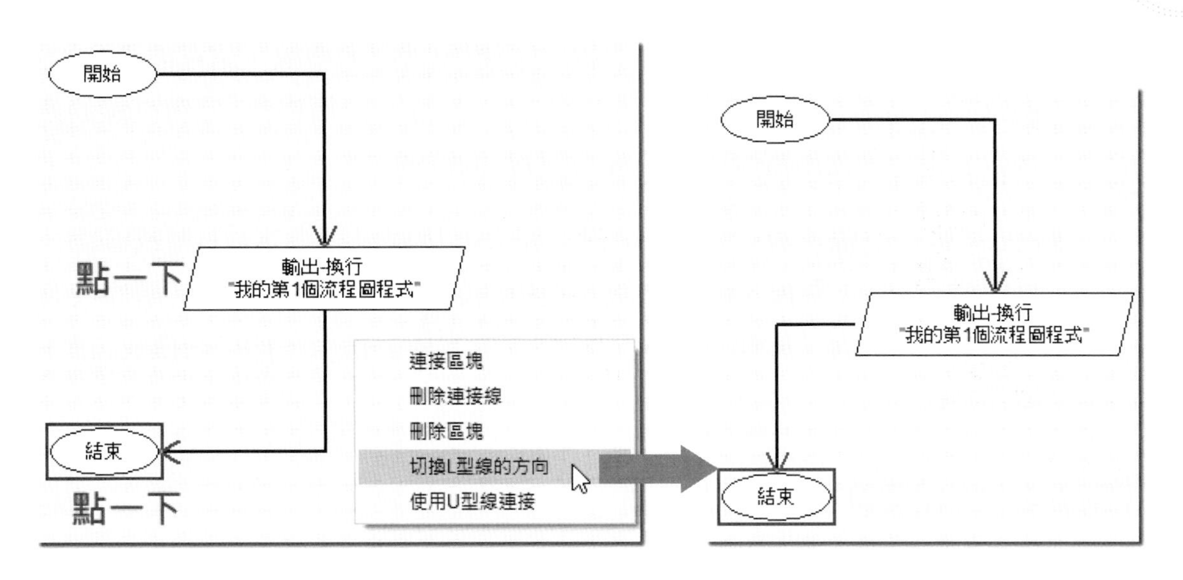

■ U型線：在欲連接的2個符號各點選一下（順序是先開始；然後結束）後，執行「編輯物件>使用U型線連接」指令，或【右】鍵快顯功能表的【使用U型線連接】指令，預設建立偏移量40；逆時鐘連接的U型連接線，同時顯示對話方塊來調整偏移量，最小偏移量是20（勾選下方【順時鐘】，可以改成順時鐘方向連接），如下圖所示：

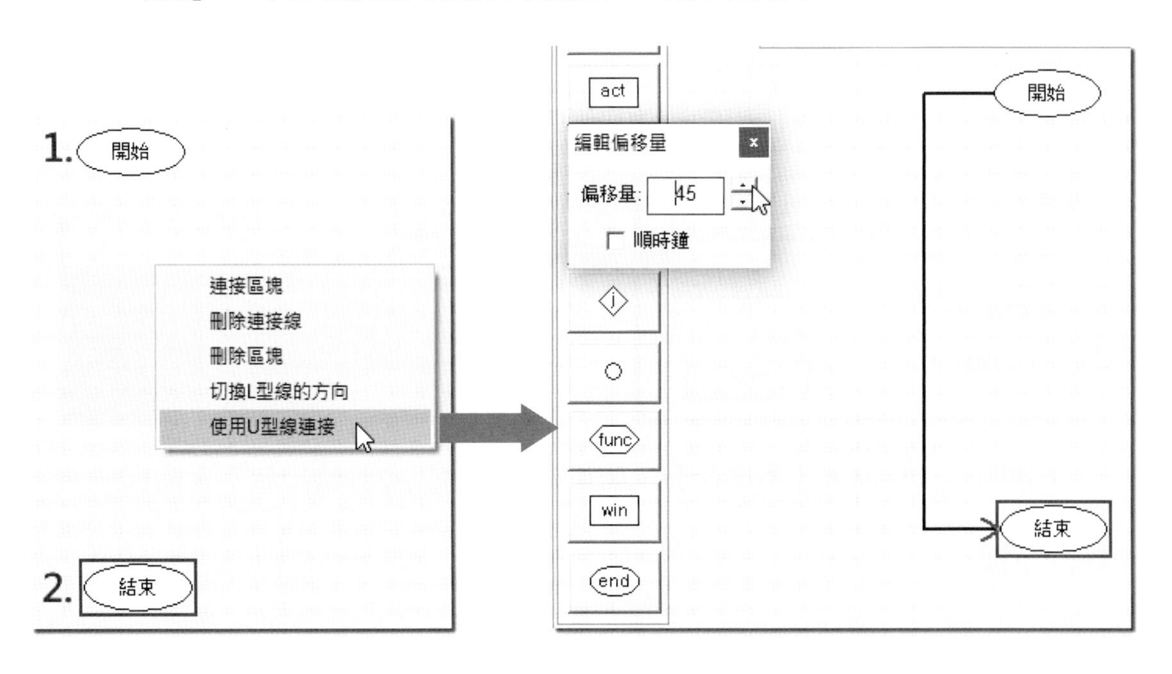

說明

編輯U型線是在連接線的2個符號各點選一下（順序沒有關係）後，執行「編輯物件>編輯U型線的偏移量」指令來更改偏移量和U型線的連接方向。

- 設定使用直線：如果需要使用直線，不使用L型或U型線，請在欲設定的2個符號各點選一下（順序沒有關係）後，執行「編輯物件>使用直線的連接線」指令，改用直線的連接線來連接2個符號。

- 將U型線或直線重設為自動L型線：如果連接線已經指定成U型或直線，欲重設成自動L型線，請在欲設定連接的2個符號各點選一下（順序沒有關係）後，執行「編輯物件>切換L型線的方向」指令，即可切換成自動L型連接線。

5-3-4 流程圖符號的對話方塊

在fChart工具左邊工具列點選欲新增的流程圖符號，然後移動符號圖示至編輯區域的欲插入位置，點選一下，可以開啓編輯符號的對話方塊來編輯符號內容，各種符號對話方塊的說明，如下所示：

輸出符號

輸出符號是用來顯示程式的執行結果，請在「輸出」對話方塊的【訊息文字】欄輸入欲輸出的文字內容，在下方【變數名稱】欄位輸入或選擇輸出的變數名稱，例如：運算結果的變數r，如下圖所示：

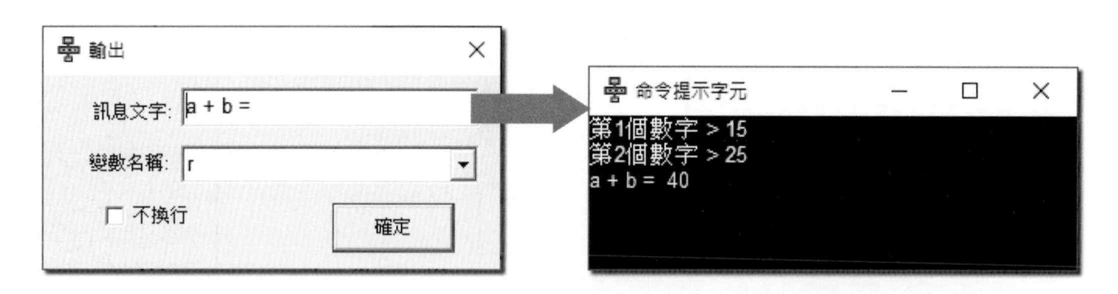

上述圖例沒有勾選【不換行】，如果勾選，可以看到輸出就不會換行。

輸入符號

輸入符號可以讓使用者輸入資料，請在「輸入」對話方塊的【提示文字】欄輸入提示說明文字，在下方【變數名稱】欄位輸入或選擇輸入的變數名稱，例如：讓使用者輸入的資料儲存至下方的變數a，如下圖所示：

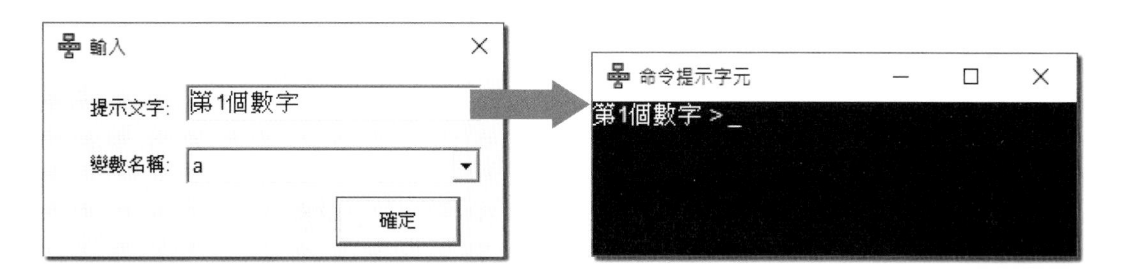

動作符號

動作符號可以定義變數值或建立擁有2個運算元的算術運算式，如下所示：

- 定義變數：在【定義變數】標籤可以新增變數和指定初值，請在【變數名稱】欄輸入新增的變數名稱（或選擇已經新增過的變數），【變數值】欄輸入變數值（也可以是其他變數名稱，例如：b，即將其他變數值指定給變數，例如：a = b），如下圖所示：

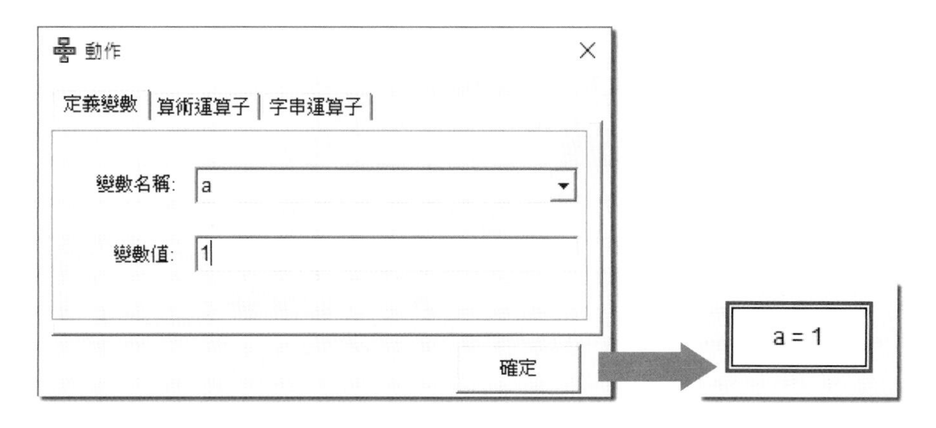

- 變數值可以是運算式：除了指定變數值是常數值或其他變數值外，還可以在【變數值】欄位輸入完整的算術運算式，即指定變數是此運算式的運算結果。運算式支援「+」、「-」、「*」、「/」、「\」（整數除法）、「^」（指數）、「%」（餘數）運算子和「( )」括號，運算元可以使用整數、浮點數或數學函數。目前支援的數學函數，如下表所示：

數學函數	說明
abs(exp)	絕對值函數
int(exp)、fix(exp)	取得整數值
sin(rad)、cos(rad)、tan(rad)、atn(rad)	三角函數，參數是徑度deg*3.1415926/180
sqr(exp)	開平方根
factorial(exp)	階乘函數

■ 建立二元算術運算式：在【算術運算子】標籤可以使用選擇方式來建立二元的算術運算式，在中間選擇運算子：「+」（加）、「-」（減）、「*」（乘）、「/」（除）、和「%」（餘數），如下圖所示：

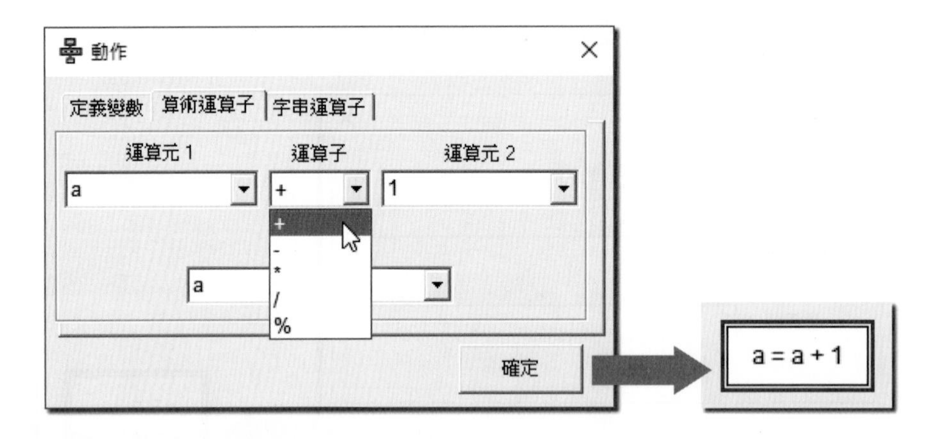

決策符號

決策符號可以建立2個運算元的條件運算式，在中間可以選擇關係運算子：「==」（等於）、「<」（小於）、「>」（大於）、「>=」（大於等於）、「<=」（小於等於）和「!=」（不等於），如下圖所示：

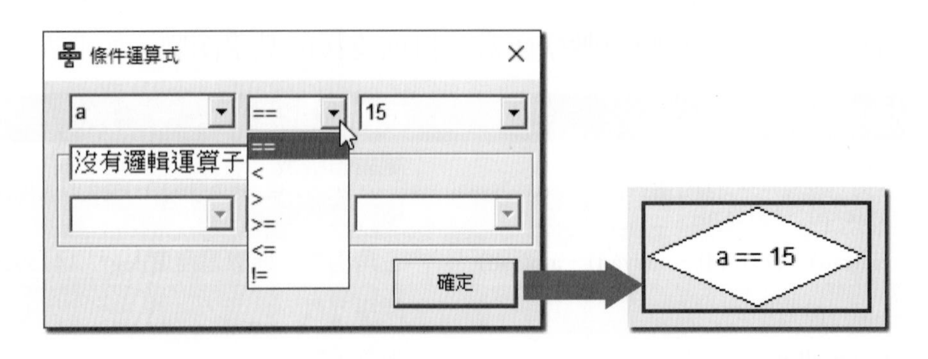

fChart流程圖直譯器支援邏輯運算子AND和OR，可以建立2個條件運算式作爲運算元的邏輯運算式。首先是AND邏輯運算子，如下圖所示：

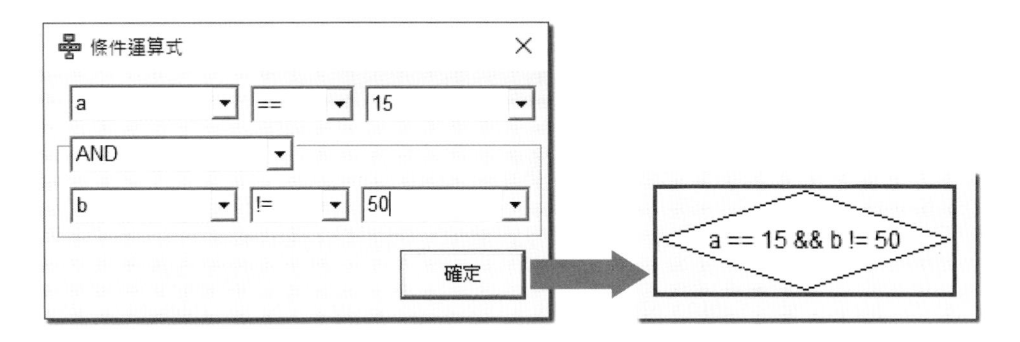

然後是OR邏輯運算子，如下圖所示：

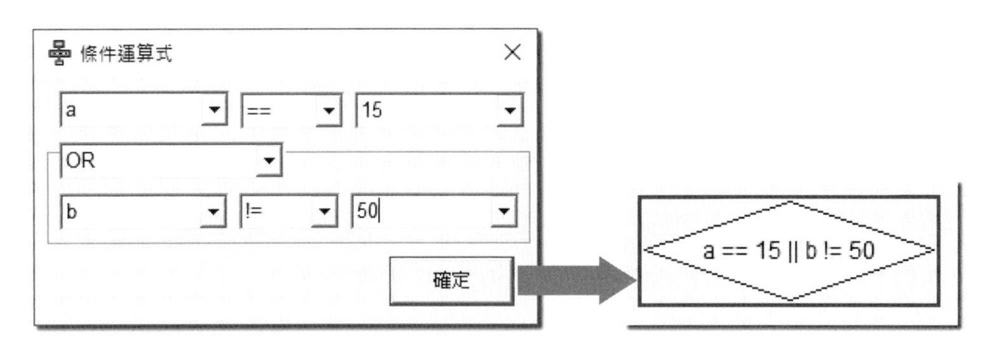

5-3-5 執行fChart流程圖的圖形版程式

fChart流程圖直譯器是使用上方執行工具列按鈕來控制流程圖的執行，我們可以調整執行速度和顯示相關輔助資訊視窗，如下圖所示：

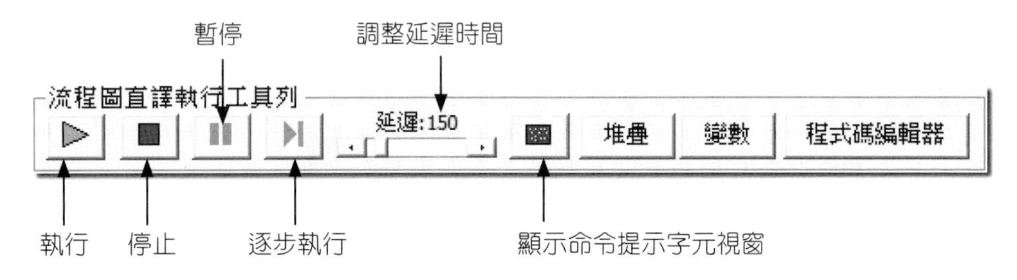

上述執行工具列按鈕從左至右的說明，如下所示：

- 執行：按下按鈕開始執行流程圖，這是使用延遲時間定義的間隔時間來一步一步自動執行流程圖，如果流程圖需要輸入資料，就會開啓「命令提示字元」視窗讓使用者輸入資料（在輸入資料後，請按 Enter 鍵）例如：【加法.fpp】，如下圖所示：

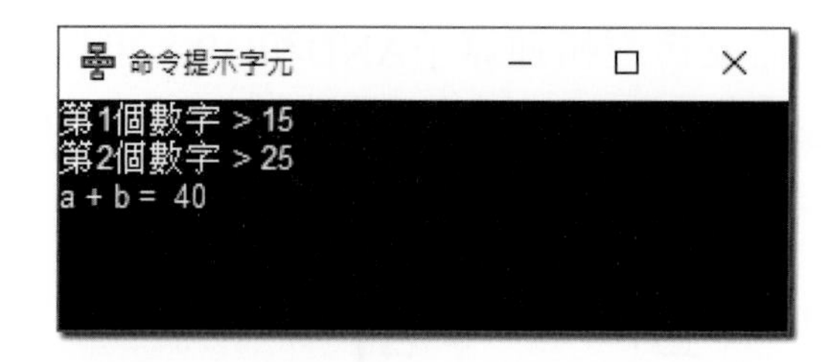

- 停止：按此按鈕停止流程圖的執行。
- 暫停：當執行流程圖時，按此按鈕暫停流程圖的執行。
- 逐步執行：當延遲時間捲動軸調整至最大時，就是切換至逐步執行模式，此時按【執行】鈕執行流程圖，就是一次一步來逐步執行流程圖，請重複按此按鈕來執行流程圖的下一步。
- 調整延遲時間：使用捲動軸調整執行每一步驟的延遲時間，如果調整至最大，就是切換成逐步執行模式。
- 顯示命令提示字元視窗：按下此按鈕可以顯示「命令提示字元」視窗的執行結果，例如：FirstProgram.fpp，如下圖所示：

- 顯示堆疊視窗：在「堆疊」視窗顯示函數呼叫保留的區域變數值，如下圖所示：

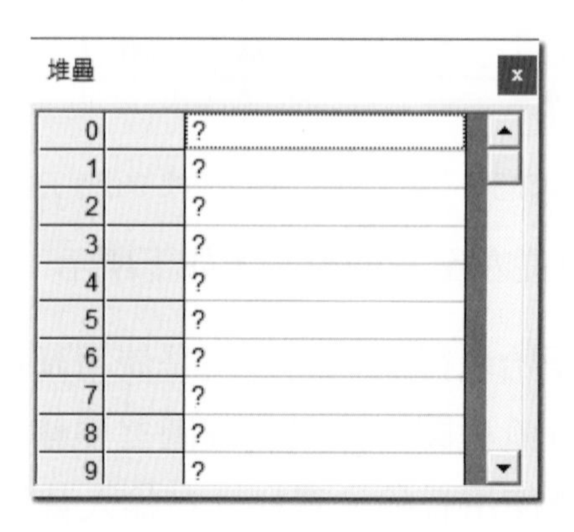

- 顯示變數視窗：在「變數」視窗顯示執行過程的每一個變數值，包含目前和上一步的之前變數值，例如：【加法.fpp】，如下圖所示：

變數

	RETURN	PARAM	a	b	r	RET-OS
目前變數值:		PARAM	15	25	40	
之前變數值:		PAR-OS				

- 程式碼編輯器：啓動fChart程式碼編輯器。

5-4　你的程式可以走不同的路

程式語言撰寫的程式碼大部分是一行指令接著一行指令循序的執行，但是對於複雜的工作，爲了達成預期的執行結果，我們需要使用「流程控制結構」（control structures）來改變執行順序，讓你的程式可以走不同的路。

5-4-1　循序結構

循序結構（sequential）是程式預設的執行方式，也就是一個敘述接著一個敘述依序的執行（在流程圖上方和下方的連接符號是控制結構的單一進入點和離開點，循序結構只有一種積木），如下圖所示：

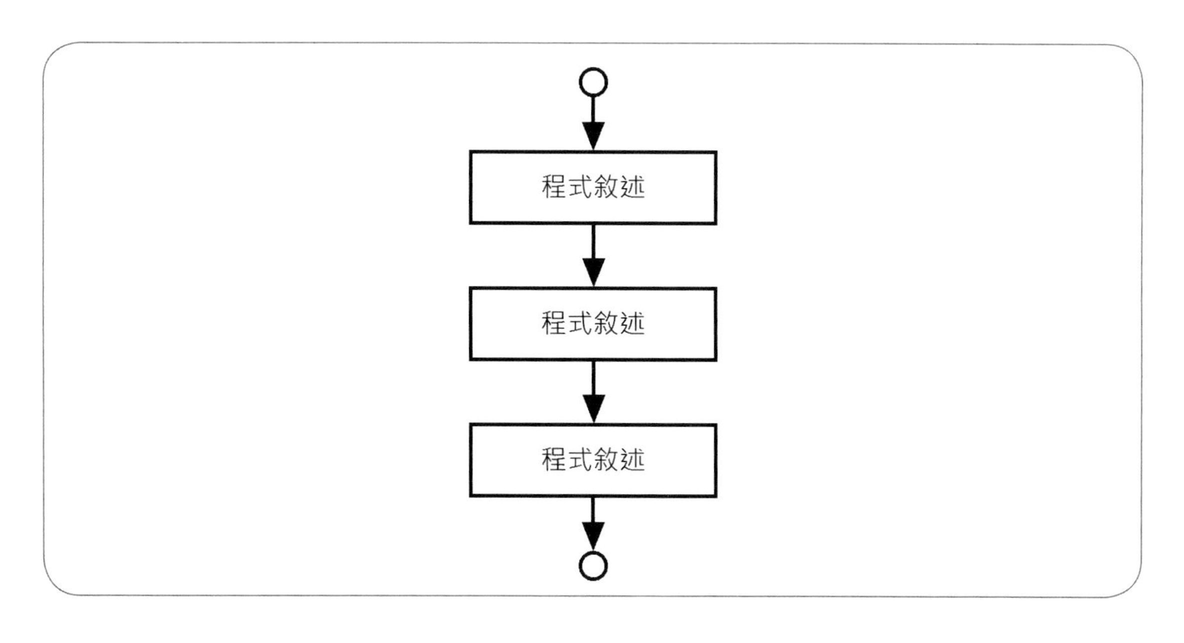

5-4-2 選擇結構

選擇結構（selection）是一種條件判斷，這是一個選擇題，分為單選、二選一或多選一三種。程式執行順序是依照關係或比較運算式的條件，決定執行哪一個區塊的程式碼（在流程圖上方和下方的連接符號是控制結構的單一進入點和離開點，從左至右依序為單選、二選一或多選一三種積木），如下圖所示：

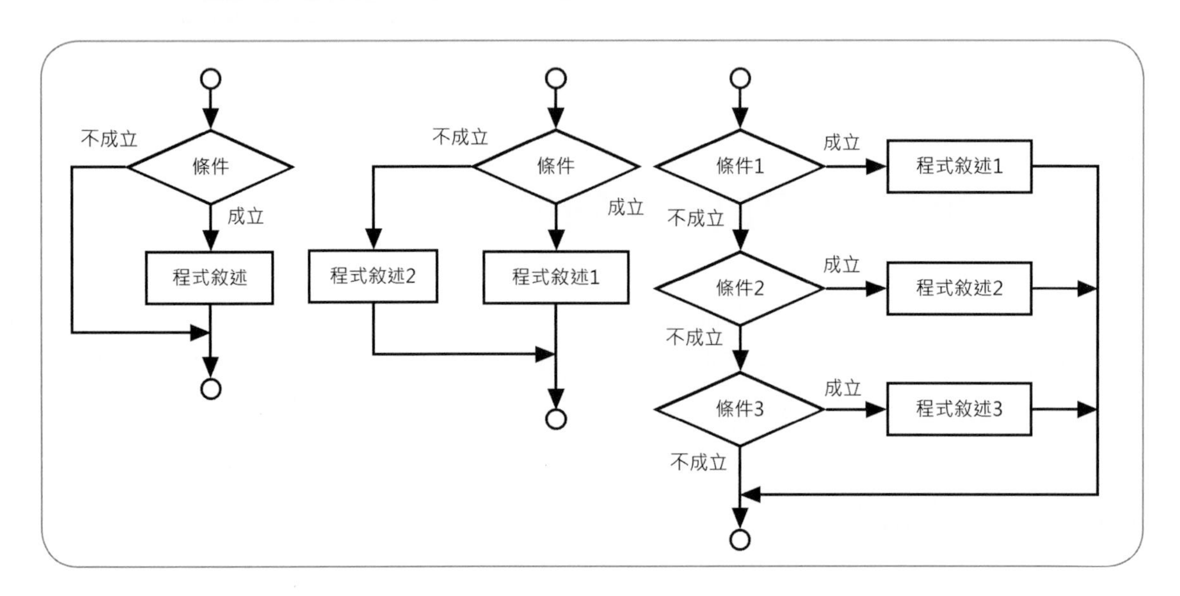

上述選擇結構就是有多種路徑，如同從公司走路回家，因為回家的路不只一條，當走到十字路口時，可以決定向左、向右或直走，雖然最終都可以到家，但是經過的路徑並不相同，而且一定只有1條回家的路徑。

5-4-3 重複結構

重複結構（iteration）是迴圈控制，可以重複執行一個程式區塊的程式碼，提供結束條件結束迴圈的執行，依結束條件測試的位置不同分為兩種：前測式重複結構（左圖）和後測式重複結構（右圖），如下圖所示：

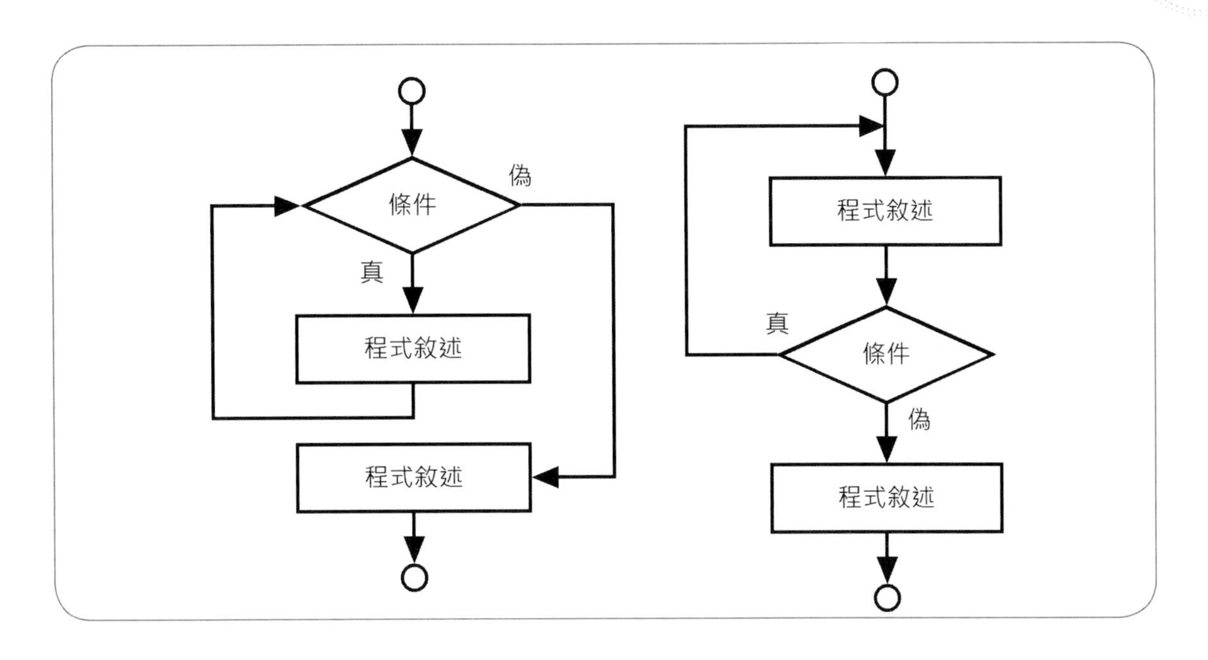

重複結構有如搭乘環狀的捷運系統回家，因爲捷運系統一直環繞著軌道行走，上車後可依不同情況來決定蹺幾圈才下車，上車是進入迴圈；下車是離開迴圈回家。

現在，我們可以知道循序結構擁有1種積木；選擇結構共有3種積木；重複結構有2種積木，所謂程式設計就是這6種積木的排列組合，如同使用六種樂高積木來建構出模型玩具的C程式。

評量

選擇題

(　)1. 請指出下列哪一個關於演算法的說明是不正確的？
(A)演算法相當於是一道美味菜餚
(B)演算法是程式設計的藍圖
(C)演算法可以使用流程圖來描述
(D)演算法的步驟是有限的；可行的

(　)2. 請問下列哪一種方法是演算法的表達方法？
(A)文字描述　(B)虛擬碼　(C)流程圖　(D)以上皆是

(　)3. 請問下列哪一個是流程圖動作符號的形狀？
(A)長方形　(B)圓角長方形　(C)菱形　(D)橢圓形

(　)4. 請問下列哪一個是流程圖決策符號的形狀？
(A)圓角長方形　(B)長方形　(C)菱形　(D)橢圓形

(　)5. 請問fChart工具可以使用下列哪一種方法來寫程式？
(A)流程圖符號　(B)拼積木　(C)程式碼　(D)虛擬碼

(　)6. 請問fChart工具是使用下列哪一種符號來輸入條件運算式？
(A)輸入符號　(B)輸出符號　(C)動作符號　(D)決策符號

(　)7. 請問fChart工具是使用下列哪一種符號來顯示程式的執行結果？
(A)輸入符號　(B)輸出符號　(C)動作符號　(D)決策符號

(　)8. 請問fChart工具是使用下列哪一種符號來建立算術運算式？
(A)輸入符號　(B)輸出符號　(C)動作符號　(D)決策符號

(　)9. 當設計程式時，如果需要在十字路口判斷走哪一方向的路，請問我們需要使用下列哪一種流程控制結構？
(A)循序結構　(B)選擇結構　(C)樹狀結構　(D)重複結構

(　)10. 當設計程式時，如果需要重複執行程式的某部分，請問我們需要使用下列哪一種流程控制結構？
(A)循序結構　(B)選擇結構　(C)樹狀結構　(D)重複結構

量

填充題

1. 演算法提供一組一步接著一步（step-by-step）的詳細過程，包含__________和________。
2. 對於複雜工作，為了達成預期的執行結果，我們需要使用「________________」（control structures）來改變執行順序，讓程式可以走不同的路。
3. C程式是使用三種流程控制結構：____________（sequential）、____________（selection）和____________（iteration）來組合建立出C程式碼。
4. 條件判斷是一個選擇題，可以分為________、__________或__________三種。
5. 當重複執行一個程式區塊的程式碼時，依結束條件測試的位置不同分為兩種：__________________和__________________。

實作題

1. 請試著手繪流程圖的連接符號、輸入/輸出符號和起止符號。
2. 請試著使用如下描述的文字內容來手繪出流程圖，如下所示：
   (1) 如果沒有下雨，就不用拿傘，否則需要拿傘。
   (2) 如果天氣好，就去動物園，否則去天文館，不論去哪裡，最後都要去摩天輪。
3. 請使用fChart工具繪出流程圖來計算學生的年齡，其演算法步驟依序是：
   (1) 輸入學生出生的年份。
   (2) 將今年年份減去出生年份。
   (3) 顯示計算結果的年齡。
4. 請啟動fChart開啟和執行第7章的Example01.fpp流程圖，請問在執行完迴圈的流程圖後，變數i的值是多少（請使用「變數」視窗檢視）？然後重複本題改用逐步執行來追蹤變數i值的變化。

Memo

Chapter

6

條件判斷

學習重點

- 關係運算子與條件運算式
- if單選條件敘述
- if/else二選一條件敘述和條件運算式
- if/else if多選一條件敘述
- switch多選一條件敘述
- 邏輯運算子

6-1 關係運算子與條件運算式

條件運算式（conditional expressions）是一種使用關係運算子（relational operators）建立的運算式，可以作爲本章條件判斷的抉擇條件。

6-1-1 認識條件運算式

如同回家的路不會只有一條路；回家的方式也不會只有一種方式，在日常生活中，我們常常需要面臨一些抉擇，決定作什麼；或是不作什麼，例如：

- 如果天氣有些涼的話，出門需要加件衣服。
- 如果下雨的話，出門需要拿把傘。
- 如果下雨的話，就搭公車上學。
- 如果成績及格的話，就和家人去旅行。
- 如果成績不及格的話，就在家K書。

我們人類會因爲不同狀況的發生，需要使用「條件」（conditions）判斷來決定如何解決這些問題，不同情況，就會有不同的解決方式。記得第5章我們繪製的流程圖嗎？你面臨的抉擇就是使用決策符號繪出多條不同路徑的流程圖，能夠讓我們依據條件選擇走其中一條路徑（請注意！一定只有一條路徑）。

同理，C語言可以將流程圖的決策符轉換成條件，以便程式依據條件是否成立來決定走哪一條路。例如：當我們使用「如果」開頭說話時，隱含的就是一個條件，如下所示：

「如果成績及格的話...」

上述描述是人類的思考邏輯，轉換到程式語言，就是使用條件運算式（conditional expressions）來描述條件和執行運算，不同於第4章算術運算式是運算出常數値的結果，條件運算式的運算結果只有2個値，如下所示：

- 條件成立　→ 眞（true）
- 條件不成立 → 假（false）

所以，我們可以將「如果成績及格的話...」的思考邏輯轉換成程式語言的條件運算式，如下所示：

成績超過60分 → 及格分數60分，超過60是及格，條件成立為true

說明

請注意！人類的思考邏輯並不能直接轉換成程式的條件運算式，因爲條件運算式是一種數學運算，只有哪些可以量化成數值的條件，才可以轉換成程式語言的條件運算式。

6-1-2 關係運算子的種類

C語言是使用關係運算子來建立條件運算式，也就是我們熟知的大於、小於和等於條件的不等式，例如：成績56分是否爲不及格，需要和60分進行比較，如下所示：

```
56 < 60
```

上述不等式的值56真的小於60分，所以條件成立（true），如下圖所示：

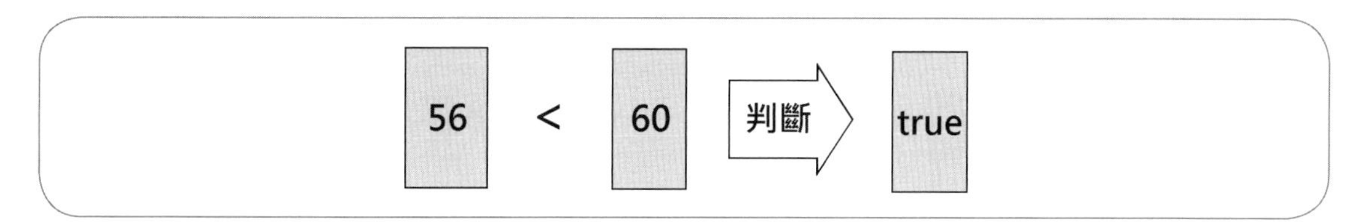

反過來，56 > 60的不等式就不成立（false），如下圖所示：

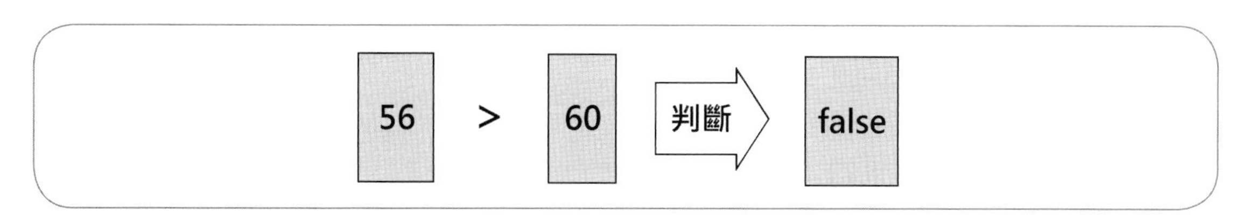

C語言的關係運算子

C語言是使用上述不等式來建立條件運算式，使用的是關係運算子（2個運算元的二元運算子），其說明如下表所示：

運算子	說明
Opd1 == Opd2	右邊運算元Opd1「等於」左邊運算元Opd2
Opd1 != Opd2	右邊運算元Opd1「不等於」左邊運算元Opd2
Opd1 < Opd2	右邊運算元Opd1「小於」左邊運算元Opd2
Opd1 > Opd2	右邊運算元Opd1「大於」左邊運算元Opd2
Opd1 <= Opd2	右邊運算元Opd1「小於等於」左邊運算元Opd2
Opd1 >= Opd2	右邊運算元Opd1「大於等於」左邊運算元Opd2

請注意！C語言條件運算式的等於是使用「==」符號（2個連續「=」等號，之間不可有空白字元）；而不是單一「=」符號的指定運算子。

不等於是「!=」符號（「!」符號接著「=」符號，在之間不可有空白字元）；而不是「<>」符號，「<>」符號是Visual Basic語言使用的不等於運算子。

C語言的true和false

C語言並沒有true和false邏輯文字值（C++語言支援），而是使用常數值來判斷條件運算式是否成立，如下所示：

- 當運算結果的值是1或0，1或非零值，就是true真（整數或浮點數都可以，例如：1.5也是true）。
- 當運算結果的值是0，即false假。

6-1-3 使用關係運算子

現在，我們可以使用第6-1-2節的關係運算子來建立條件運算式，一些條件運算式的範例和說明，如下表所示：

條件運算式	運算結果	說明
3 == 4	0	等於，條件不成立
3 != 4	1	不等於，條件成立
3 < 4	1	小於，條件成立
3 > 4	0	大於，條件不成立
3 <= 4	1	小於等於，條件成立
3 >= 4	0	大於等於，條件不成立

上述條件運算式的運算元是常數值，如果其中有一個是變數，運算結果需視變數儲存的值而定，如下所示：

```
x == 10
```

上述變數x的值如果是10，條件運算式就成立是true；如果變數x是其他值，就不成立爲false，如下圖所示：

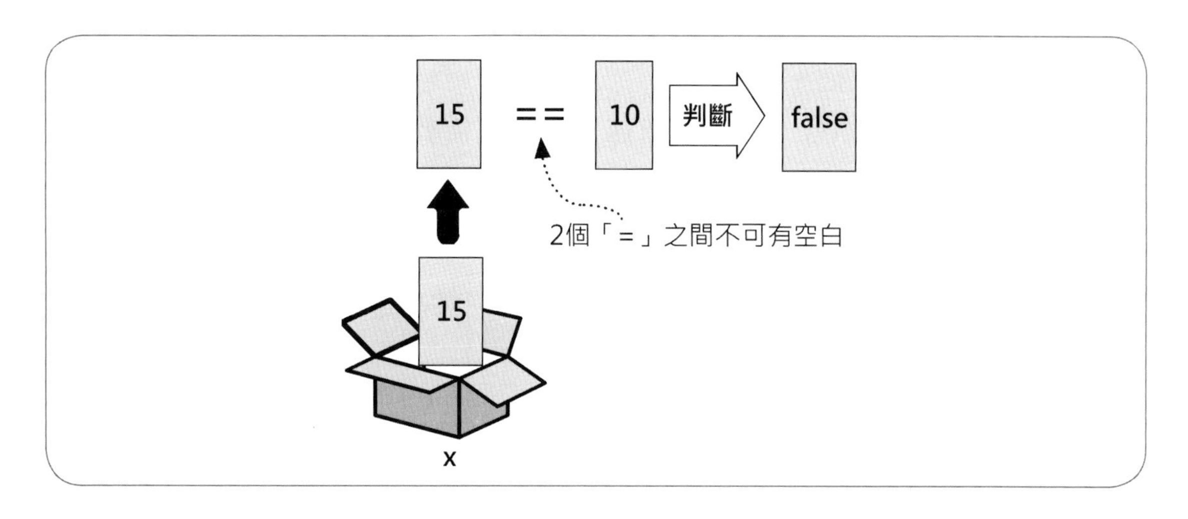

當然，條件運算式的2個運算元都可以是變數，此時的判斷結果，就需視2個變數的儲存值而定。

6-2 if單選條件敘述

C語言提供多種條件判斷的程式敘述，可以依據第6-1節的條件運算式的結果，決定執行哪一個程式區塊的程式碼，首先是單選條件敘述。

在日常生活中，單選的情況十分常見，我們常常需要判斷氣溫是否有些涼，需要加件衣服；如果下雨需要拿把傘。

6-2-1 if條件只執行單一程式敘述

if條件敘述是一種是否執行的單選題，只是決定是否執行程式敘述，如果條件運算式的結果爲true（C語言是將非0值的整數或浮點數視爲true），就執行程式敘述；否則就跳過程式敘述，其語法如下所示：

```
if ( 條件運算式 )
    程式敘述;      /* 條件成立執行此程式敘述 */
```

上述條件成立只執行一行程式敘述，所以不需要大括號。例如：在第6-1-1節的成績條件：「如果成績及格的話，就和家人去旅行。」，改寫成的if條件，如下所示：

```
if (成績及格)
    顯示就和家人去旅行。
```

然後，我們可以量化成績及格分數是60分，顯示是使用printf()函數，轉換成C語言的程式碼，如下所示：

```
if (score >= 60)
    printf("就和家人去旅行。\n");
```

上述if條件敘述判斷變數score值是否大於等於60分，條件成立，就執行printf()函數顯示訊息；反之，如果成績低於60分，就跳過此行程式敘述，直接執行下一行程式敘述，其流程圖（Example01.fpp）如下圖所示：

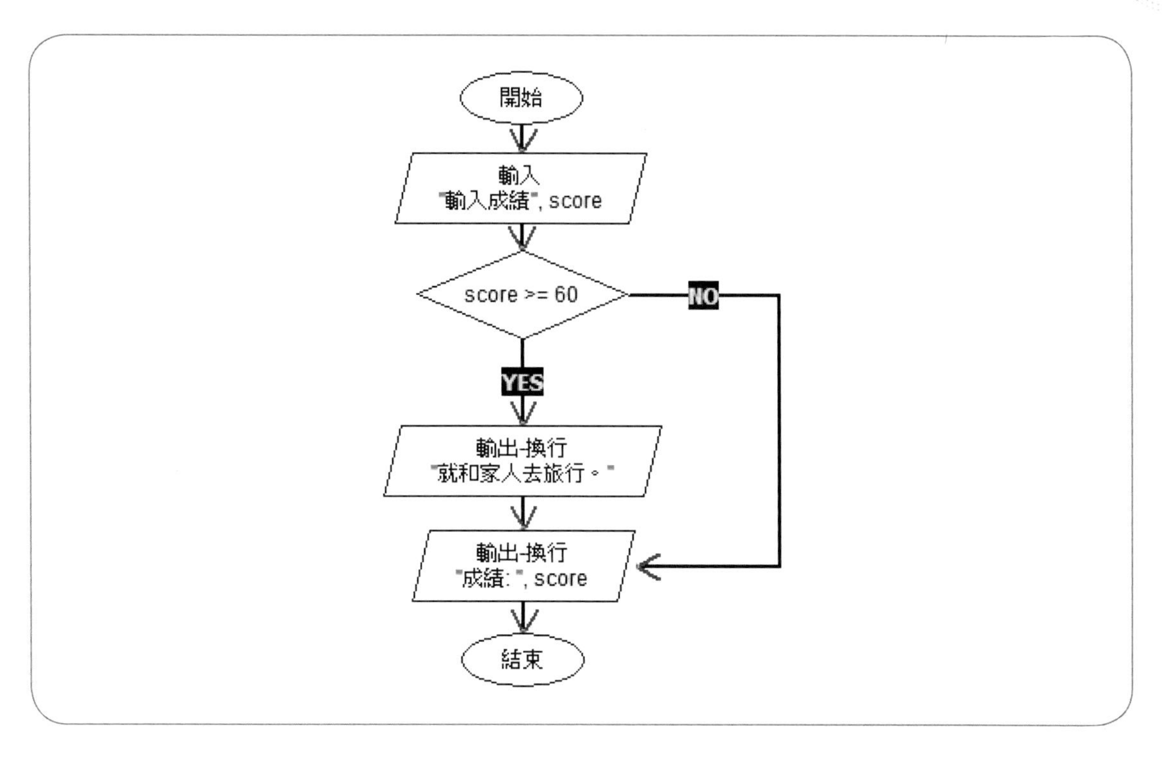

上述流程圖的判斷條件是score >= 60，成立Yes就顯示「就和家人去旅行。」；No直接輸出輸入值，並不作任何額外處理。

Example01.c：使用if單選條件判斷

```
01: /* 使用if單選條件判斷 */
02: #include <stdio.h>
03:
04: int main()
05: {
06:     int score;                     /* 宣告變數 */
07:
08:     printf("請輸入分數==> \n");    /* 顯示提示字串 */
09:     scanf("%d", &score);           /* 輸入整數值 */
10:
11:     if (score >= 60)               /* if條件敘述 */
12:         printf("就和家人去旅行。\n");
13:
14:     printf("結束處理\n");
15:
16:     return 0;
17: }
```

Example01.c的執行結果(1)

```
請輸入分數==>
60 Enter
就和家人去旅行。
結束處理
```

上述執行結果因為輸入成績大於等於60，條件成立，所以執行第12行後，再執行第14行。

Example01.c的執行結果(2)

```
請輸入分數==>
46 Enter
結束處理
```

上述執行結果因為輸入成績小於60，條件不成立，所以跳過第12行，直接執行第14行，如下圖所示：

```
true                                    false
11:   if (score >= 60)
12:      printf("就和家人去旅行。\n");
13:
14:   printf("結束處理\n");
```

6-2-2 if條件執行多行程式敘述

在第6-2-1節的if條件敘述，當條件成立時，只會執行一行程式敘述，如果需要執行2行或多行程式敘述時，我們需要使用大括號「{」和「}」建立程式區塊，其語法如下所示：

```
if ( 條件運算式 )
{
    程式敘述1;      /* 條件成立執行的程式碼 */
    程式敘述2;
    ……
}
```

上述if條件的條件運算式如為true，就執行程式區塊的程式碼；如為false就跳過程式區塊的程式碼。例如：當成績及格時，顯示2行訊息文字，如下所示：

```
if (成績及格)
{
    顯示成績及格...
    顯示就和家人去旅行。
}
```

然後，我們可以轉換成C語言的程式碼，如下所示：

```
if (score >= 60)
{
    printf("成績及格...\n");
    printf("就和家人去旅行。\n");
}
```

上述if條件敘述判斷變數score值是否大於等於60分，條件成立，就執行程式區塊的2個printf()函數來顯示訊息；反之，如果成績低於60分，就跳過整個程式區塊，其流程圖（Example02.fpp）如下圖所示：

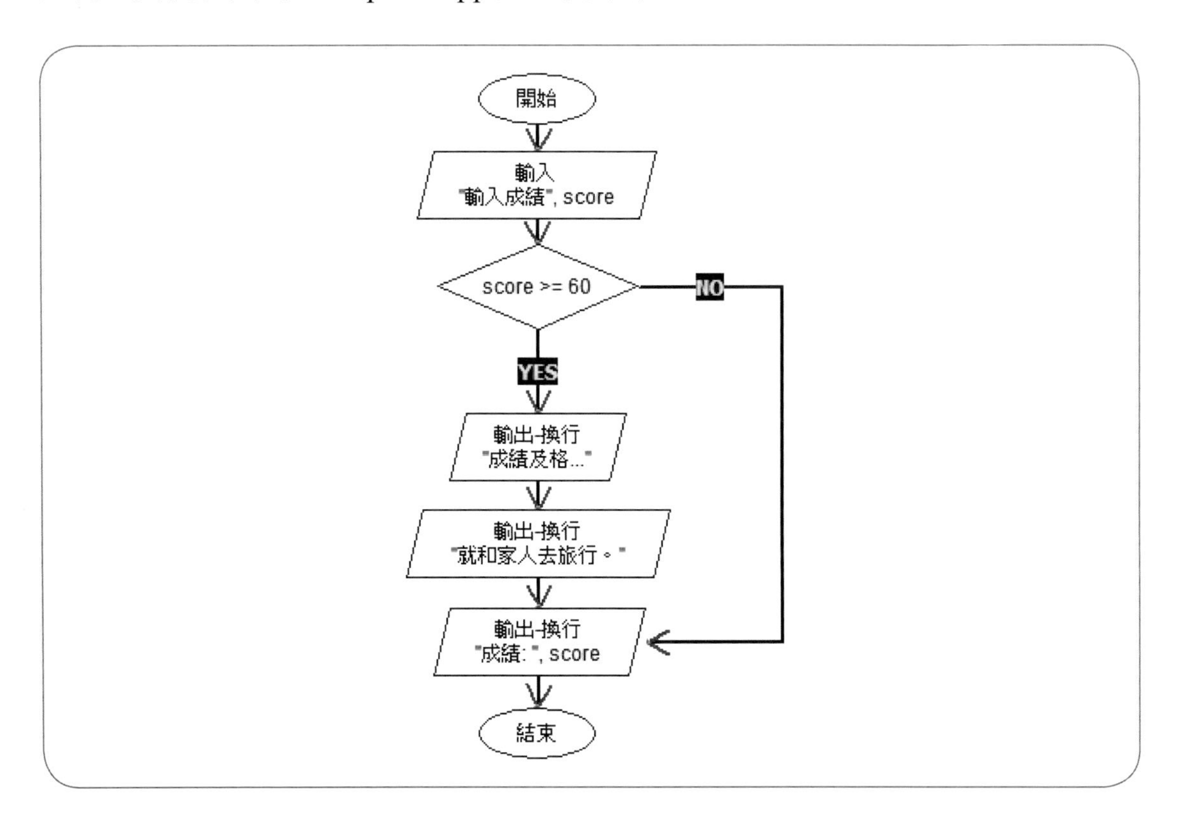

上述流程圖的判斷條件是score >= 60，成立Yes就顯示「成績及格...」和「就和家人去旅行。」；No直接輸出輸入值，並不作任何額外處理。

Example02.c：執行多行的if單選條件判斷

```
01: /* 執行多行的if單選條件判斷 */
02: #include <stdio.h>
03:
04: int main()
05: {
06:     int score;                      /* 宣告變數 */
07:
08:     printf("請輸入分數==> \n");     /* 顯示提示字串 */
09:     scanf("%d", &score);            /* 輸入整數值 */
10:
11:     if (score >= 60)                /* if條件敘述 */
12:     {
13:         printf("成績及格...\n");
14:         printf("就和家人去旅行。\n");
15:     }
16:
17:     printf("結束處理\n");
18:
19:     return 0;
20: }
```

Example02.c的執行結果(1)

```
請輸入分數==>
86 Enter
成績及格...
就和家人去旅行。
結束處理
```

上述執行結果因為輸入成績大於等於60，條件成立，所以執行第13~14行後，再執行第17行。

Example02.c的執行結果(2)

```
請輸入分數==>
55 Enter
結束處理
```

上述執行結果因為輸入成績小於60，條件不成立，所以跳過直接執行第17行，如下圖所示：

true　　false

```
11:  if (score >= 60)
12:  {
13:     printf("成績及格...\n");
14:     printf("就和家人去旅行。\n");
15:  }
16:
17:  printf("結束處理\n");
```

6-2-3 撰寫if條件敘述的注意事項

在撰寫if條件敘述時，如果有多行程式敘述，不要忘了加上大括號，而且在條件運算式的「( )」括號後不可以加上「;」分號。

忘了加上大括號的程式區塊

在Example02.c的if條件敘述擁有程式區塊的大括號，如果忘了輸入大括號，我們來看一看會有什麼結果。

Example03.c：忘了加上大括號的程式區塊

```
01: /* 忘了加上大括號的程式區塊 */
02: #include <stdio.h>
03:
04: int main()
05: {
06:     int score;                    /* 宣告變數 */
07:
08:     printf("請輸入分數==> \n");    /* 顯示提示字串 */
09:     scanf("%d", &score);          /* 輸入整數值 */
10:
11:     if (score >= 60)              /* if條件敘述 */
12:         printf("成績及格...\n");
13:         printf("就和家人去旅行。\n");
14:
15:     printf("結束處理\n");
```

```
16:
17:     return 0;
18: }
```

上述第11~13行是if條件敘述，程式碼只有縮排，但是忘了加上前後的大括號，請注意！這是C語言；不是Python語言。

Example03.c的執行結果

```
請輸入分數==>
54 Enter
就和家人去旅行。
結束處理
```

上述執行結果輸入的成績小於60，條件不成立，因為沒有大括號，if條件如同第6-2-1節，只有第12行才是if條件敘述，所以仍然會執行第13行程式碼，再執行第17行。

為了避免這種錯誤，不論執行的程式碼有幾行，建議都使用第6-2-2節的語法使用程式區塊，而不建議使用第6-2-1節的語法，如此，就不會發生忘了加上大括號的錯誤。

注意「;」分號的位置

if條件敘述如果只有單行程式碼，「;」分號是位在單行程式碼的最後，而不是在條件運算式的括號後，如下圖所示：

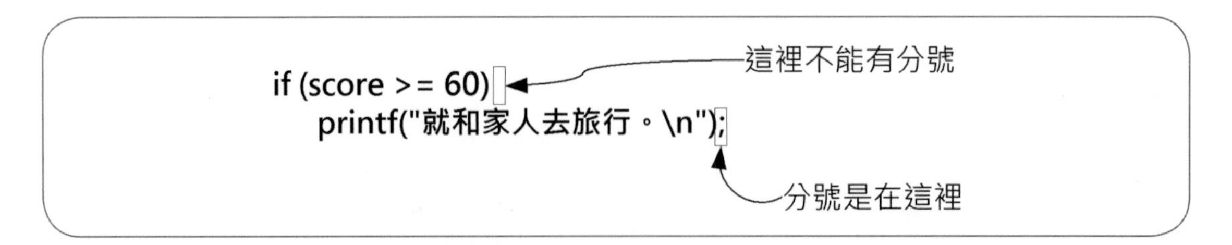

請注意！如果在（score >= 60）之後加上分號，程式並不會編譯錯誤，分號只是讓if條件敘述只有條件，而沒有任何條件成立需執行的程式碼。

6-3 if/else二選一條件敘述和條件運算式

單選if條件敘述在第6-2節已經說明過；這一節將介紹二選一的if/else條件敘述和「?:」條件運算子。

6-3-1 if/else二選一條件敘述

日常生活的二選一條件敘述是一種二分法，可以將一個集合分成二種互斥的群組；超過60分屬於成績及格群組；反之為不及格群組，身高超過120公分是購買全票的群組；反之是購買半票的群組。

在第6-2節的if條件敘述是只能選擇執行或不執行的單選，更進一步，如果是排它情況的兩個程式敘述，只能二選一，我們可以加上else敘述，其語法如下所示：

```
if ( 條件運算式 )
    程式敘述1;    /* 條件成立執行的程式碼 */
else
    程式敘述2;    /* 條件不成立執行的程式碼 */
```

上述語法的條件運算式如果成立true，就執行程式敘述1；不成立false，就執行程式敘述2。同樣的，如果條件成立或不成立時，執行多行程式敘述，我們一樣是使用大括號建立程式區塊，其語法如下所示：

```
if ( 條件運算式 )
{
    程式敘述1;    /* 條件成立執行的程式碼 */
    程式敘述2;
    ……
}
else
{
    程式敘述1;    /* 條件不成立執行的程式碼 */
    程式敘述2;
    ……
}
```

如果if條件運算式為true，就執行if至else之間程式區塊的程式敘述；false就執行else之後程式區塊的程式敘述。例如：遊樂園使用身高是否超過120公分來區分購買全票或半票的if/else條件敘述，如下所示：

```
if (身高超過120公分)
     顯示購買全票!
else
     顯示購買半票!
```

然後，我們可以轉換成C語言的程式碼，如下所示：

```
if (h >= 120)
{
     printf("購買全票!%d\n", h);
}
else
{
     printf("購買半票!%d\n", h);
}
```

上述程式碼因為身高有排它性，超過120公分以上是購買全票；120公分以下購買半票，只會執行其中一個程式區塊，其流程圖（Example04.fpp）如下圖所示：

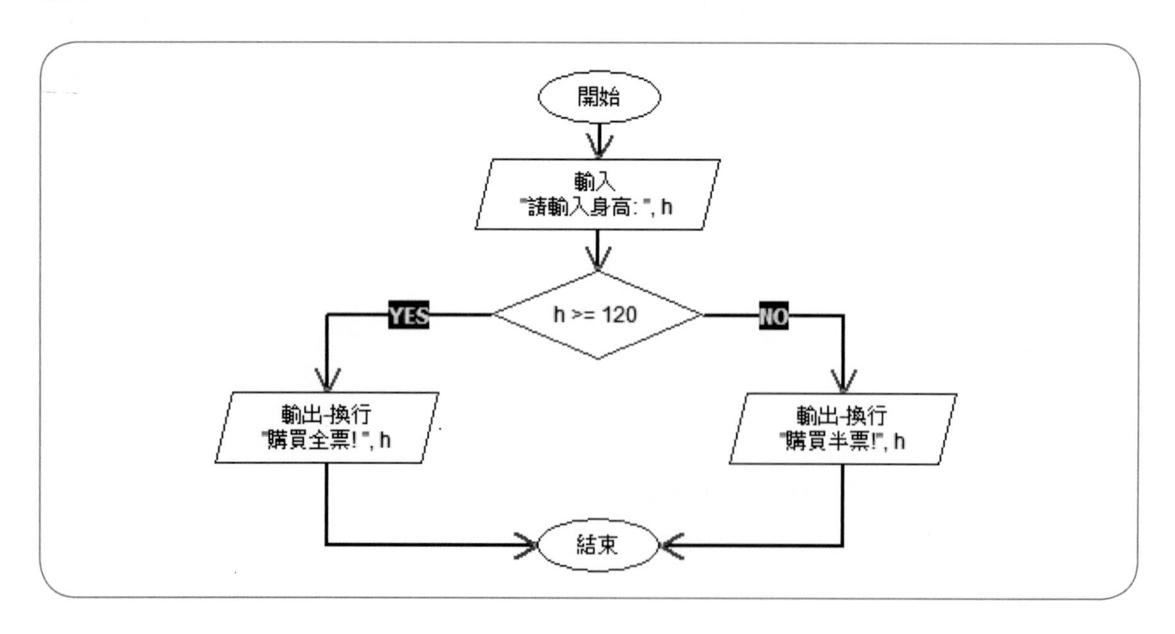

Example04.c：使用if/else二選一條件敘述

```
01: /* 使用if/else二選一條件敘述 */
02: #include <stdio.h>
03:
04: int main()
05: {
06:     int h;                          /* 宣告變數 */
07:
08:     printf("請輸入身高==> \n");     /* 顯示提示字串 */
09:     scanf("%d", &h);                /* 輸入整數值 */
10:
11:     if (h >= 120)                   /* if/else條件敘述 */
12:     {
13:         printf("購買全票!%d\n", h);
14:     }
15:     else
16:     {
17:         printf("購買半票!%d\n", h);
18:     }
19:
20:     printf("結束處理\n");
21:
22:     return 0;
23: }
```

Example04.c的執行結果(1)

```
請輸入身高==>
150 Enter
購買全票!150
結束處理
```

上述執行結果因爲輸入身高大於等於120，條件成立，所以執行第13行後，再執行第20行。

Example04.c的執行結果(2)

```
請輸入身高==>
100 Enter
購買半票!100
結束處理
```

上述執行結果因為輸入身高小於120，條件不成立，所以執行第17行後，再執行第20行，如下圖所示：

```
11:  if (h >=120)
12:  {
13:     printf("購買全票! %d\n", h);
14:  }
15:  else
16:  {
17:     printf("購買半票! %d\n", h);
18:  }
19:
20:  printf("結束處理\n");
```

true
false

6-3-2 「?:」條件運算子

C語言提供「條件運算式」（conditional expressions），可以使用條件運算子「?:」在指定敘述以條件來指定變數值，其語法如下所示：

```
變數 = ( 條件運算式 ) ? 變數值1 : 變數值2;
```

上述指定敘述的「=」號右邊是條件運算式，其功能如同if/else條件，使用「?」符號代替if，「:」符號代替else，如果條件成立，就將變數指定成變數值1；否則是指定成變數值2。例如：12/24制的時間轉換運算式，如下所示：

```
hour = (hour >= 12) ? hour-12 : hour;
```

上述程式碼使用條件敘述運算子指定變數hour的值，如果條件為true（即不等於0），hour變數值為hour-12；false（等於0）就是hour。其對應的if/else條件敘述，如下所示：

```
if ( hour >= 12 )
    hour = hour - 12;
else
    hour = hour;
```

上述條件運算式的流程圖（Example05.fpp）與上一節if/else相似，筆者就不重複說明。

Example05.c：使用「?:」條件運算子

```
01: /* 使用「?:」條件運算子 */
02: #include <stdio.h>
03:
04: int main()
05: {
06:     int hour;                               /* 宣告變數 */
07:
08:     printf("請輸入24小時制==> \n");          /* 顯示提示字串 */
09:     scanf("%d", &hour);                     /* 輸入整數值 */
10:
11:     hour = (hour >= 12) ? hour-12 : hour;   /* ?:條件運算子 */
12:
13:     printf("12小時制 = %d\n", hour);
14:
15:     return 0;
16: }
```

Example05.c的執行結果(1)

```
請輸入24小時制==>
22 Enter
12小時制 = 10
```

上述執行結果因爲輸入小時大於等於12，條件成立，所以指定成「hour-12」。

Example05.c的執行結果(2)

```
請輸入24小時制==>
11 Enter
12小時制 = 11
```

上述執行結果因爲輸入小時小於12，條件不成立，所以指定成hour，如下圖所示：

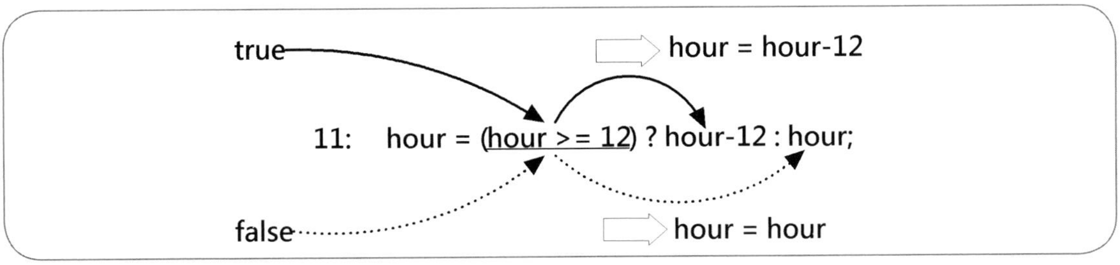

6-4 if/else if多選一條件敘述

如果回家的路有多種選擇，不是二選一兩種，因爲條件是多選一情況，我們需要使用多選一條件敘述。在C語言提供兩種多選一條件敘述，本節是if/else if；第6-5節說明switch條件敘述。

第一種多選一條件敘述是if/else條件擴充的條件敘述，只需重複使用if/else條件建立if/else if條件敘述，即可建立多選一條件敘述，其語法如下所示：

```
if ( 條件運算式1 )
{
     程式敘述1;          /* 條件運算式1成立執行的程式碼 */
     程式敘述2;          /*，否則執行else if程式敘述 */
     ……
}
else if ( 條件運算式2 )
{
     程式敘述3;          /* 條件運算式1不成立且 */
     程式敘述4;          /* 條件運算式2成立執行的程式碼 */
     ……
}
else if ( 條件運算式3 )
{
     程式敘述5;          /* 條件運算式1和2不成立且 */
     ……                  /* 條件運算式3成立執行的程式碼 */
}
else
{
     程式敘述6;          /* 所有條件運算式都不成立執行的程式碼 */
     ……
}
```

上述else if並沒有限制可以有幾個，其中最後else可以省略，如果if的條件運算式1爲true，就執行if至else之間的程式區塊的程式敘述；false就執行else if之後的下一個條件運算式的判斷，直到最後的else，所有條件都不成立。

例如：功能表選項值是1~3，我們可以使用if/else if條件敘述判斷輸入選項值是1、2或3，如下所示：

```
if (選項值是1)
    顯示輸入選項值是1
else if (選項值是2)
    顯示輸入選項值是2
else if (選項值是3)
    顯示輸入選項值是3
else
    顯示請輸入1~3選項值
```

然後，我們可以轉換成C語言的程式碼，如下所示：

```
if ( choice == 1 )
{
    printf("輸入選項值是1\n");
}
else if ( choice == 2 )
{
    printf("輸入選項值是2\n");
}
else if ( choice == 3 )
{
    printf("輸入選項值是3\n");
}
else
{
    printf("請輸入1~3選項值\n");
}
```

上述if/else if條件從上而下如同階梯一般，一次判斷一個if條件，如果為true，就執行程式區塊，和結束整個多選一條件敘述；如果為false，就重複使用if else條件再進行下一次判斷，其流程圖（Example06.fpp）如下圖所示：

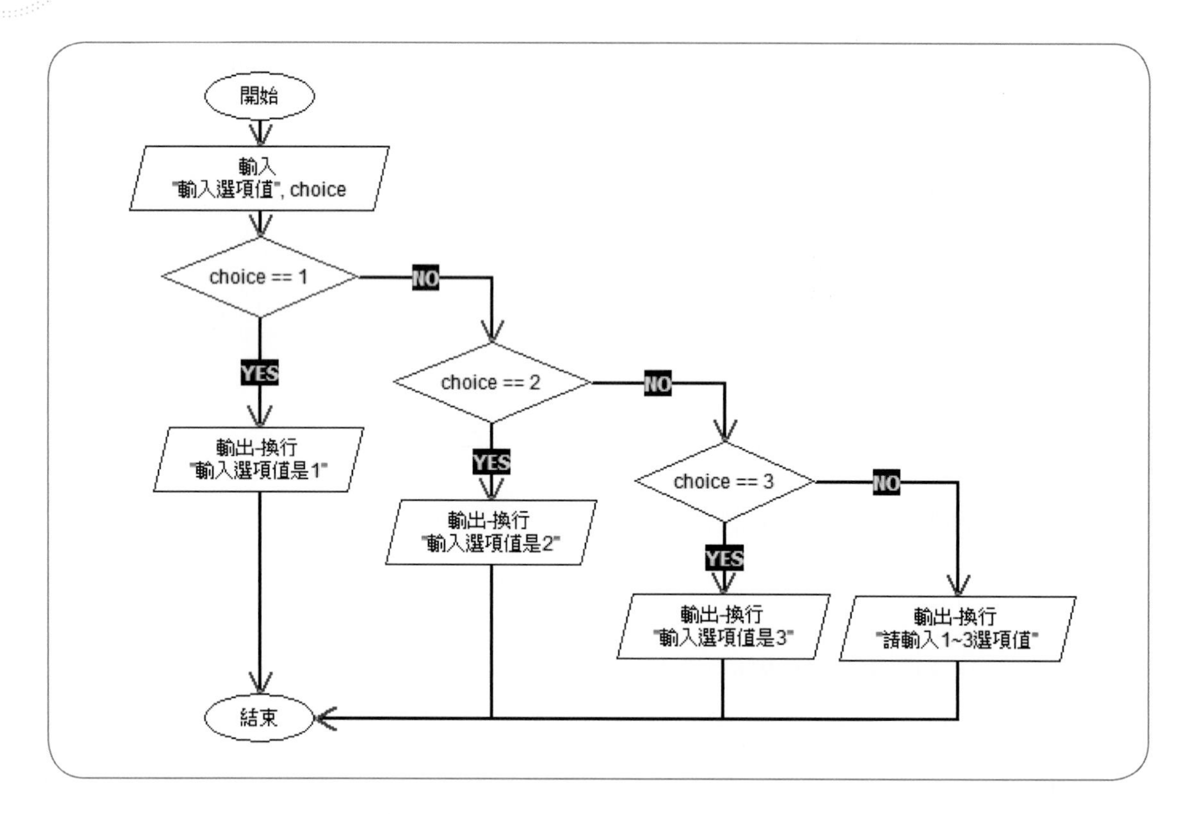

上述流程圖的判斷條件依序是choice == 1、choice == 2和choice == 3。

Example06.c：使用if/else if多選一條件敘述

```
01: /* 使用if/else if多選一條件敘述 */
02: #include <stdio.h>
03:
04: int main()
05: {
06:     int choice;                      /* 宣告變數 */
07:
08:     printf("請輸入選項值==> \n");    /* 顯示提示字串 */
09:     scanf("%d", &choice);            /* 輸入整數值 */
10:
11:     if ( choice == 1 )               /* if/else if條件敘述 */
12:     {
13:         printf("輸入選項值是1\n");
14:     }
15:     else if ( choice == 2 )
16:     {
17:         printf("輸入選項值是2\n");
18:     }
19:     else if ( choice == 3 )
```

```
20:     {
21:         printf("輸入選項值是3\n");
22:     }
23:     else
24:     {
25:         printf("請輸入1~3選項值\n");
26:     }
27:
28:     printf("結束處理\n");
29:
30:     return 0;
31: }
```

Example06.c的執行結果(1)

```
請輸入選項值==>
1 Enter
輸入選項值是1
結束處理
```

上述執行結果輸入1，第11行的條件成立，所以執行第13行後，再執行第28行。

Example06.c的執行結果(2)

```
請輸入選項值==>
2 Enter
輸入選項值是2
結束處理
```

上述執行結果輸入2，不符合第11行的條件，符合第15行的條件，所以執行第17行後，再執行第28行。

Example06.c的執行結果(3)

```
請輸入選項值==>
3 Enter
輸入選項值是3
結束處理
```

上述執行結果輸入3，不符合第11行和第15行的條件，符合第19行的條件，所以執行第21行後，再執行第28行。

Example06.c的執行結果(4)

```
請輸入選項值==>
5 Enter
請輸入1~3選項值
結束處理
```

上述執行結果輸入5，不符合第11行、第15行和第19行的條件，因爲都不成立，所以執行第25行後，再執行第28行，如下圖所示：

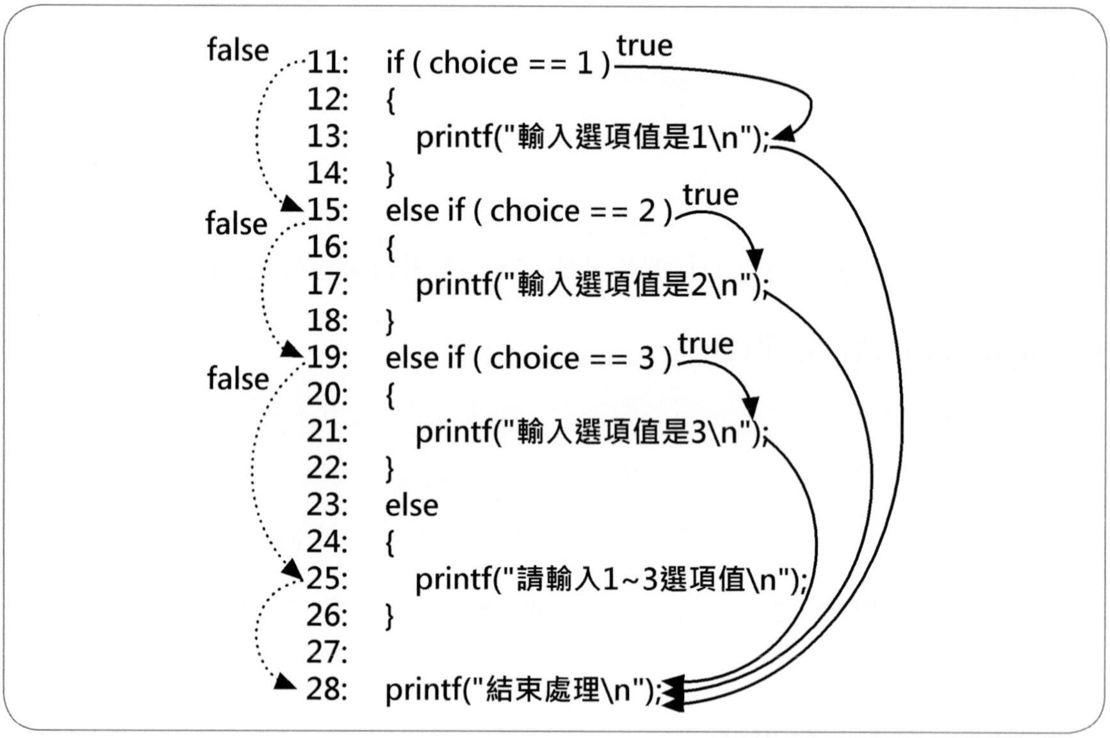

```
11:  if ( choice == 1 )
12:  {
13:     printf("輸入選項值是1\n");
14:  }
15:  else if ( choice == 2 )
16:  {
17:     printf("輸入選項值是2\n");
18:  }
19:  else if ( choice == 3 )
20:  {
21:     printf("輸入選項值是3\n");
22:  }
23:  else
24:  {
25:     printf("請輸入1~3選項值\n");
26:  }
27:
28:  printf("結束處理\n");
```

6-5 switch多選一條件敘述

在if/else if多選一條件敘述擁有多個條件判斷，當擁有4、5個或更多條件時，if/else if條件因為太複雜而很難閱讀，所以C語言提供switch多選一條件敘述來簡化if/else if多選一條件敘述。

6-5-1 switch多選一條件敘述

C語言第二種的switch多選一條件敘述只需依照符合條件，就可以執行break敘述前的程式碼，其語法如下所示：

```
switch ( 運算式 )
{
    case 常數值1:           /* 如果運算式值等於常數值1 */
       程式敘述1~n;         /* 執行break敘述前的程式碼 */
       break;
    case 常數值2:           /* 如果運算式值等於常數值2 */
       程式敘述1~n;         /* 執行break敘述前的程式碼 */
       break;
    .........
    case 常數值n:           /* 如果運算式值等於常數值n */
       程式敘述1~n;         /* 執行break敘述前的程式碼 */
       break;
    default:                /* 如果運算式值沒有符合的常數值 */
       程式敘述1~n;         /* 執行之後的程式碼 */
}
```

上述switch條件只擁有一個運算式，每一個case條件的比較相當於「==」運算子，如果符合，就執行break敘述前的程式碼，每一個條件需要使用break敘述來跳出switch條件敘述。

最後default敘述並非必要元素，這是一個例外條件，如果case條件都沒有符合，就執行default之後的程式敘述。switch條件敘述的注意事項，如下所示：

- switch條件只支援「==」運算子，並不支援其他關係運算子，每一個case條件是一個「==」運算子。
- 在同一switch條件敘述中，每一個case條件的常數值不能相同。

例如：功能表選項值是1~3，我們可以使用switch條件判斷輸入選項值是1、2或3，如下所示：

```
switch (選項值)
    case 1:
        顯示輸入選項值是1
        break;
    case 2:
        顯示輸入選項值是2
        break;
    case 3:
        顯示輸入選項值是3
        break;
    default:
        顯示請輸入1~3選項值
        break;
}
```

然後，我們可以轉換成C語言的程式碼，如下所示：

```
switch ( choice )
{
    case 1:
        printf("輸入選項值是1\n");
        break;
    case 2:
        printf("輸入選項值是2\n");
        break;
    case 3:
        printf("輸入選項值是3\n");
        break;
    default:
        printf("請輸入1~3選項值\n");
        break;
}
```

上述程式碼比較使用者輸入選項值，以便判斷使用者是選擇功能表的哪一個選項，其流程圖（Example07.fpp）如下圖所示：

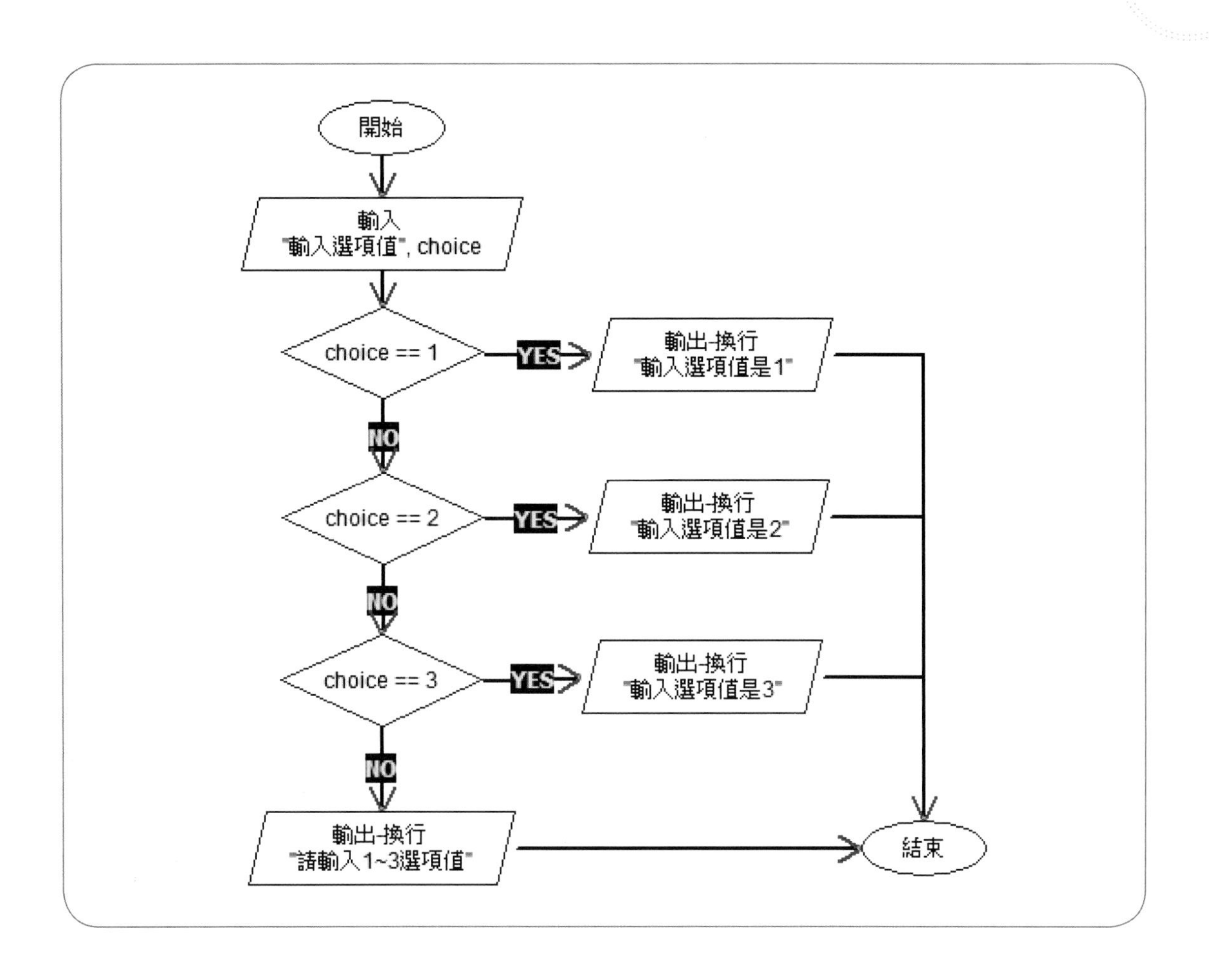

Example07.c：使用switch多選一條件敘述

```
01: /* 使用switch多選一條件敘述 */
02: #include <stdio.h>
03:
04: int main()
05: {
06:     int choice;                      /* 宣告變數 */
07:
08:     printf("請輸入選項值==> \n");    /* 顯示提示字串 */
09:     scanf("%d", &choice);            /* 輸入整數值 */
10:
11:     switch ( choice )                /* switch條件敘述 */
12:     {
13:         case 1:
14:             printf("輸入選項值是1\n");
15:             break;
16:         case 2:
```

```
17:             printf("輸入選項值是2\n");
18:             break;
19:         case 3:
20:             printf("輸入選項值是3\n");
21:             break;
22:         default:
23:             printf("請輸入1~3選項值\n");
24:             break;
25:     }
26:
27:     printf("結束處理\n");
28:
29:     return 0;
30: }
```

Example07.c的執行結果(1)

```
請輸入選項值==>
1 Enter
輸入選項值是1
結束處理
```

上述執行結果如果輸入1~3的選項值，就會分別執行第14、17和20行後，再執行第27行。

Example07.c的執行結果(2)

```
請輸入選項值==>
5 Enter
請輸入1~3選項值
結束處理
```

上述執行結果輸入值不是1~3，不符合條件，所以執行第23行後，再執行第27行。我們可以看到switch條件敘述和第6-4節的執行結果完全相同。

6-5-2 switch條件敘述如果沒有break敘述

不同於if/else條件敘述，條件成立就會執行特定的程式敘述，或程式區塊，整個switch條件敘述只有一個程式區塊，使用break敘述來控制條件成立執行的程式碼。

首先，我們刪除Example07.c的所有break敘述，然後執行程式來看一看break敘述的功能。

Example08.c：switch條件敘述沒有break敘述

```
01: /* switch條件敘述沒有break敘述 */
02: #include <stdio.h>
03:
04: int main()
05: {
06:     int choice;                        /* 宣告變數 */
07:
08:     printf("請輸入選項值==> \n");  /* 顯示提示字串 */
09:     scanf("%d", &choice);          /* 輸入整數值 */
10:
11:     switch ( choice )                /* switch條件敘述 */
12:     {
13:         case 1:
14:             printf("輸入選項值是1\n");
15:         case 2:
16:             printf("輸入選項值是2\n");
17:         case 3:
18:             printf("輸入選項值是3\n");
19:          default:
20:             printf("請輸入1~3選項值\n");
21:     }
22:
23:     printf("結束處理\n");
24:
25:     return 0;
26: }
```

Example08.c的執行結果

```
請輸入選項值==>
1 Enter
輸入選項值是1
輸入選項值是2
輸入選項值是3
請輸入1~3選項值
結束處理
```

上述執行結果輸入選項值1，可以看到case 1:之下的所有printf()函數都會執行；如果輸入2，case 2:之下的printf()函數都會執行，3則是case 3:之下，因爲：

「break敘述可以跳出程式區塊；停止目前程式區塊的程式執行。」

從此範例，我們就可以看出Example07.c範例switch條件敘述的執行流程，switch程式區塊是使用case敘述檢查條件，成立，就執行case之下的程式碼，直到break敘述爲止，當我們刪除break敘述，因爲沒有辦法跳出程式區塊，所以是繼續執行，直到程式區塊的「}」右大括號爲止。

說明

在switch條件敘述如果沒有加上break敘述，在編譯時並不會有任何錯誤，所以，在撰寫switch條件敘述時，請再次檢查別忘了加上break敘述。

6-5-3 在switch條件敘述活用break敘述的位置

從Example08.c的執行結果可以知道break敘述的位置會影響條件成立時，執行哪些程式碼，想想看！如果學生學習能力分成5個等級，等級5是能力優秀，3~4是能力不錯，1~2能力需加強。

如果使用switch條件敘述實作學習能力的條件判斷，等級條件有5等，我們並不用每一個case條件都搭配break敘述，因爲1~2和3~4是顯示相同的訊息文字。

Example09.c：在switch條件敘述活用break敘述的位置

```
01: /* 在switch條件敘述活用break敘述的位置 */
02: #include <stdio.h>
03:
04: int main()
05: {
06:     int level;                      /* 宣告變數 */
07:
08:     printf("請輸入等級值==> \n");  /* 顯示提示字串 */
09:     scanf("%d", &level);            /* 輸入整數值 */
10:
11:     switch ( level )                /* switch條件敘述 */
```

```
12:     {
13:         case 1:
14:         case 2:
15:             printf("能力需加強\n");
16:             break;
17:         case 3:
18:         case 4:
19:             printf("能力不錯\n");
20:             break;
21:         case 5:
22:             printf("能力優秀\n");
23:             break;
24:          default:
25:             printf("請輸入1~5等級值\n");
26:             break;
27:     }
28:
29:     printf("結束處理\n");
30:
31:     return 0;
32: }
```

上述第13~16行是case 1:和case 2:，只有1個第16行的break敘述，當輸入1~2都會執行第15行的printf()函數；同理，第17~20行是case 3:和case 4:，也只有1個break敘述。

Example09.c的執行結果

```
請輸入等級值==>
3 Enter
能力不錯
結束處理
```

上述執行結果輸入1~2顯示「能力需加強」；輸入3~4顯示「能力不錯」；輸入5顯示「能力優秀」。活用break敘述的位置，在1~5的5個等級值，我們只需3個break敘述。

6-6 邏輯運算子

事實上，日常生活中的條件常常不會只有單一條件，而是多條件的組合，在條件之間通常有因果關係。對於這些複雜的條件，我們需要使用邏輯運算子來連接多個條件。

6-6-1 認識邏輯運算子

邏輯運算子（logical operators）可以連接多個第6-1節的條件運算式來建立複雜的條件運算式，如下所示：

```
身高大於50「且」身高小於200 → 「符合身高條件」
```

上述描述的條件比第6-1節複雜，共有2個條件運算式，如下所示：

```
身高大於50
身高小於200
```

上述2個條件運算式是使用「且」連接，這就是邏輯運算子，其目的是進一步判斷2個條件運算式的條件組合，可以得到最後的true或false。以此例的複雜條件可以寫成C語言的「&&」且邏輯運算式，如下所示：

```
(身高大於50) && (身高小於200)
```

上述「&&」是邏輯運算子AND「且」，需要左右2個運算元的條件運算式都爲true，整個條件才爲true，如下所示：

- 如果身高是40，因爲第1個運算元爲false，所以整個條件爲false。
- 如果身高是210，因爲第2個運算元爲false，所以整個條件爲false。
- 如果身高是175，因爲第1個和第2個運算元都是true，所以整個條件爲true。

6-6-2 C語言的邏輯運算子

C語言提供3種邏輯運算子，可以連接多個條件運算式來建立複雜條件，如下所示：

「&&」運算子的AND「且」運算

AND「且」運算是指連接的左右2個運算元都爲true，運算式才爲true，其圖例和眞假値表，如下所示：

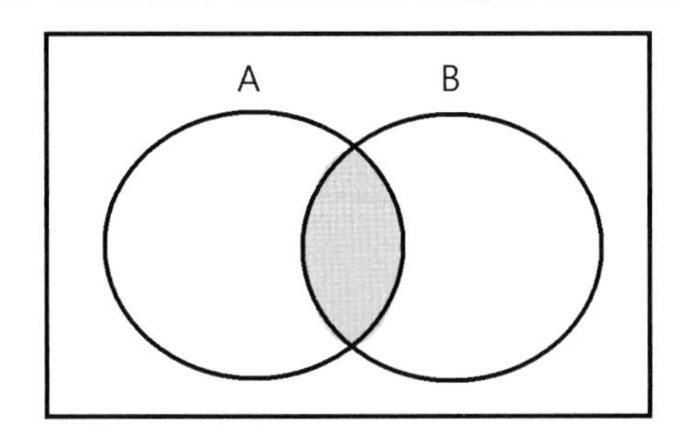

A	B	A && B
false	false	false
false	true	false
true	false	false
true	true	true

現在，我們就來看一個AND「且」運算式的實例，如下所示：

```
15 > 3 && 5 == 7
```

上述邏輯運算式左邊的條件運算式爲true；右邊爲false，如下所示：

```
true && false  → false
```

依據上述眞假値表，可以知道最後結果是false。

「||」運算子的OR「或」運算

OR「或」運算是連接的2個運算元，任一個爲ture，運算式就爲true，其圖例和眞假値表，如下所示：

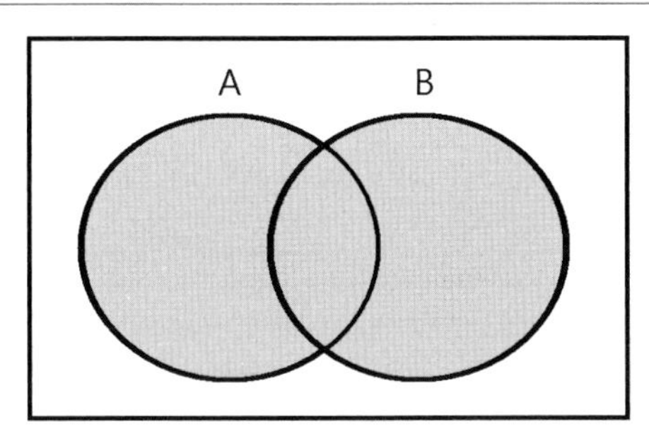

A	B	A || B
false	false	false
false	true	true
true	false	true
true	true	true

因爲條件運算式的運算元可以是變數，所以，我們來看一個OR「或」運算式的實例，如下所示：

```
x == 5 || x >= 10
```

上述邏輯運算式的結果需視變數x的值而定。假設：x的值是5，運算式的結果如下所示：

```
5 == 5 || 5 >= 10 → true || false → true
```

假設：x的值是8，運算式的結果如下所示：

```
8 == 5 || 8 >= 10 → false || false → false
```

假設：x的值是12，運算式的結果如下所示：

```
12 == 5 || 12 >= 10 → false || true → true
```

「!」運算子的NOT「非」運算

NOT「非」運算是傳回運算元相反的值，true成爲false；false成爲true，其圖例和眞假值表，如下所示：

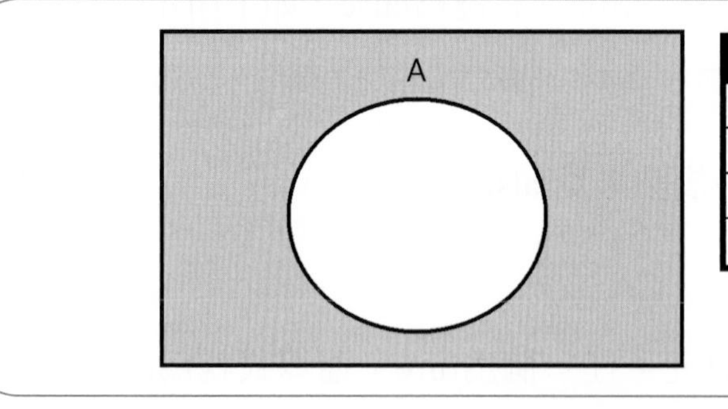

A	! A
false	true
false	true
true	false
true	false

現在，我們就來看一個NOT「非」運算式的實例，如下所示：

```
! (x == 5)
```

上述邏輯運算式的結果需視變數x的值而定假設：x的值是5，運算式的結果如下所示：

```
! (5 == 5) → ! (true) → false
```

假設：x的值是8，運算式的結果如下所示：

```
! (8 == 5) → ! (false) → true
```

6-6-3 使用邏輯運算子建立複雜條件

如果if條件敘述的條件運算式有多個，我們可以使用邏輯運算子連接多個條件來建立複雜條件。例如：身高大於50（公分）「且」身高小於200（公分）就符合身高條件；否則不符合，我們可以使用「&&」運算子建立邏輯運算式來判斷輸入的身高是否符合此範圍，如下所示：

```
if ( h > 50 && h < 200 )
{
    printf("身高符合範圍!\n");
}
else
{
    printf("身高不符合範圍!\n");
}
```

上述if/else條件敘述的判斷條件是一個邏輯運算式，條件成立，就顯示身高符合範圍，反之，不符合範圍，其流程圖（Example10.fpp）如下圖所示：

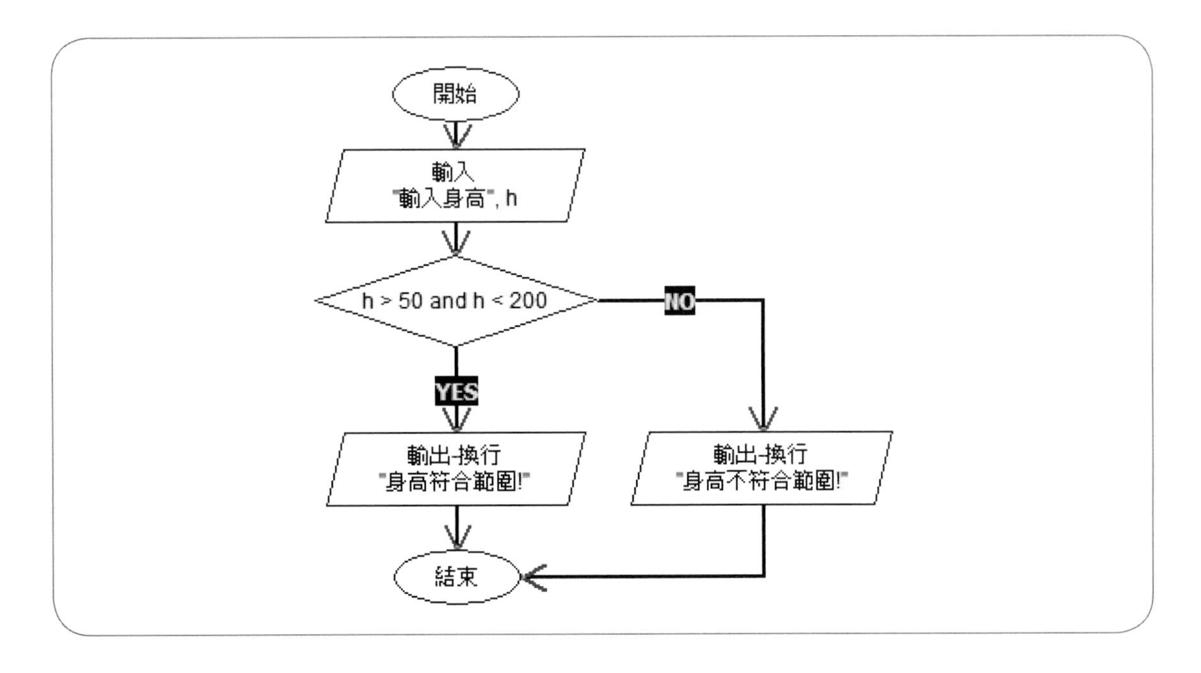

Example10.c：在if/else條件敘述使用邏輯運算式

```
01: /* 在if/else條件敘述使用邏輯運算式 */
02: #include <stdio.h>
03:
04: int main()
05: {
06:     int h;                          /* 宣告變數 */
07:
08:     printf("請輸入身高==> \n");    /* 顯示提示字串 */
09:     scanf("%d", &h);                /* 輸入整數值 */
10:
11:     if ( h > 50 && h < 200 )        /* if/else條件敘述 */
12:     {
13:         printf("身高符合範圍!\n");
14:     }
15:     else
16:     {
17:         printf("身高不符合範圍!\n");
18:     }
19:
20:     printf("結束處理\n");
21:
22:     return 0;
23: }
```

Example10.c的執行結果(1)

```
請輸入身高==>
175 Enter
身高符合範圍!
結束處理
```

上述執行結果輸入身高175，變數h的值是175，邏輯運算式的判斷結果，如下所示：

```
175 > 50 && 175 < 200 → true && true → true
```

Example10.c的執行結果(2)

```
請輸入身高==>
210 Enter
身高不符合範圍!
結束處理
```

上述執行結果輸入身高210，變數h的值是210，邏輯運算式的判斷結果，如下所示：

```
210 > 50 && 210 < 200 → true && false → false
```

學習評量

選擇題

(　)1. 請問下列哪一個不是C語言條件判斷的種類？
(A)單選　(B)二選一　(C)多選一　(D)三選二

(　)2. 小明需要建立條件敘述判斷人數超過5000人時，顯示熱門商品；沒有超過不作任何處理，請問他可以使用下列哪一種條件敘述？
(A)if　(B)if/else　(C)if/else if　(D)switch

(　)3. 請問下列哪一個是C語言的二選一條件敘述？
(A)if　(B)if/else　(C)if/else if　(D)switch

(　)4. 阿忠老師需要建立條件敘述判斷學生成績是及格或不及格，請問下列哪一種C語言條件敘述是最佳的選擇？
(A)if　(B)if/else　(C)if/else if　(D)switch

(　)5. 當需要建立條件敘述判斷身高來決定購買半票或全票，請問下列哪一種C語言條件敘述是最佳的選擇？
(A)if　(B)if/else　(C)if/else if　(D)switch

(　)6. 如果依重量判斷的運費費率共有4種情況，請問下列哪一種C語言條件敘述是最佳的選擇？
(A)if　(B)if/else　(C)if/else if　(D)switch

(　)7. 請問下列C程式碼執行結果的變數x值為何，如下所示：

```
int x = 0;
int y = 2;
if ( x > y ) {
   x = x + 2;
} else {
   x = x + 1;
}
x = x + y;
```

(A)3　(B)2　(C)1　(D)4

(　　)8. 請問下列C程式碼執行結果顯示的值為何，如下所示：

```
int a = 3;
int b = 5;
int c = 4;
if ( a > b ) {
   if ( b > c ) printf("%d ", a);
} else {
   printf("%d ", b);
}
printf("%d ", c);
```

(A)3 4　(B)5 4　(C)4　(D)56-38

(　　)9. 請問下列哪一個是C語言「且」運算的邏輯運算子？

(A)「||」　(B)「!」　(C)「&&」　(D)「&」

(　　)10. 請問在下列C語言關係和邏輯運算式之中，哪一個運算結果是false（偽）？

(A)16 != 15

(B)10 > 5 && 8 < 5

(C)!(6 < 5)

(D)5 == 2 || 5 > 3

填充與問答題

1. 人類會因為不同狀況的發生，需要使用「________」（conditions）判斷來決定如何解決這些問題的路徑。
2. C語言56 > 60不等式的運算結果是_____；3 != 4的運算結果是___。
3. 請寫出變數x等於10條件的C語言運算式是：________。
4. 請依序寫出下列C語言條件運算式的值是true或false，如下所示：

```
(1) 2 + 3 == 5
(2) 36 < 6 * 6
(3) 8 + 1 >= 3 * 3
(4) 2 + 1 == (3 + 9) / 4
(5) 12 <= 2 + 3 * 2
(6) 2 * 2 + 5 != (2 + 1) * 3
(7) 5 == 5
```

```
(8) 4 != 2
(9) 10 >= 2 && 5 == 5
```

5. 如果變數x = 5、 y = 6和z = 2，請問下列哪些if條件為true；哪些為false，如下所示：

```
if ( x == 4 ) { }
if ( y >= 5 ) { }
if ( x != y - z ) { }
if ( z = 1 ) { }
if ( y ) { }
```

6. 請舉例說明如果switch條件敘述沒有break敘述，C程式碼的執行結果會發生什麼情況？

實作題

1. 請建立C程式輸入整數變數s的值，只有當變數s等於6時才顯示"變數值等於6"的訊息文字。
2. 請啟動fChart工具繪出判斷輸入年齡（age）是否成年的流程圖，年齡大於等於18顯示"已經成年!"；否則為"未成年!"，然後建立C程式，可以輸入年齡來判斷是否已經成年。
3. 請建立C程式輸入月份（1~12），可以判斷月份所屬的季節（3-5月是春季，6-8月是夏季，9-11月是秋季，12-2月是冬季）。
4. 請啟動fChart工具繪出實作題3.的流程圖。
5. 阿忠在家經營網路購物，常常需要從海外購買大量商品，為了節省運費，都是合併包裹一起寄送，請建立計算海運運費的C程式，基本2公斤的物流費用是50元，每多1公斤是30元，在輸入包裹重量後，可以計算和顯示所需的運費。
6. 志明媽媽每天和朋友一起搭共享計程車上班，為了計算每天車資是否有誤，請建立共享計程車的車資計算C程式，在輸入里程數（公尺）後，可以計算和顯示車資，里程數在1500公尺內是80元，每多跑500公尺加5元，不足500公尺以500公尺計。

Chapter 7

重複執行程式碼

學習重點

- 認識迴圈敘述
- for計數迴圈
- while條件迴圈
- do/while條件迴圈
- 巢狀迴圈與無窮迴圈
- 改變迴圈的執行流程

7-1 認識迴圈敘述

在第6章的條件判斷是讓程式走不同的路，但是，我們回家的路還有另一種情況是繞圈圈，例如：爲了今天的運動量，在圓環繞了3圈才回家；爲了看帥哥、正妹或偶像，不知不覺繞了幾圈來多看幾次。在日常生活中，我們常常需要重複執行相同工作，如下所示：

```
在畢業前 → 不停的寫作業
在學期結束前 → 不停的寫C程式
重複說5次"大家好!"
從1加到100的總和
```

上述重複執行工作的4個描述中，前2個描述的執行次數未定，因爲畢業或學期結束前，到底會有幾個作業，或需寫幾個C程式，可能眞的要到畢業後，或學期結束才會知道，我們並沒有辦法明確知道迴圈會執行多少次。

因爲，這種情況的重複工作是由條件來決定迴圈是否繼續執行，稱爲條件迴圈，重複執行寫作業或寫C程式工作，需視是否畢業，或學期結束的條件而定，在C語言是使用while或do/while條件迴圈來處理這種情況的重複執行程式碼。

後2個描述很明確可以知道需執行5次來說"大家好!"，從1加到100，就是重複執行100次加法運算，這些已經明確知道執行次數的工作，我們會直接使用C語言的for計數迴圈來處理重複執行程式碼。

問題是，如果沒有使用for計數迴圈，我們就需寫出冗長的加法運算式，如下所示：

```
1 + 2 + 3 + ... + 98 + 99 + 100
```

上述加法運算式可是一個非常長的運算式，等到本節後學會了for迴圈，我們只需幾行程式碼就可以輕鬆計算出1加到100的總和。所以：

「迴圈的主要目的是簡化程式碼，可以將重複的複雜工作簡化成迴圈敘述，讓我們不用再寫出冗長的重複程式碼或運算式，就可以完成所需的工作。」

7-2 for計數迴圈

C語言提供for、while和do/while多種迴圈來重複執行程式碼，在這一節我們首先使用的是for迴圈。

7-2-1 使用for迴圈

for迴圈是一種可以執行固定次數的迴圈，使用for敘述開始，在之後是括號，然後是需重複執行的程式碼，其語法如下所示：

```
for ( 初始計數器變數 ; 條件運算式 ; 計數器變數更新 )
    程式敘述;
```

上述for迴圈只有執行1行程式碼，所以，在程式敘述之後不要忘了加上「;」分號，而且，在for迴圈「)」右括號之後不可加上「;」分號，如果有「;」分號，不會有錯誤，for迴圈仍然會執行，只是不會執行任何程式碼，因爲for迴圈根本沒有程式碼，只是一個空迴圈。

如果迴圈會執行2個之上的程式敘述，如同if條件敘述，在for迴圈需要使用左右大括號的程式區塊，其語法如下所示：

```
for ( 初始計數器變數 ; 條件運算式 ; 計數器變數更新 )
{
    程式敘述1;        /* 迴圈重複執行的程式碼 */
    程式敘述2;
    ……
}
```

上述for迴圈如果條件運算式爲true，就會不停重複執行程式區塊中的程式敘述，從程式敘述1開始、執行程式敘述2，以此類推，直到最後1個程式敘述。

基本上，for迴圈本身擁有一個變數用來控制迴圈執行的次數，稱爲計數器變數，或稱爲控制變數（control variable），計數器變數每次增加或減少一個固定值，在迴圈的條件爲true前，都會不停重複執行程式敘述。例如：我們準備將第7-1節的「重複說5次"大家好!"」使用for迴圈來實作，如下所示：

```
for ( i = 1; i <= 5; i++ )
{
    printf("大家好!\n");
}
```

上述for迴圈的執行次數是從i = 1執行到i = 5，共5次，所以顯示5次"大家早!"，其流程圖（Example01.fpp）如下圖所示：

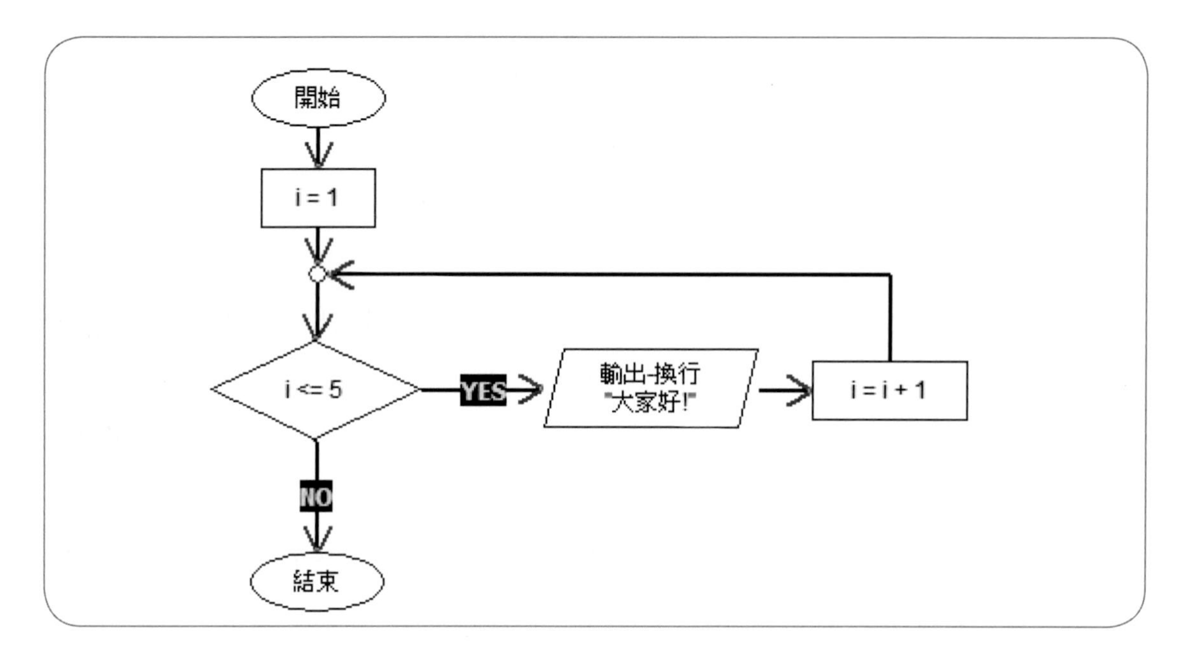

上述流程圖條件是「i <= 5」，條件成立執行迴圈；不成立結束迴圈執行，其結束條件是「i > 5」。請注意！fChart繪出的流程圖並沒有區分是否是計數迴圈，在實務上，我們會將流程圖繪成水平方向的迴圈來表示計數迴圈；垂直方向是第7-3節的條件迴圈。

Example01.c：使用for迴圈顯示5次大家好

```
01: /* 使用for迴圈顯示5次大家好 */
02: #include <stdio.h>
03:
04: int main()
05: {
06:     int i;                          /* 計數器變數宣告 */
07:
08:     for ( i = 1; i <= 5; i++ )  /* for計數迴圈 */
09:     {
```

```
10:          printf("大家好!\n");
11:      }
12:
13:      printf("結束迴圈處理\n");
14:
15:      return 0;
16: }
```

Example01.c的執行結果

```
大家好!
大家好!
大家好!
大家好!
大家好!
結束迴圈處理
```

上述執行結果顯示5次"大家好!"訊息文字，因爲for迴圈共執行5次。而for迴圈的執行次數需視for敘述後的括號內容而定，如下圖所示：

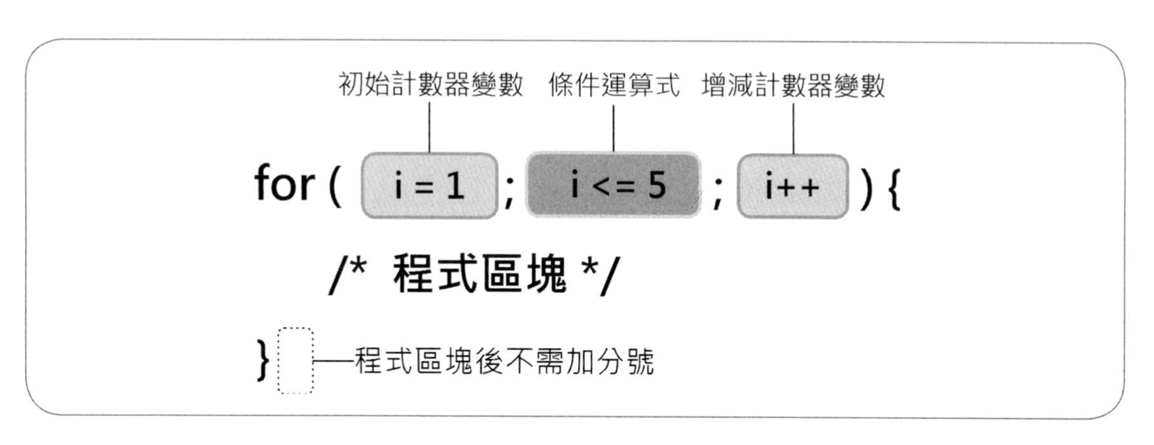

上述for迴圈的括號使用「;」符號分成三個部分，迴圈是從括號初始計數器變數的值開始，執行計數器變數更新到條件不成立false爲止，如下所示：

- i = 1：這部分是第1次進入for迴圈時執行的程式碼，通常是用來初始計數器變數i的值。
- i <= 5：此部分是迴圈繼續執行的條件運算式，每次執行for迴圈前都會檢查一次，以便決定是否繼續執行迴圈，以此例是當i > 5條件成立時結束迴圈執行，當i <= 5成立時，就繼續執行下一次迴圈。

- i++：此部分是在每執行完1次for迴圈程式區塊後執行，可以更改計數器變數的值來逐漸接近結束條件，i++是遞增1（也可以是遞減1或增減其他固定值），變數i的值每執行完1次迴圈就遞增1，變數值依序從1、2、3、4至5，所以可以執行5次迴圈。

依據上述說明，我們可以整理出for迴圈的處理流程，如下所示：

Step 1 在for括號的第1部分初始計數器變數的初值。

Step 2 在for括號的第2部分判斷條件是否成立，成立，就執行下方程式區塊的程式碼；不成立，就結束for迴圈。

Step 3 在for括號的第3部分更改計數器變數後，跳至Step 2繼續執行。

更多for迴圈範例

同樣技巧，我們可以使用for迴圈來重複輸出多個其他內容的訊息文字，如下所示：

```
for ( i = 1; i <= 5; i++ )
{
    printf("參加社團活動!\n");
}
```

上述for迴圈會執行從1至5共5次，共輸出5次"參加社區活動!"訊息文字，這個C程式就留給讀者自行練習修改Example01.c。

7-2-2 在for迴圈的程式區塊使用計數器變數

在Example01.c的for迴圈共可執行5次，輸出5次"大家好!"訊息文字，讀者有注意到嗎？計數器變數值是從1~5，就是輸出訊息文字的次數，所以，我們可以在for迴圈的程式區塊直接使用計數器變數來顯示執行次數，其流程圖（Example02.fpp）如下圖所示：

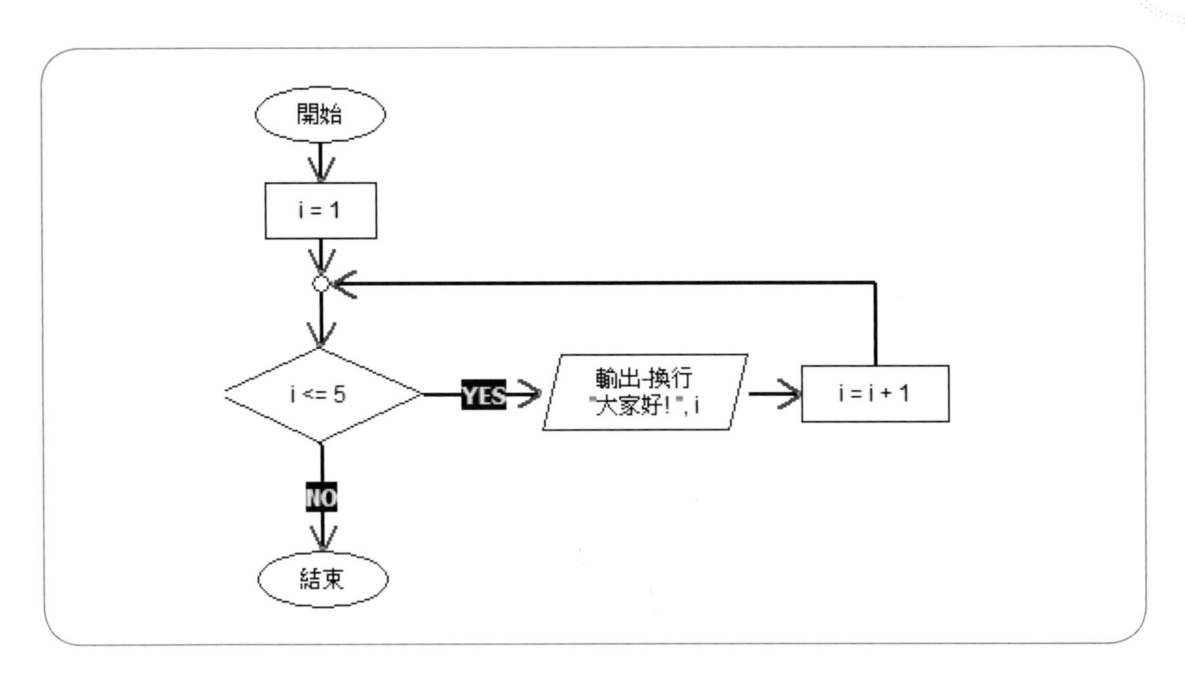

上述迴圈在每次輸出訊息文字後，就會加上計數器變數i的值，其值就是迴圈到目前爲止的執行次數。

Example02.c：在for迴圈顯示執行次數

```
01: /* 在for迴圈顯示執行次數 */
02: #include <stdio.h>
03:
04: int main()
05: {
06:     int i;                      /* 計數器變數宣告 */
07:
08:     for ( i = 1; i <= 5; i++ )  /* for計數迴圈 */
09:     {
10:         printf("第 %d 次大家好!\n", i);
11:     }
12:
13:     printf("結束迴圈處理\n");
14:
15:     return 0;
16: }
```

Example02.c的執行結果

```
第 1 次大家好!
第 2 次大家好!
第 3 次大家好!
第 4 次大家好!
第 5 次大家好!
結束迴圈處理
```

上述執行結果顯示的訊息文字包含執行次數，因爲我們將計數器變數i的值也顯示在螢幕上，所以可以清楚看出for迴圈的執行次數。

說明

在ANSI-C的for迴圈，計數器變數i是在main()函數的程式區塊開頭，就需要事先宣告整數int的變數，如下所示：

```
int i;
```

如果使用C99，我們可以直接在for迴圈括號的第1部分宣告計數器變數，如下所示：

```
for ( int i = 1; i <= 5; i++ )
{
    printf("第 %d 次大家好!\n", i);
}
```

上述for迴圈是在括號的第1部分宣告計數器變數i，相當於是在for程式區塊宣告的變數，所以，變數i只能在for迴圈的程式區塊之中使用；在程式區塊之外並不能使用。

更多for迴圈範例

現在，讓我們再來看一個例子，如下所示：

```
for ( i = 1; i <= 5; i++ )
{
    printf("參加第 %d 個社團活動!\n", i);
}
```

上述for迴圈可以一一顯示參加1~5個社團活動，共5個訊息文字加上次數，如果讀者想多參加3個社團，因爲使用for迴圈，我們不用大幅修改程式碼，只需更改括號第2個部分的條件成爲i <= 8，如下所示：

```
for ( i = 1; i <= 8; i++ )
{
    printf("參加第 %d 個社團活動!\n", i);
}
```

上述for迴圈就可以顯示1~8共8個社團活動的訊息文字。所以，for迴圈可以大幅簡化重複執行的程式碼，只需更改條件，就可以適用在不同次數的重複工作，當然，這個C程式就留給讀者自行練習修改Example02.c。

7-2-3 for迴圈的應用：計算總和

在for迴圈的程式區塊可以使用變數進行所需的數學運算，例如：Example02.c在for迴圈會顯示執行次數，從執行次數值可以看出，如果將每一次顯示的計數器變數值相加，就相當於是在執行1加到5的加總運算，如下所示：

```
1 + 2 + 3 + 4 + 5
```

上述運算式可以宣告sum變數來建立計算加總的for迴圈，如下所示：

```
int sum = 0;
......
for ( i = 1; i <= 5; i++ )
{
    sum = sum + i;
}
```

上述for迴圈每執行一次迴圈，就會將計數器變數i的值加入變數sum，執行完5次迴圈，可以計算出1加至5的總和。

更進一步，在for迴圈括號的第2部分可以使用變數來建立條件運算式，如下所示：

```
for ( i = 1; i <= max; i++ )
{
    sum = sum + i;
}
```

上述迴圈的條件運算式是「i <= max」，可以讓使用者自行輸入max變數值來計算1加至max的總和，例如：輸入100，就是1加至100的總和，其流程圖（Example03.fpp）如下圖所示：

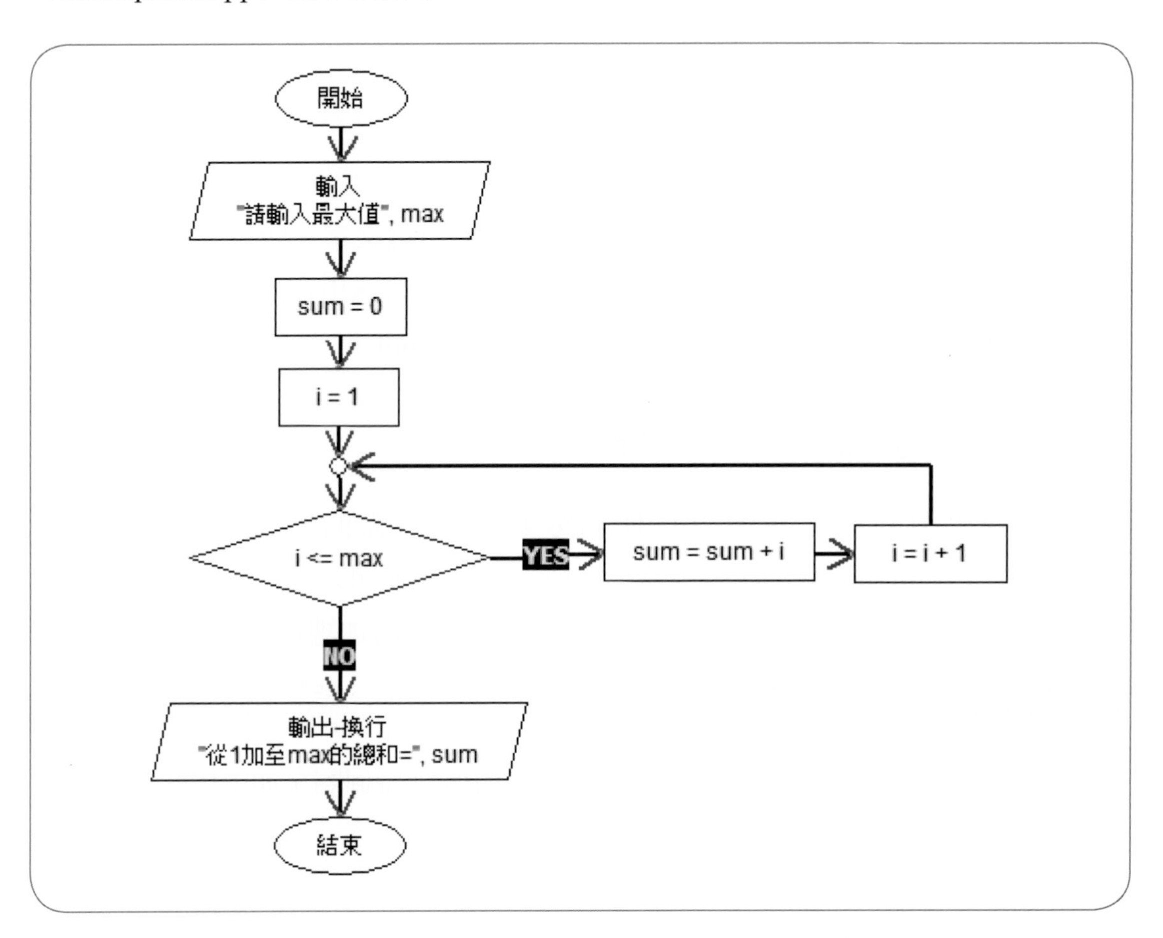

上述流程圖條件是「i <= max」，條件成立執行迴圈；不成立結束迴圈的執行。

Example03.c：計算1加至輸入值的總和

```
01: /* 計算1加至輸入值的總和 */
02: #include <stdio.h>
03:
04: int main()
05: {
06:     int i, max;                    /* 宣告變數 */
07:     int sum = 0;
08:
09:     printf("請輸入最大值==> \n");   /* 顯示提示字串 */
```

```
10:     scanf("%d", &max);                /* 輸入整數值 */
11:
12:     for ( i = 1; i <= max; i++ )    /* for計數迴圈 */
13:     {
14:         sum = sum + i;
15:     }
16:
17:     printf("從1加至max的總和= %d\n", sum);
18:
19:     return 0;
20: }
```

Example03.c的執行結果

```
請輸入最大值==>
10 Enter
從1加至max的總和= 55
```

上述執行結果輸入的最大值是10，所以for迴圈會執行1~10共10次，可以計算1加至10的總和，其計算過程如下表所示：

變數i值	變數sum值	計算sum = sum + i後的sum值
1	0	1
2	1	3
3	3	6
4	6	10
5	10	15
6	15	21
7	21	28
8	28	36
9	36	45
10	45	55

7-3 while條件迴圈

while迴圈敘述不同於for迴圈是一種條件迴圈，當條件成立，就重複執行程式區塊的程式碼，其執行的次數需視條件而定，沒有非常明確的次數。

事實上，for迴圈就是while迴圈的一種特殊情況，所有for迴圈都可以輕易改寫成while迴圈。

7-3-1 使用while迴圈

while迴圈是在程式區塊的開頭檢查條件，如果條件爲true才允許進入迴圈執行，如果一直爲true，就持續重複執行迴圈，直到條件false爲止，其語法如下所示：

```
while ( 條件運算式 )
{
     程式敘述1;
     程式敘述2;
     ……
}
```

上述語法是使用while敘述開始，之後是括號的條件運算式，然後接著左右大括號的程式區塊，因爲是程式區塊，所以在右大括號之後不需「;」分號。如果while迴圈只執行一行程式碼，我們可以省略左右大括號。

while迴圈的執行次數是直到條件爲false爲止，請注意！在程式區塊中一定有程式敘述用來更改條件值到達結束條件，以便結束迴圈的執行，不然，就會造成無窮迴圈，迴圈永遠不會結束。

例如：計算1加到多少時的總和會大於等於100，因爲迴圈執行次數需視運算結果而定，迴圈執行次數未定，我們可以使用while條件迴圈來執行加總計算，如下所示：

```
while ( sum < 100 )
{
    i = i + 1;
    sum = sum + i;
}
```

上述變數i和sum的初值都是0，while迴圈的變數i值從1、2、3、4....相加計算總和是否大於等於100，等到條件「sum < 100」不成立結束迴圈，就可以計算出(1+2+3+4+..+i) >= 100的i值，其流程圖（Example04.fpp）如下圖所示：

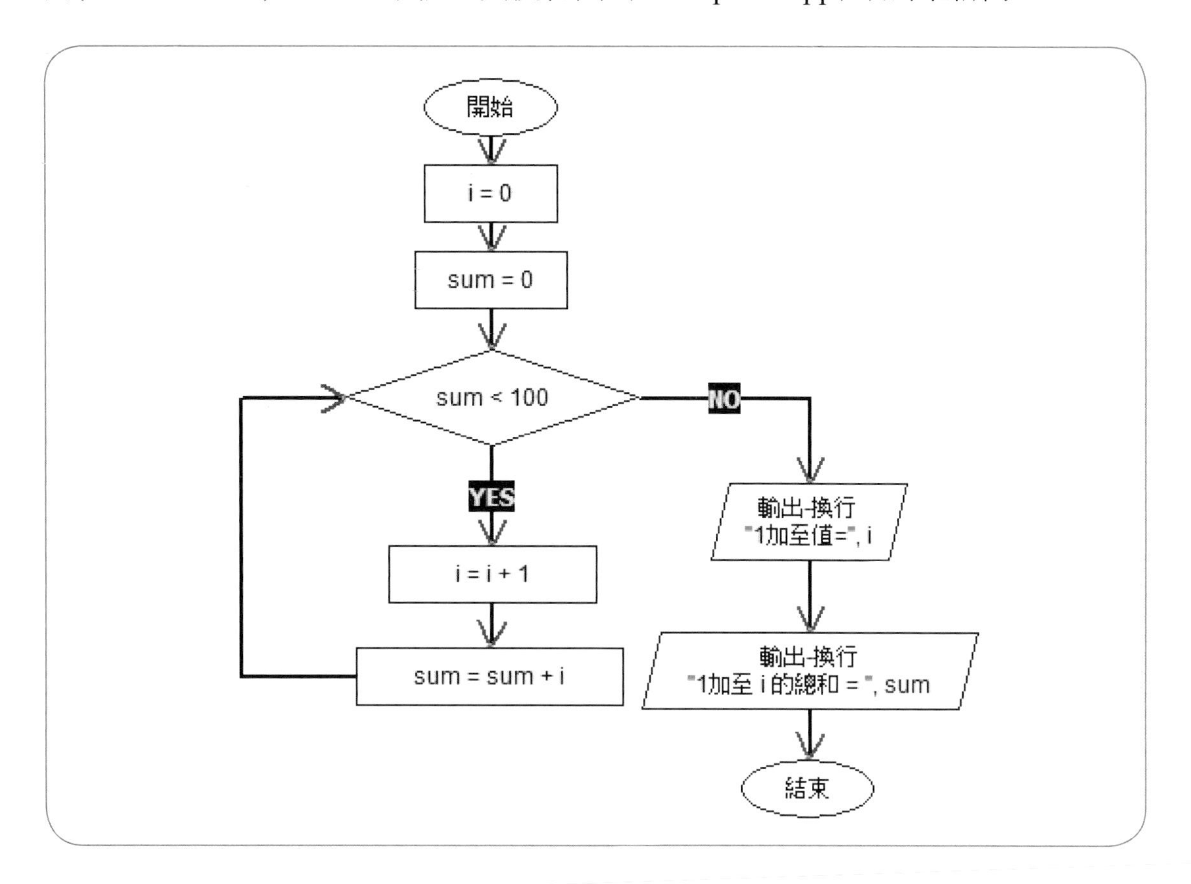

說明

while迴圈和第7-4節的do/while迴圈因為沒有預設計數器變數，如果程式區塊沒有任何程式敘述可以將while條件變成false，就會持續true而造成無窮迴圈，永遠不會停止重複結構的執行（詳見第7-5-4節的說明），讀者在使用時請務必再次確認不會發生此情況！

Example04.c：計算1加到多少時的總和會大於等於100

```
01: /* 計算1加到多少時的總和會大於等於100 */
02: #include <stdio.h>
03:
04: int main()
05: {
06:     int i = 0;              /* 宣告變數 */
07:     int sum = 0;
08:
09:     while ( sum < 100 )     /* while條件迴圈 */
10:     {
11:         i = i + 1;
12:         sum = sum + i;
13:     }
14:
15:     printf("從1加至 %d 的總和會大於等於100\n", i);
16:     printf("1+2+3...+%d = %d\n", i, sum);
17:
18:     return 0;
19: }
```

上述while迴圈是在第11行更改變數i的值來進行加總，因爲位在加法運算式之前，所以變數i的初值是0，第1次進入迴圈是1，然後執行加總，每次遞增變數i的值來到達結束條件「sum >= 100」，就可以得到需加總到的i值。

Example04.c的執行結果

```
從1加至 14 的總和會大於等於100
1+2+3...+14 = 105
```

上述執行結果可以看到從1加到14會大於等於100，而1加至14的值是105，其計算過程如下表所示：

i值	sum值	i = i + 1後的i值	sum = sum + i的sum值
0	0	1	1
1	1	2	3
2	3	3	6
3	6	4	10
…	…	…	...

i值	sum值	i = i + 1後的i值	sum = sum + i的sum值
9	45	10	55
10	55	11	66
11	66	12	78
12	78	13	91
13	91	14	105

while迴圈結束後的i值是第3欄i = i + 1後的值，所以變數i的值是14，sum的值是105。

7-3-2 while迴圈的條件

while迴圈最重要的部分就是開頭括號的條件，因為C語言的變數值是0就是false；非0值為true，我們可以直接使用變數作為while迴圈的條件，如下所示：

```
while ( num )
{
    ......
}
```

上述while迴圈的條件是變數num，如果num變數值為0，就結束迴圈執行。

Example05.c：使用變數作為while迴圈的條件

```
01: /* 使用變數作為while迴圈的條件 */
02: #include <stdio.h>
03:
04: int main()
05: {
06:     int num = 1;            /* 宣告變數 */
07:
08:     while ( num )           /* while條件迴圈 */
09:     {
10:         printf("請輸入一個整數(輸入0結束迴圈)==> \n");
11:         scanf("%d", &num);  /* 輸入整數值 */
12:         printf("輸入值 = %d\n", num);
13:     }
14:
15:     printf("結束迴圈處理\n");
16:
17:     return 0;
18: }
```

Example05.c的執行結果

```
請輸入一個整數(輸入0結束迴圈)==>
2 Enter
輸入值 = 2
請輸入一個整數(輸入0結束迴圈)==>
5 Enter
輸入值 = 5
請輸入一個整數(輸入0結束迴圈)==>
10 Enter
輸入值 = 10
請輸入一個整數(輸入0結束迴圈)==>
0
輸入值 = 0
結束迴圈處理
```

上述執行結果是重複輸入整數值，直到輸入0才能結束while迴圈，迴圈的條件是變數num，屬於一種簡化寫法，完整條件運算式，如下所示：

```
while ( num != 0 )
{
    ......
}
```

上述迴圈的條件是當變數num等於0。如果while迴圈的條件是非0值，變數值是0，就繼續迴圈執行，此時我們可以使用「!」非的邏輯運算子，如下所示：

```
while ( ! num )
{
    ......
}
```

上述條件運算式是變數值0，即false的相反，也就是所有0之外的值，就結束迴圈執行，其完整條件運算式的寫法，如下所示：

```
while ( num == 0 )
{
    ......
}
```

7-3-3　將for迴圈改成while迴圈

C語言的for計數迴圈可以說是一種特殊版本的while迴圈，我們可以輕易將for迴圈改成while迴圈的版本，也就是使用while迴圈來實作計數迴圈。

原始for迴圈

在Example03.c是使用for迴圈計算1加至max的總和，我們準備將此for迴圈改爲while迴圈，如下所示：

```
int i;
int sum = 0;
......
for ( i = 1; i <= max; i++ )
{
    sum = sum + i;
}
```

將for迴圈改為while迴圈

在for迴圈括號第二部分的「i < = max」條件是while迴圈的條件，for迴圈的計數器變數i就是while迴圈的計數器變數，如下所示：

```
int i = 1;
int sum = 0;
......
while ( i <= max )
{
    sum = sum + i;
    i = i + 1;
}
```

上述程式碼使用變數i作爲計數器變數，每次增加1，可以改用while迴圈計算1加至max的總和。

for迴圈轉換成while迴圈的基本步驟

因爲while迴圈不像for迴圈程式敘述本身擁有計數器變數，我們需要自行在while程式區塊處理計數器變數值的增減來到達迴圈的結束條件，其執行流程如下所示：

Step 1 在進入while迴圈之前需要自行指定計數器變數的初值。

Step 2 在while迴圈判斷條件是否成立，如為true，就繼續執行迴圈的程式區塊；不成立false時，結束迴圈的執行。

Step 3 在迴圈程式區塊需要自行使用程式碼增減計數器變數值，然後回到Step 2測試是否繼續執行迴圈。

for迴圈與while迴圈的轉換說明圖例，如下圖所示：

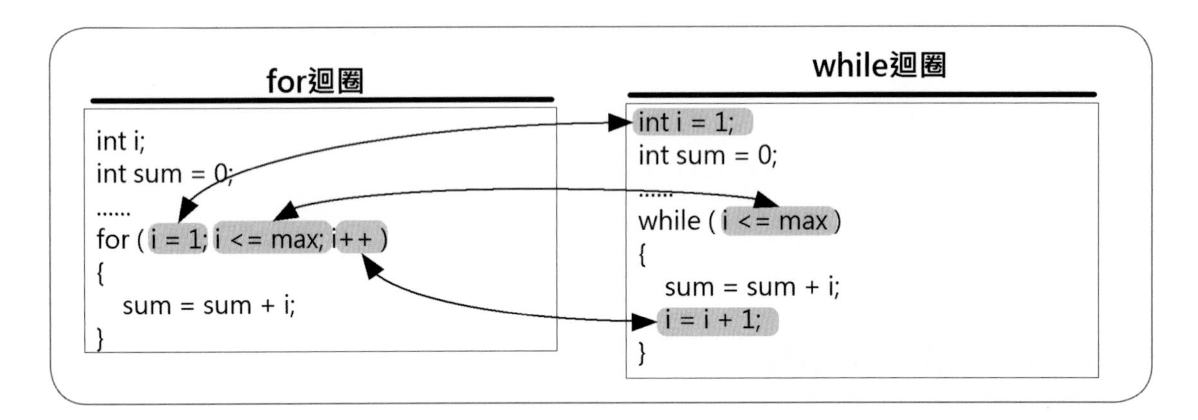

Example06.c：計算1加至輸入值的總和

```
01: /* 計算1加至輸入值的總和 */
02: #include <stdio.h>
03:
04: int main()
05: {
06:     int i = 1, max;                    /* 宣告變數 */
07:     int sum = 0;
08:
09:     printf("請輸入最大值==> \n");     /* 顯示提示字串 */
10:     scanf("%d", &max);                 /* 輸入整數值 */
11:
12:     while ( i <= max )                 /* while條件迴圈 */
13:     {
14:         sum = sum + i;
15:         i = i + 1;
16:     }
17:
18:     printf("從1加至max的總和= %d\n", sum);
19:
20:     return 0;
21: }
```

Example06.c的執行結果

```
請輸入最大值==>
10 Enter
從1加至max的總和= 55
```

上述執行結果和Example03.c完全相同，只是將原來for迴圈改為while迴圈。

7-4 do/while條件迴圈

do/while迴圈類似while迴圈也是一種條件迴圈，只是while括號的條件是在迴圈程式區塊的最後，其語法如下所示：

```
do
{
    程式敘述1;
    程式敘述2;
    ……
} while ( 條件運算式 );
```

上述語法是使用do敘述開始，之後是左右大括號的程式區塊，然後接著while敘述和括號的條件運算式，請注意！因為是程式敘述，所以在括號後需加上「;」分號。

如果do/while迴圈只執行一行程式碼，我們可以省略左右大括號，在實務上，並不建議省略左右大括號，因為很容易和while迴圈產生混淆，如果do/while迴圈最後while敘述沒有之前的右大括號，長的就像是一個空的while迴圈。

do/while和while條件迴圈的主要差異是在迴圈結尾檢查條件，其差異如下所示：

- while迴圈在程式區塊開頭先檢查條件，條件為true時，才執行之後程式區塊的程式碼，重複執行直到條件為false為止。
- do/while迴圈會先執行程式區塊的程式碼後才在程式區塊後測試條件，執行次數是持續執行直到條件為false為止。

所以，while迴圈如果一開始的條件為false，則一次迴圈都不會執行；do/while迴圈是在之後才測試條件，所以do/while迴圈的程式區塊至少會執行一次。

例如：在第7-3-3節是將for迴圈改寫成的while迴圈，我們準備將這個while迴圈再改寫成do/while迴圈，如下所示：

```
int i = 1;
int sum = 0;
......
do
{
    sum = sum + i;
    i = i + 1;
} while ( i <= max );
```

上述do/while迴圈在第1次執行時是直到迴圈結尾才檢查while條件是否爲true，如爲true就繼續執行下一次迴圈；false結束迴圈的執行，其流程圖（Example07.fpp）如下圖所示：

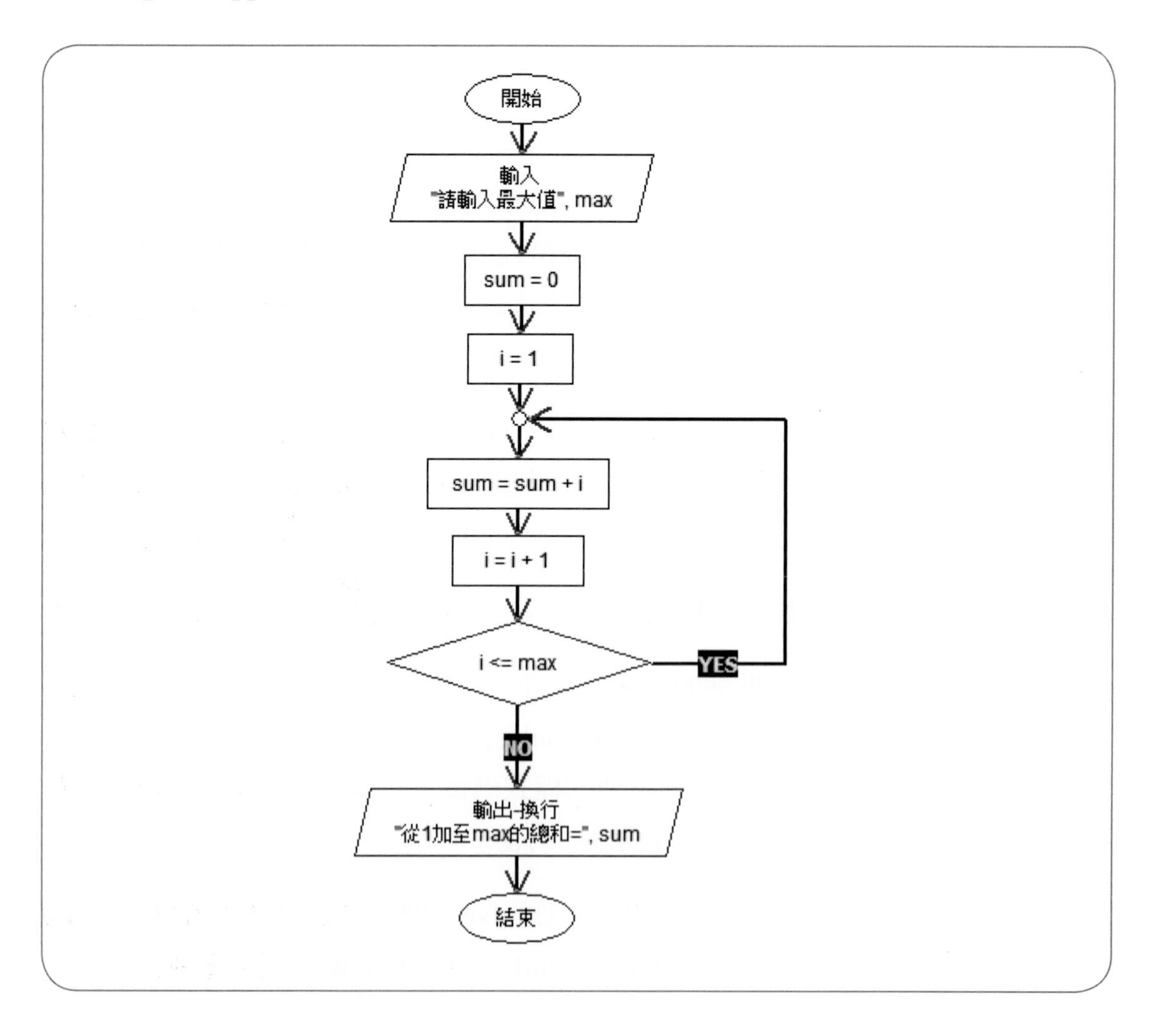

上述流程圖在第1次執行時就會執行加總運算，然後才檢查條件「i <= max」，這是迴圈的進入條件（成立，就執行下一次迴圈），當條件true時進入迴圈來執行下一次加總，直到「i > max」成立為止。

Example07.c：計算1加至輸入值的總和

```
01: /* 計算1加至輸入值的總和 */
02: #include <stdio.h>
03:
04: int main()
05: {
06:     int i = 1, max;                         /* 宣告變數 */
07:     int sum = 0;
08:
09:     printf("請輸入最大值==> \n");           /* 顯示提示字串 */
10:     scanf("%d", &max);                      /* 輸入整數值 */
11:
12:     do                                      /* do/while條件迴圈 */
13:     {
14:         sum = sum + i;
15:         i = i + 1;
16:     } while ( i <= max );
17:
18:     printf("從1加至max的總和= %d\n", sum);
19:
20:     return 0;
21: }
```

Example07.c的執行結果

```
請輸入最大值==>
10 Enter
從1加至max的總和= 55
```

上述執行結果和Example06.c完全相同。從Example03.c、Example06.c和Example07.c三個範例可以看出，相同的1加至max的加總功能可以分別使用for、while和do/while迴圈來建立，同一個程式功能有不同的作法。

所以，讀者只需熟練for、while和do/while三種迴圈結構，就可以靈活應用這些迴圈來解決程式問題，而且，同樣問題，絕對不會只有一種寫法，而是有多種不同寫法。

7-5 巢狀迴圈與無窮迴圈

巢狀迴圈是在迴圈中擁有其他迴圈，例如：在for迴圈擁有for、while和do/while迴圈；在while迴圈中擁有for、while和do/while迴圈等。

7-5-1 for敘述的巢狀迴圈

在C語言的巢狀迴圈可以有二或二層以上，例如：在for迴圈中擁有另一個for迴圈，如下所示：

```
for ( i = 1; i <= 3; i++ )       /* for外層迴圈 */
{
    for ( j = 1; j <= 5; j++ )  /* for內層迴圈 */
    {
        printf("i = %d j = %d\n", i, j);
    }
}
```

上述迴圈共有兩層，第一層for迴圈執行3次，第二層for迴圈是執行5次，兩層迴圈共執行15次。執行過程的變數值，如下表所示：

第一層迴圈的i值	第二層迴圈的j值					離開迴圈的i值
1	1	2	3	4	5	1
2	1	2	3	4	5	2
3	1	2	3	4	5	3

上述表格的每一列代表執行一次第一層迴圈，共有3次。第一次迴圈的變數i爲1，第二層迴圈的每1個儲存格代表執行一次迴圈，共5次，j的值爲1~5，離開第二層迴圈後的變數i仍然爲1，依序執行第一層迴圈，i的值爲2~3，而且每次j都會執行5次，所以共執行15次。其流程圖（Example08.fpp）如下圖所示：

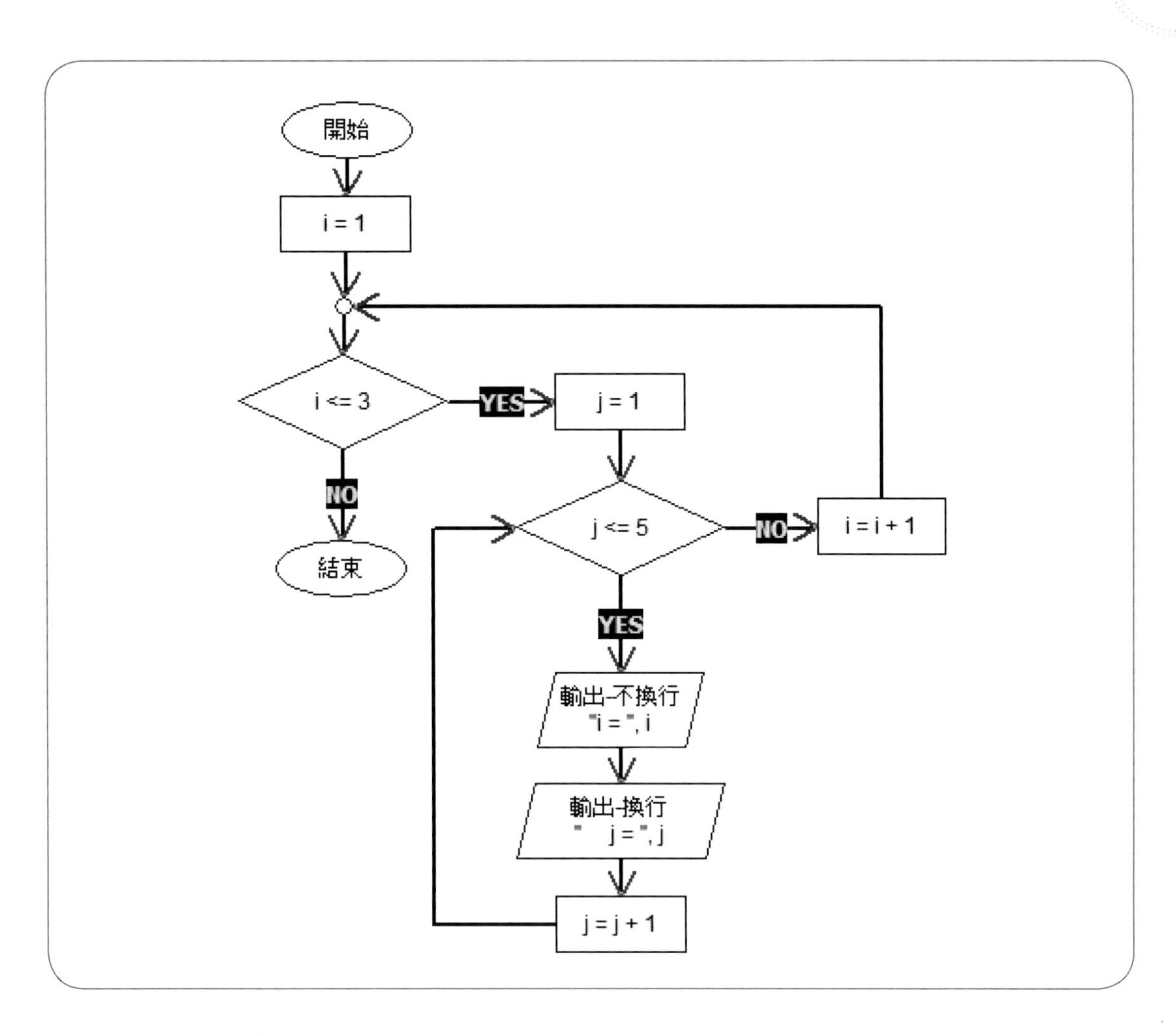

上述流程圖「i <= 3」決策符號建立的是外層迴圈的結束條件；「j <= 5」決策符號建立的是內層迴圈的結束條件。

Example08.c：使用2個for迴圈建立巢狀迴圈

```
01: /* 使用2個for迴圈建立巢狀迴圈 */
02: #include <stdio.h>
03:
04: int main()
05: {
06:     int i, j;                         /* 宣告變數 */
07:
08:     for ( i = 1; i <= 3; i++ )        /* for外層迴圈 */
09:     {
10:         for ( j = 1; j <= 5; j++ )    /* for內層迴圈 */
11:         {
```

```
12:                 printf("i = %d j = %d\n", i, j);
13:             }
14:     }
15:
16:     return 0;
17: }
```

Example08.c的執行結果

```
i = 1 j = 1
i = 1 j = 2
i = 1 j = 3
i = 1 j = 4
i = 1 j = 5
i = 2 j = 1
i = 2 j = 2
i = 2 j = 3
i = 2 j = 4
i = 2 j = 5
i = 3 j = 1
i = 3 j = 2
i = 3 j = 3
i = 3 j = 4
i = 3 j = 5
```

上述執行結果的外層迴圈執行3次，每一個內層執行5次，共執行15次。在外層for迴圈的計數器變數i值為1時，內層for迴圈的變數j值為1到5，可以顯示執行結果，如下所示：

```
i = 1 j = 1
i = 1 j = 2
i = 1 j = 3
i = 1 j = 4
i = 1 j = 5
```

當外層迴圈執行第二次時，i值為2，內層迴圈仍然為1到5，此時顯示的執行結果，如下所示：

```
i = 2 j = 1
i = 2 j = 2
i = 2 j = 3
i = 2 j = 4
i = 2 j = 5
```

繼續外層迴圈，第三次的i值是3，內層迴圈仍然為1到5，此時顯示的執行結果，如下所示：

```
i = 3 j = 1
i = 3 j = 2
i = 3 j = 3
i = 3 j = 4
i = 3 j = 5
```

7-5-2 for與while敘述的巢狀迴圈

C語言的巢狀迴圈也可以搭配不同種類的迴圈，例如：在for迴圈中擁有while迴圈，如下所示：

```
for ( i = 1; i <= 3; i++ )        /* for外層迴圈 */
{
    j = 1;
    while ( j <= 5 )              /* while內層迴圈 */
    {
        printf("i = %d j = %d\n", i, j);
        j = j + 1;
    }
}
```

Example09.c：使用for和while迴圈建立巢狀迴圈

```
01: /* 使用for和while迴圈建立巢狀迴圈 */
02: #include <stdio.h>
03:
04: int main()
05: {
06:     int i, j;                        /* 宣告變數 */
07:
08:     for ( i = 1; i <= 3; i++ )       /* for外層迴圈 */
09:     {
10:         j = 1;
11:         while ( j <= 5 )             /* while內層迴圈 */
12:         {
13:             printf("i = %d j = %d\n", i, j);
14:             j = j + 1;
15:         }
```

```
16:     }
17:
18:     return 0;
19: }
```

Example09.c的執行結果

```
i = 1 j = 1
i = 1 j = 2
i = 1 j = 3
i = 1 j = 4
i = 1 j = 5
i = 2 j = 1
i = 2 j = 2
i = 2 j = 3
i = 2 j = 4
i = 2 j = 5
i = 3 j = 1
i = 3 j = 2
i = 3 j = 3
i = 3 j = 4
i = 3 j = 5
```

上述執行結果和Example08.c完全相同，在外層迴圈執行3次，每一個內層執行5次，共執行15次。

7-5-3 在巢狀迴圈使用if條件敘述

在第7-5-1和7-5-2節我們分別搭配不同迴圈來建立二層巢狀迴圈，不只如此，我們還可以再加上第6章的條件敘述，例如：在巢狀迴圈的內層迴圈使用if/else條件敘述來顯示不同的字元，如下所示：

```
if ( ch == 0 )
{
    printf("*");
    ch = 1;
}
else
{
    printf("@");
    ch = 0;
}
```

上述if/else條件敘述是一種切換功能的程式碼，使用整數變數ch來切換顯示不同的字元，第1次的ch值是0，所以條件成立，顯示"*"字元且將變數ch指定成1，第2次的ch值是1，條件不成立，顯示"@"字元且將變數ch指定成0，可以重複切換顯示"*"和"@"字元。

Example10.c：在巢狀迴圈使用if條件敘述

```
01: /* 在巢狀迴圈使用if條件敘述 */
02: #include <stdio.h>
03:
04: int main()
05: {
06:     int i, j, ch;                          /* 宣告變數 */
07:
08:     for ( i = 1 ; i <= 5 ; i++ )          /* for外層迴圈 */
09:     {
10:         ch = 0;
11:         for( j = 1 ; j <= i ; j++ )       /* for內層迴圈 */
12:         {
13:             if ( ch == 0 )                 /* if/else條件敘述 */
14:             {
15:                 printf("*");
16:                 ch = 1;
17:             }
18:             else
19:             {
20:                 printf("@");
21:                 ch = 0;
22:             }
23:         }
24:         printf("\n");
25:     }
26:
27:     return 0;
28: }
```

Example10.c的執行結果

```
*
*@
*@*
*@*@
*@*@*
```

上述執行結果是使用第8~25行的二層巢狀迴圈來顯示3角形的圖形，外層迴圈是1~5，在第11~23行的內層迴圈是1~i，所以，第1行顯示1個字元；第2行顯示2個字元；第3行顯示3個字元直到第5行顯示5個字元的三角形。

在每一行顯示的字元會切換顯示"*"和"@"字元，這是使用第13~22行的if/else條件敘述以ch變數來切換顯示2種字元。

7-5-4 無窮迴圈

無窮迴圈（endless loops）是指迴圈不會結束，它會無止境的一直重複執行迴圈的程式區塊。

for無窮迴圈

for迴圈括號內的3個運算式如果都是空的，如下所示：

```
for( ; ; ) {
     ......
}
```

上述for迴圈因為沒有條件運算式，預設為true，for迴圈會持續重複執行，永遠不會跳出for迴圈，這是一個無窮迴圈。

while無窮迴圈

while或do/while無窮迴圈通常都是因為計數器變數或條件出了問題。例如：修改自第7-3-1節Example04.c的while迴圈，如下所示：

```
i = 0;
sum = 0;
......
while ( sum < 50 )
{
     sum = sum + i;
}
```

上述while迴圈的程式區塊少了「i = i + 1;」，所以i值永遠為0，sum的計算結果也是0，永遠不會大於50，所以造成無窮迴圈，請按 Ctrl+C 鍵來中斷無窮迴圈的執行。

do/while無窮迴圈

如果是while括號的條件出了問題，一樣也會造成無窮迴圈，例如：修改自第7-4節Example07.c的do/while迴圈，如下所示：

```
int i = 500;
int sum = 0;
......
do
{
    sum = sum + i;
    i = i + 1;
} while ( i > 500 );
```

上述while條件永遠爲true（i一定大於500），所以造成無窮迴圈，不會結束迴圈的執行。

7-6 改變迴圈的執行流程

C語言可以使用break和continue敘述來改變迴圈的執行流程，break敘述跳出迴圈；continue敘述能夠馬上繼續下一次迴圈的執行。

7-6-1 break敘述跳出迴圈

C語言的break敘述有兩個用途：一是中止switch條件的case敘述，另一個用途是強迫終止for、while和do/while迴圈的執行。

雖然迴圈敘述可以在開頭或結尾測試結束條件，但是，有時我們需要在迴圈的程式區塊中來測試結束條件，break敘述可以在迴圈中搭配if條件敘述來進行條件測試，如同switch條件敘述使用break敘述跳出程式區塊一般，如下所示：

```
do {
    printf("第 %d 次\n", i);
    i++;
    if ( i > 5 ) break;
} while ( 1 );
```

上述do/while迴圈是無窮迴圈，在迴圈中使用if條件敘述進行測試，當「i > 5」條件成立，就執行break敘述跳出迴圈，它是跳至do/while之後的程式敘述，所以，可以顯示次數1到5，其流程圖（Example11.fpp）如下圖所示：

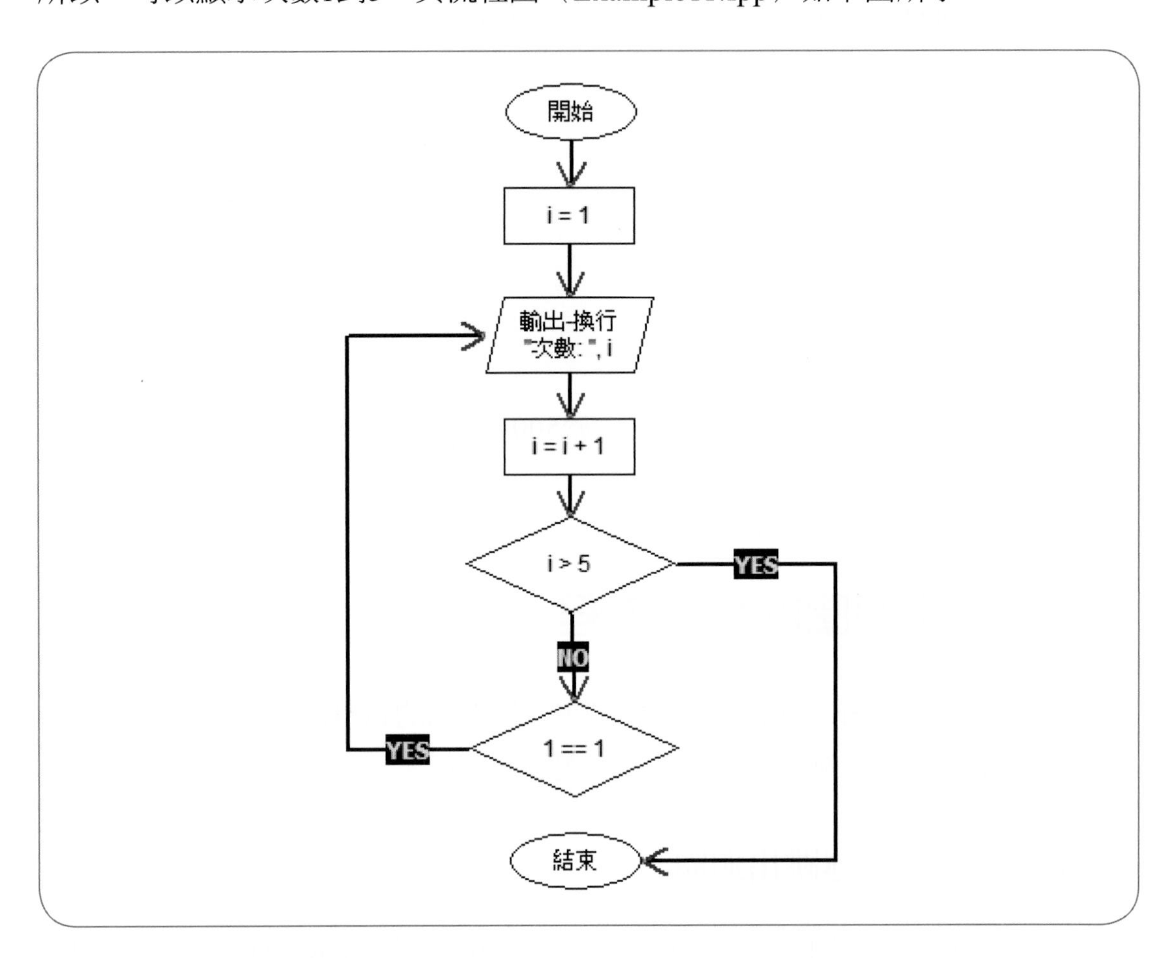

上述流程圖的決策符號「1 == 1」條件爲true，所以建立的是無窮迴圈，在迴圈是使用「i > 5」決策符號跳出迴圈，即C語言的break敘述。

Example11.c：使用break敘述跳出do/while迴圈

```
01: /* 使用break敘述跳出do/while迴圈 */
02: #include <stdio.h>
03:
04: int main()
05: {
06:     int i = 1;                    /* 宣告變數 */
07:
08:     do {
09:         printf("第 %d 次\n", i);
```

```
10:         i++;
11:         if ( i > 5 )
12:             break;          /* 跳出迴圈 */
13:     } while ( 1 );
14:
15:     return 0;
16: }
```

Example11.c的執行結果

```
第 1 次
第 2 次
第 3 次
第 4 次
第 5 次
```

上述執行結果依序顯示第1次~第5次的訊息文字，在第8~13行是一個無窮迴圈，當變數i的值到達5時，即第11~12行if條件成立，就執行第12行的break敘述跳出do/while迴圈，如下圖所示：

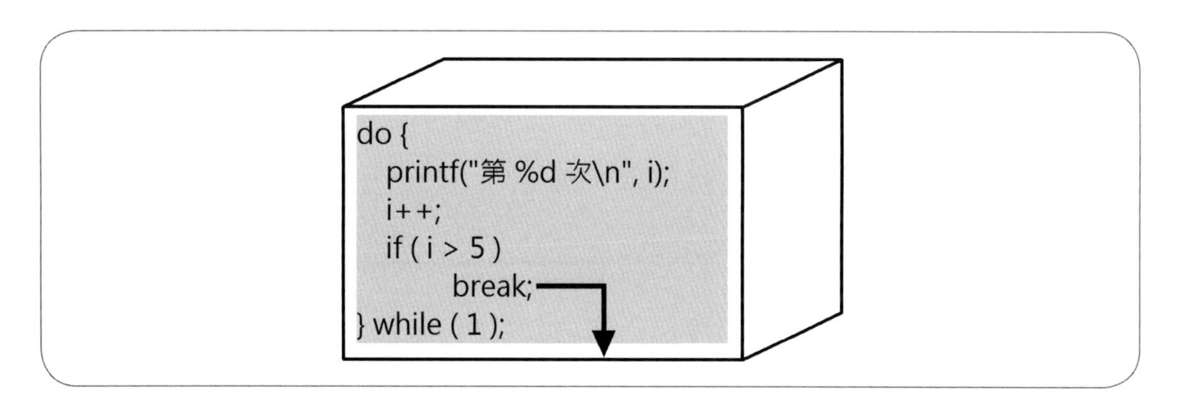

說明

因爲break敘述只能跳出目前所在的迴圈，如果是兩層巢狀迴圈，當在內層迴圈使用break敘述，程式執行到break敘述只能跳出內層迴圈，進入外層迴圈，並不能跳出整個兩層巢狀迴圈。

7-6-2 continue敘述繼續迴圈

在迴圈的執行過程中，相對於第7-6-1節是使用break敘述跳出迴圈，C語言的continue敘述可以馬上繼續執行下一次迴圈，而不執行程式區塊中位在continue敘述之後的程式碼，如果使用在for迴圈，一樣會更新計數器變數，如下所示：

```
for ( i = 1; i <= 10; i++ ) {
    if ( (i % 2) == 0 )
        continue;
    printf("奇數: %d\n", i);
}
```

上述程式碼的if條件敘述是當計數器變數i為偶數時，就使用continue敘述馬上繼續執行下一次迴圈，而不執行之後的printf()函數，可以馬上更新計數器變數i值加1後，從頭開始執行for迴圈，所以迴圈只會顯示1到10之間的奇數，其流程圖（Example12.fpp）如下圖所示：

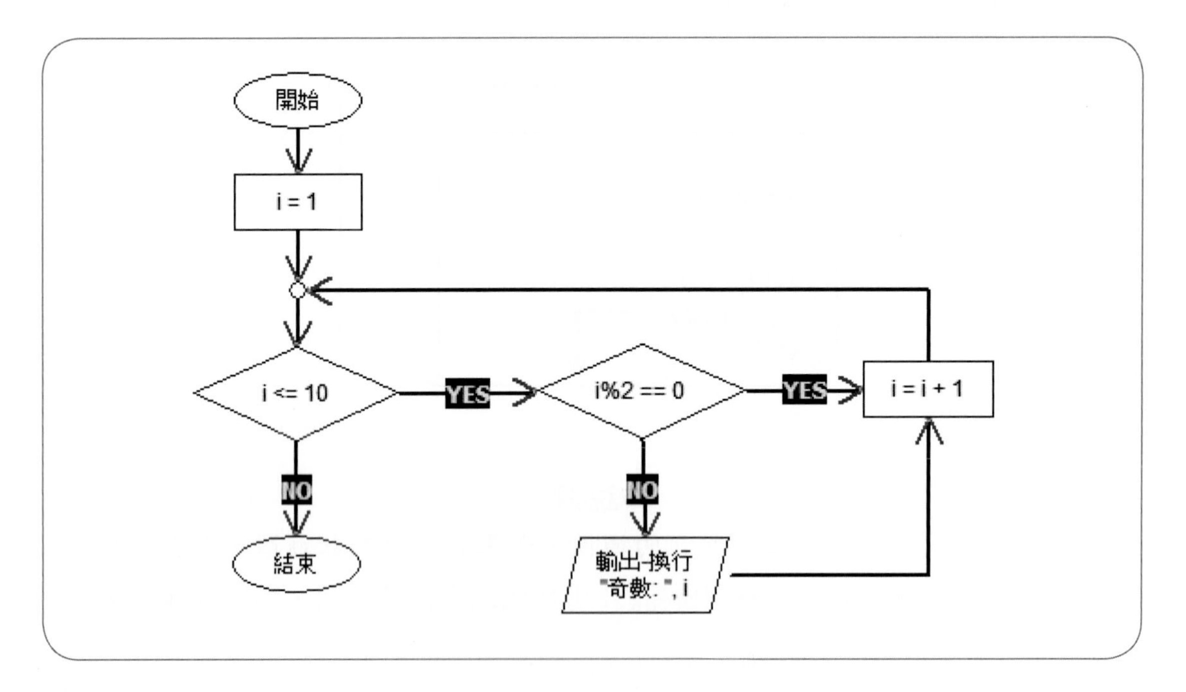

Example12.c：顯示1~10之間的奇數

```
01: /* 顯示1~10之間的奇數 */
02: #include <stdio.h>
03:
04: int main()
05: {
06:     int i = 1;              /* 宣告變數 */
07:
08:     for ( i = 1; i <= 10; i++ ) {
09:         if ( (i % 2) == 0 )
10:             continue;       /* 繼續迴圈 */
11:         printf("奇數: %d\n", i);
12:     }
13:
14:     return 0;
15: }
```

Example12.c的執行結果

```
奇數: 1
奇數: 3
奇數: 5
奇數: 7
奇數: 9
```

上述執行結果顯示1~10之間的奇數，因爲9~10行的if條件敘述判斷是否是偶數，如果是，就馬上執行下一次迴圈，而不會執行第11行的printf()函數，如下圖所示：

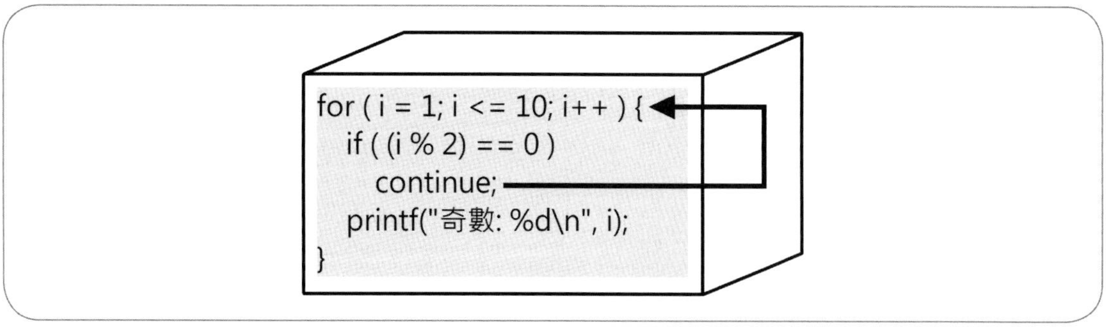

```
for ( i = 1; i <= 10; i++ ) {
   if ( (i % 2) == 0 )
      continue;
   printf("奇數: %d\n", i);
}
```

量

選擇題

(　　)1. 請指出下列哪一種C迴圈是一種計數迴圈？

(A)for　(B)while　(C)do/while　(D)loop

(　　)2. 請問for (i = 1; i <= 11; i++) sum = sum +i;程式片段計算結果的sum值為何？

(A)11　(B)55　(C)65　(D)66

(　　)3. 請問執行完for (i = 1; i <= 10; i++);迴圈後的變數i值為何？

(A)9　(B)10　(C)11　(D)12

(　　)4. 請問下列哪2種C迴圈是先判斷條件為真(true)才執行迴圈敘述？

(A)for、while　　(B)while、do/while

(C)for、do/while　(D)for、loop

(　　)5. 請問下列哪一種C迴圈是在結尾進行條件檢查，可以判斷是否需執行下一次迴圈？

(A)for　(B)while　(C)do/while　(D)loop

(　　)6. 請問下列C程式碼執行結果的變數t值為何，如下所示：

```
int t = 0;
int i = 1;
while ( i <= 50 ) {
   t = t + i;
   i = i + 1;
}
```

(A)55　(B)1275　(C)1326　(D)5151

(　　)7. 請問下列C程式碼執行結果變數sum的值為何，如下所示：

```
int sum = 0;
int i = 1;
while ( i < 11 ) {
   sum = sum + i;
   i = sum;
}
```

(A)10　(B)12　(C)16　(D)32

( )8. 請問下列哪一種組合是合法C語言的巢狀迴圈？
(A)在for迴圈內有for迴圈
(B)在for迴圈內有while迴圈
(C)在while迴圈內有do/while迴圈
(D)以上皆是

( )9. 請問下列哪一個程式敘述可以馬上繼續for迴圈的執行？
(A)break (B)continue (C)exit (D)quit

( )10. 請問下列哪一個程式敘述可以中斷while迴圈的執行？
(A)break (B)continue (C)exit (D)quit

填充與問答題

1. 如果已經知道會重複執行10次，在C語言可以使用______迴圈。
2. 如果不知道會重複執行幾次，只知結束條件，在C語言可以使用______或__________迴圈。
3. for (i = 1; i <= 11; i+=2) total+=i;迴圈計算結果的total值是______。
4. 小明準備計算1加到50的總和，他可以選擇的最佳迴圈是______迴圈。
5. 在C語言for迴圈的括號中是使用「;」符號分成三個部分，請詳細說明這三個部分是什麼？
6. 請舉例說明如何將C語言的for計數迴圈改成while迴圈？

實作題

1. 請建立C程式依序顯示1~15的數值和其平方，每一數值成一行，如下所示：

```
1  1
2  4
3  9
.........
```

2. 請建立C程式輸入繩索長度，例如：200後，使用while迴圈計算繩索需要對折幾次才會小於20公分？

學習評量

量

3. 請建立C程式使用巢狀迴圈顯示下列的數字三角形，如下所示：
```
6
55
444
3333
22222
111111
```
4. 請建立C程式使用迴圈來輸入4個整數值，可以計算4個輸入值的相乘結果，如果輸入值是0，就跳過此數字，只乘輸入值不是0的值。
5. 請啟動fChart工具繪出實作題4.的流程圖。
6. 志鴻爸爸的公司業績非常的好，每年都呈現階層函數N!的快速成長，第1年是1倍；第2年是2倍；第3年是3倍；第4年是4倍，以此類推，請建立C程式輸入年份N後，計算和顯示這些年的業績共成長了多少倍。

Chapter

函數

學習重點

- 認識函數
- 建立和呼叫函數
- 使用函數簡化複雜程式的建立
- 函數的參數與引數
- 函數的傳回值
- 函數的應用
- 函數原型宣告
- 變數的範圍

8-1 認識函數

程式語言的「程序」（subroutines或procedures）是一個擁有特定功能的獨立程式單元，程序如果有傳回值，稱爲函數（functions），不過，C語言不管是否有傳回值，都稱爲函數。

8-1-1 函數的結構

不論是日常生活，或實際撰寫程式碼時，有些工作可能會重複出現，而且這些工作不是單一程式敘述，而是完整的工作單元，例如：我們常常在自動販賣機購買茶飲，此工作的完整步驟，如下所示：

```
將硬幣投入投幣口
按下按鈕，選擇購買的茶飲
在下方取出購買的茶飲
```

上述步驟如果只有一次到無所謂，如果幫3位同學購買果汁、茶飲和汽水三種飲料，這些步驟就需重複3次，如下所示：

將硬幣投入投幣口
按下按鈕，選擇購買的果汁
在下方取出購買的果汁
} 購買果汁
將硬幣投入投幣口
按下按鈕，選擇購買的茶飲
在下方取出購買的茶飲
} 購買茶飲
將硬幣投入投幣口
按下按鈕，選擇購買的汽水
在下方取出購買的汽水
} 購買汽水

想信沒有同學請你幫忙買飲料時，每一次都說出左邊3個步驟，而會很自然的簡化成3個工作，直接說：

```
購買果汁
購買茶飲
購買汽水
```

上述簡化的工作描述就是函數（functions）的原型，因為我們會很自然的將一些工作整合成更明確且簡單的描述「購買??」。程式語言也是使用想同觀念，可以將整個自動販賣機購買飲料的步驟使用一個整合名稱來代表，即【購買()】函數，如下所示：

```
購買(果汁)
購買(茶飲)
購買(汽水)
```

上述程式碼是函數呼叫，在括號中是傳入購買函數的資料，即引數（arguments），以便3個操作步驟知道購買哪一種飲料，執行此函數的結果是拿到飲料，這就是函數的傳回值。

8-1-2 C語言的函數種類

C語言的函數主要分為兩種，其說明如下所示：

- **使用者自訂函數**（user defined functions）：使用者自行建立的C函數，本章內容就是說明如何建立使用者自訂函數。
- **函數庫函數**（library functions）：C語言標準函數庫提供的函數，進一步說明請參閱第9章的字串處理。

使用者自訂函數

C語言可以使用函數整合重複程式碼成為一個特定功能的獨立程式單元，例如：計算平均、找出最大值和計算次方等功能，其主要工作有兩項，如下所示：

Step 1 建立函數：定義函數內容，也就是撰寫函數執行特定功能的程式碼，稱為「實作」（implementation）。

Step 2 使用函數：使用函數就是「函數呼叫」（function call），可以將執行步驟轉移到函數來執行函數定義的程式碼。

當我們建立C函數後，因為是一個擁有特定功能的程式單元，例如：找出最大值，所以，在撰寫程式碼時，如果需要找出最大值，就不用再重複撰寫此功能的程式碼，直接呼叫【找出最大值】函數即可，如果有2個地方需要使用到，就是呼叫2次【找出最大值】函數。

函數庫函數

C語言預設提供功能強大的函數庫，這是一些現成函數，如同一個工具箱，當在函數庫有符合需求的函數時，我們可以直接呼叫它，而不用自行撰寫函數（即使用者自訂函數），在第9章說明的字串處理，我們就是直接使用函數庫提供的字串處理函數來處理字串。

因為函數如同是一個「黑盒子」（black box），我們根本不需要了解函數定義的程式碼內容，只要告訴我們如何使用此黑盒子的「介面」（interface），就可以呼叫函數來使用函數的功能，如下圖所示：

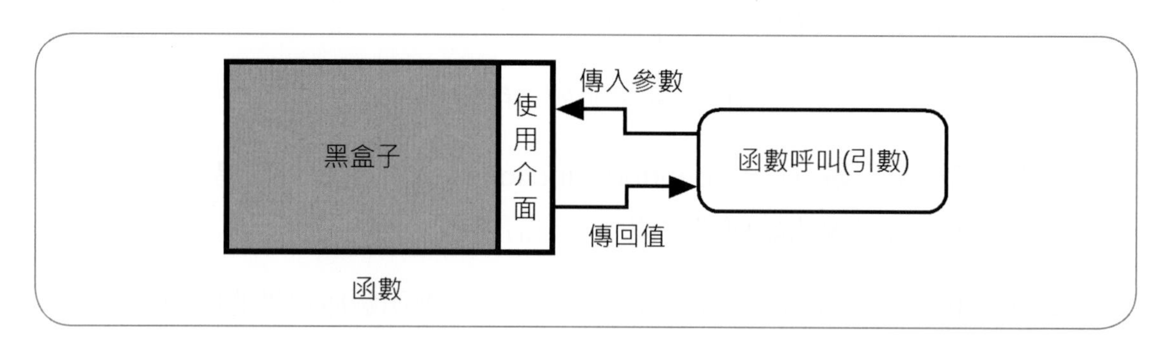

上述介面是呼叫函數的對口單位，可以傳入參數和取得傳回值。介面就是函數和外部溝通的管道，一個對外的邊界，將實際函數的程式碼隱藏在介面之後，讓我們不用了解程式碼的內容，也一樣可以使用函數。

8-2 建立和呼叫函數

在C程式使用函數的第一步是建立函數，我們需要定義函數內容後，才能呼叫函數，或多次呼叫同一函數。

8-2-1 建立函數

基本上，建立函數就是在撰寫「函數定義」（function definition）的程式區塊，其內容是我們需要重複執行的程式碼，其語法如下所示：

```
void 函數名稱()
{
    程式敘述1~n;
}
```

上述語法使用void關鍵字開頭，表示函數沒有傳回值，之後是函數名稱，然後接著空括號（在括號可以傳入參數值），在大括號之中的程式敘述，就是函數的實作（implements）。

例如：我們準備建立一個可以顯示「玩一次遊戲」訊息文字的函數，如下所示：

```
/* play()函數的定義 */
void play()
{
    printf("玩一次遊戲\n");
}
```

上述函數的名稱是play，在程式區塊之中就是呼叫函數執行的程式碼，請注意！因爲是程式區塊，在「}」右大括號之後不用加上「;」分號，函數如同是一個擁有特定功能的積木，如下圖所示：

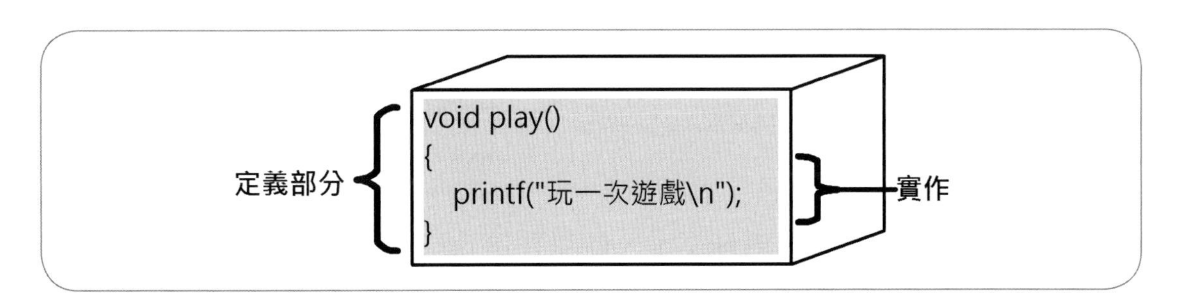

8-2-2 呼叫函數

在定義好函數後，我們就可以使用函數呼叫的介面，在程式碼中呼叫函數，其語法如下所示：

```
函數名稱();
```

上述語法是使用函數名稱來呼叫函數，在之後是空括號，因爲是程式敘述，不要忘了最後的「;」分號。例如：呼叫第8-2-1節play()函數，如下所示：

```
play();     /* 呼叫函數 */
```

Example01.c：建立與呼叫函數

```
01: /* 建立與呼叫函數 */
02: #include <stdio.h>
03:
04: /* play()函數的定義 */
05: void play()
06: {
07:     printf("玩一次遊戲\n");
08: }
09:
10: /* 在main()函數呼叫play()函數 */
11: int main()
12: {
13:     printf("開始玩遊戲...\n");
14:     play();             /* 呼叫函數 */
15:     printf("結束玩遊戲...\n");
16:
17:     return 0;
18: }
```

Example01.c的執行結果

```
開始玩遊戲...
玩一次遊戲
結束玩遊戲...
```

上述執行結果的第2行訊息文字，就是在第14行呼叫play()函數顯示的訊息文字。

函數的執行過程

現在，讓我們來看一看Example01.c函數呼叫的實際執行過程，在C程式共有2個函數，如下所示：

- **main()函數**：擁有play()函數介面的呼叫。
- **play()函數**：play()函數的定義。

C程式是在main()函數呼叫play()函數，首先在第13行顯示訊息文字後，第14行呼叫play()函數，此時程式執行順序就會轉移至play()函數，即跳到執行第5~8行play()函數的程式區塊，在執行完play()函數顯示第7行的訊息文字後，就會返回main()函數繼續執行之後第15行的程式碼，顯示最後一行訊息文字，如下圖所示：

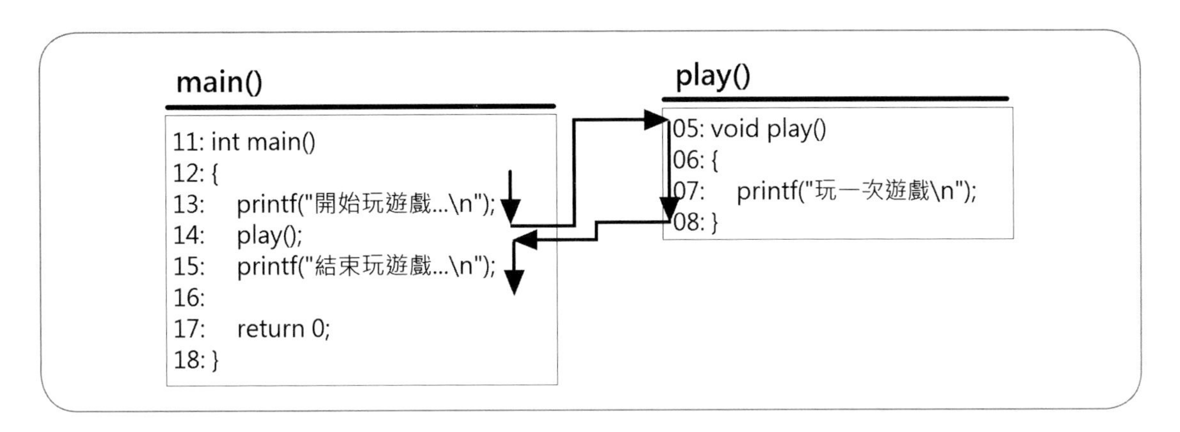

8-2-3 多次呼叫同一個函數

函數的主要目的是可以重複呼叫函數，如同工具箱的各種工具，如果需要時，就可以重複拿出來使用，同理，函數是程式工具箱中擁有特定功能的工具，如果程式需要此功能，我們就可以直接呼叫函數來進行處理，而不用每次都重複撰寫相同功能的程式碼。

例如：我們可以在main()函數重複呼叫2次play()函數，顯示2次相同的訊息文字。

Example02.c：多次呼叫同一個函數

```
01: /* 多次呼叫同一個函數 */
02: #include <stdio.h>
03:
04: /* play()函數的定義 */
05: void play()
06: {
07:     printf("玩一次遊戲\n");
08: }
09:
10: /* 在main()函數呼叫play()函數 */
11: int main()
```

```
12: {
13:     printf("開始玩遊戲...\n");
14:     play();              /* 第1次呼叫函數 */
15:     printf("再玩一次...\n");
16:     play();              /* 第2次呼叫函數 */
17:     printf("結束玩遊戲...\n");
18:
19:     return 0;
20: }
```

Example02.c的執行結果

```
開始玩遊戲...
玩一次遊戲
再玩一次...
玩一次遊戲
結束玩遊戲...
```

上述執行結果的第2行和第4行的訊息文字，就是在第14行和第16行呼叫2次play()函數顯示的2個相同的訊息文字。

現在，讓我們來看一看Example02.c函數呼叫的實際執行過程，首先在第13行顯示訊息文字後，第14行呼叫第1次的play()函數，跳到執行第5~8行play()函數的程式區塊，顯示第7行的訊息文字後，就會返回main()函數繼續執行第15行的程式碼，顯示訊息文字，如下圖所示：

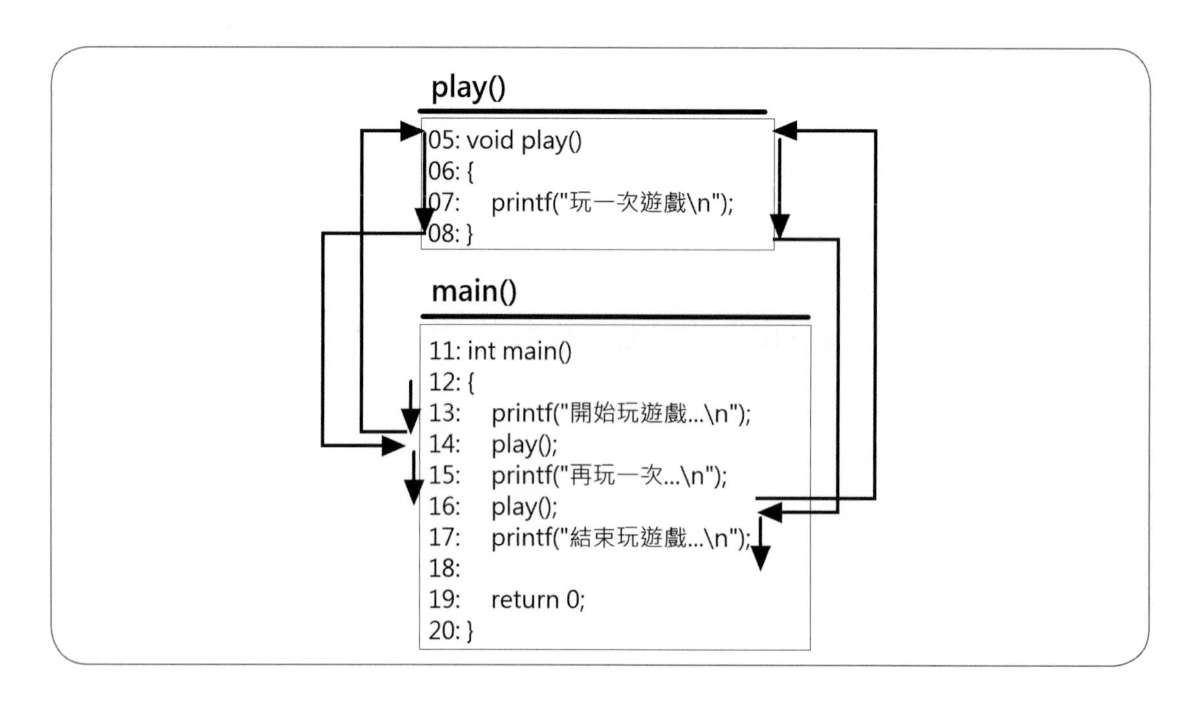

然後，在第16行呼叫第2次play()函數，再次跳到執行第5~8行play()函數的程式區塊，顯示第7行的訊息文字後，返回main()函數繼續執行第17行的程式碼，顯示最後一行的訊息文字。

8-3 使用函數簡化複雜程式的建立

在第8-1-1節說明過，我們人類的邏輯會很自然的將一些工作整合成更明確且簡單的描述，用來隱藏其實際操作的步驟。同樣的，在建立程式解決問題時，我們也會使用相同的觀念，例如：我們準備建立C程式繪出一間房屋的圖形，如下圖所示：

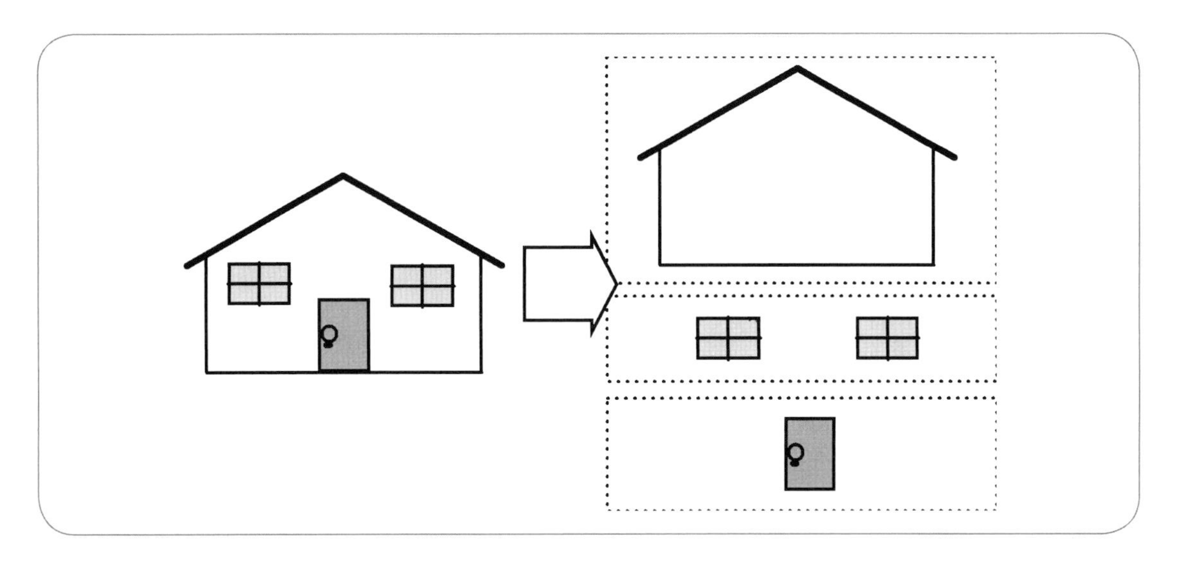

上述房屋圖形的繪圖工作不是一筆畫就可以完成，所以，我們會使用玩拼圖的技巧，將大拼圖先區分成幾個小區域後，再來一一完成，也就是將大工作分割成多個小工作來分別繪製不同區域的圖形。

步驟一：將大工作分割成多個小工作

整個房屋的繪圖工作可以粗分成三個子工作，如下所示：

- 繪出屋頂和外框。
- 繪出窗戶。
- 繪出門。

依據上述工作分割，我們可以建立各子工作之間的函數呼叫結構，如下圖所示：

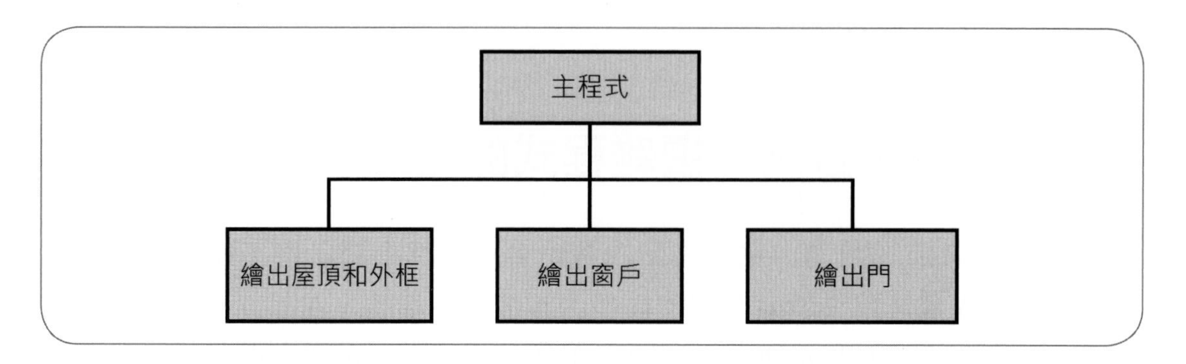

在上述圖例的主程式就是main()函數，我們是在main()函數呼叫這些函數，如下所示：

```
int main()
{
    繪出屋頂和外框();
    繪出窗戶();
    繪出門();
}
```

步驟二：進一步分割小工作

接著針對第一個子工作【繪出屋頂和外框】函數，我們可以再次進行分割，分成二個下一層的孫工作，如下所示：

- 繪出屋頂。
- 繪出房屋的外框。

依據上述分割，我們可以建立下一層工作之間的函數呼叫結構，如下圖所示：

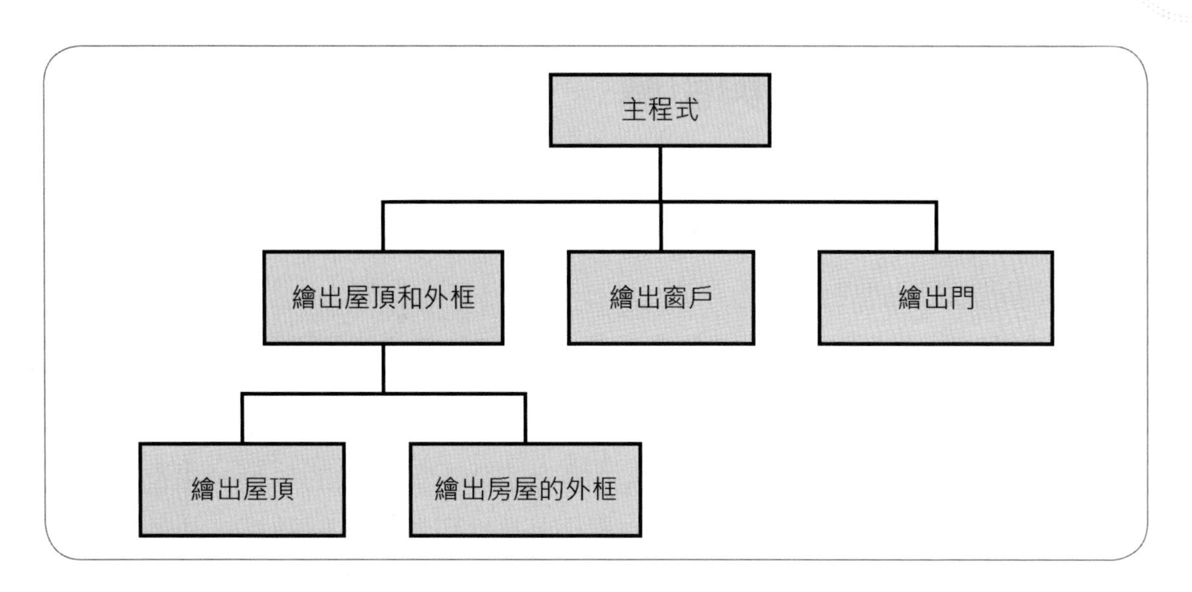

在上述圖例的【繪出屋頂和外框】函數依序呼叫其下2個函數，如下所示：

```
void 繪出屋頂和外框()
{
    繪出屋頂();
    繪出房屋的外框();
}
```

我們只需重複上述方式，就可以繼續一步一步向下進行工作分割，例如：

- **【繪出窗戶】**：因爲窗戶有2個，可以再分爲【繪出窗戶1】和【繪出窗戶2】共2個函數。
- **【繪出門】**：可以分爲【繪出門框】和【繪出門把】共2個函數。

最後，當我們將問題分割成一個一個小問題後，每一個小問題就是一個C函數，只需完成這些函數的建立，即可解決整個房屋繪圖的問題，而這就是程式設計最常使用的「由上而下設計方法」（top-down design）。

8-4 函數的參數與引數

函數的參數是函數的資訊傳遞機制，可以從外面函數呼叫的引數，將資料送入函數的黑盒子，簡單的說，參數與引數是函數傳遞資料的使用介面，即呼叫函數和函數之間的溝通管道。

8-4-1 使用參數傳遞資料

在第8-2節建立的函數單純只是執行固定工作，每一次的執行結果都相同。事實上，函數可以使用參數來傳遞資料，依據收到資料進行運算，或執行對應處理，讓函數擁有更大的彈性，換句話說，函數可以依據傳入不同的參數，而得到不同的執行結果。

建立擁有參數的函數

C語言的函數可以在函數名稱後的括號中加上參數（parameters），其語法如下所示：

```
void 函數名稱( 參數列 )
{
    程式敘述1~n;
}
```

上述函數名稱後，位在括號之中的就是參數列，參數列的語法，如下所示：

```
資料型態 參數名稱
```

上述參數列的參數宣告類似變數，使用資料型態開頭，在之後是變數的參數名稱，如果有多個參數，請使用「,」逗號分隔。例如：我們準備擴充第8-2節的play()函數，新增1個名為b的整數參數，如下所示：

```
/* play()函數的定義 */
void play(int b)
{
    printf("玩一次%d元的遊戲\n", b);
}
```

上述play()函數的名稱是擁有1個名為b的參數，可以讓我們在呼叫play()函數時，使用引數（arguments）傳入值至函數，如下圖所示：

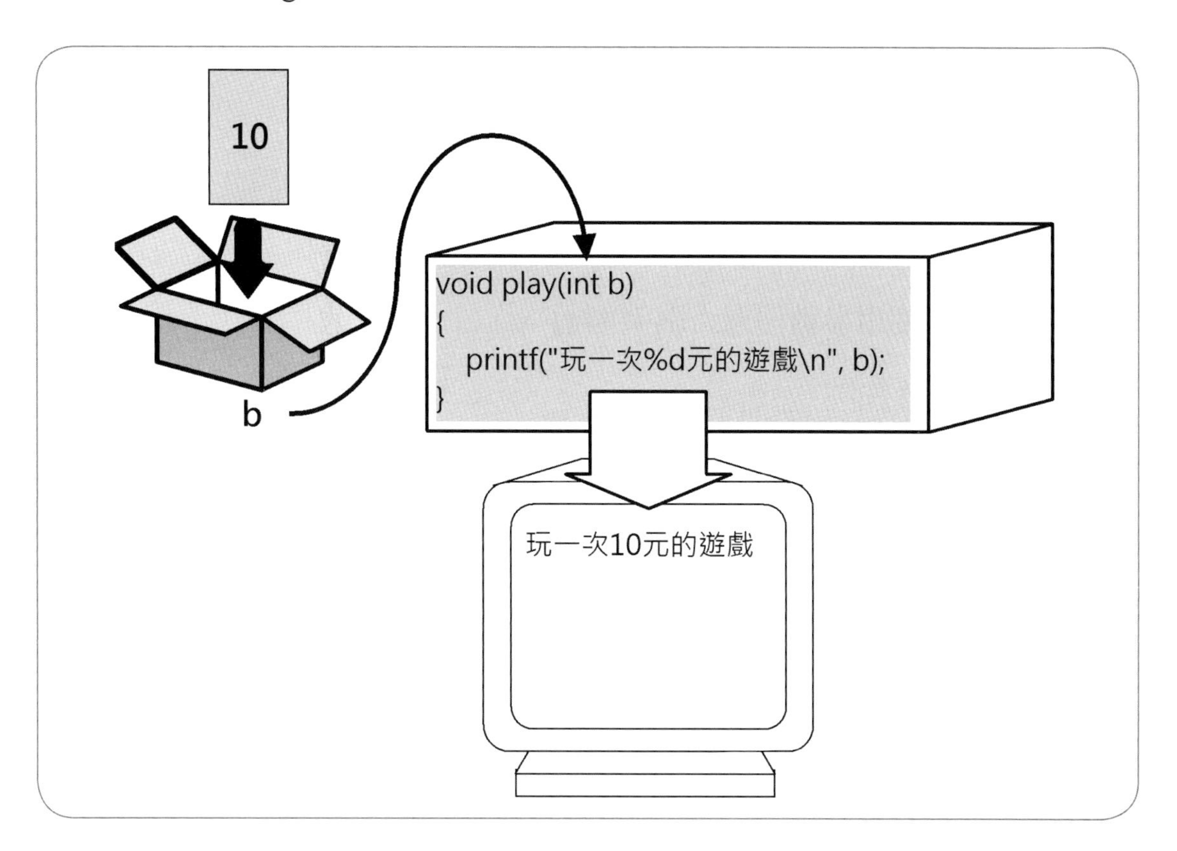

上述圖例參數b的值是10，所以在函數就可以使用參數b的值來建立輸出結果，可以看到呼叫play()函數顯示傳入的參數值10。

說明

請注意！函數參數b就是變數，只能在play()函數的程式區塊之中使用，以外的其他地方都不能存取，就算是呼叫play()函數的main()函數也不能存取變數b。

傳入引數呼叫擁有參數的函數

函數如果擁有參數，在C程式呼叫函數時，就需要在括號中加入引數，其語法如下所示：

```
函數名稱( 引數列 );
```

上述語法的函數如果有參數，在呼叫時需要加上傳入的參數值，稱爲「引數」（arguments），如果有多個，請使用「,」逗號分隔。例如：play()函數擁有1個參數b，所以在呼叫play()函數時需要使用1個引數來傳遞值至函數，如下所示：

```
play(10);     /* 呼叫函數 */
```

上述程式碼傳遞值10至play()函數，此時參數b的值就是10。

Example03.c：使用參數傳遞資料至函數

```
01: /* 使用參數傳遞資料至函數 */
02: #include <stdio.h>
03:
04: /* play()函數的定義 */
05: void play(int b)
06: {
07:     printf("玩一次%d元的遊戲\n", b);
08: }
09:
10: /* 在main()函數呼叫play()函數 */
11: int main()
12: {
13:     printf("開始玩遊戲...\n");
14:     play(10);          /* 第1次呼叫函數 */
15:     printf("再玩一次...\n");
16:     play(50);          /* 第2次呼叫函數 */
17:     printf("結束玩遊戲...\n");
18:
19:     return 0;
20: }
```

Example03.c的執行結果

```
開始玩遊戲...
玩一次10元的遊戲
再玩一次...
玩一次50元的遊戲
結束玩遊戲...
```

上述執行結果的第2行和第4行的訊息文字，就是在第14行和第16行呼叫2次play()函數顯示的訊息文字，分別傳遞引數值10和50（常數值），可以顯示不同訊息內容參數b的值，如下圖所示：

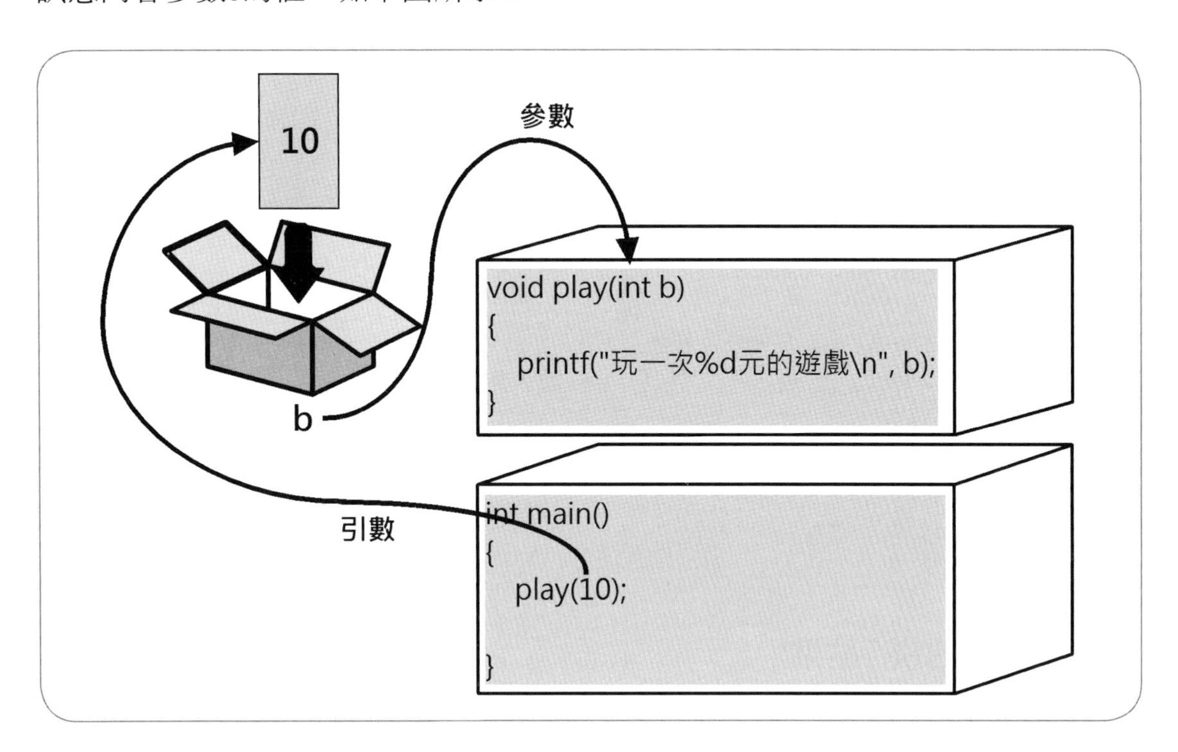

8-4-2 使用鍵盤輸入引數值

呼叫函數的引數除了可以是常數值外，也可以是變數，在這一節範例是讓使用者輸入變數price的值，然後使用變數作為函數的引數，如下所示：

```
play(price);     /* 呼叫函數 */
```

上述程式碼是使用變數price的值作為引數來傳遞至play()函數。

Example04.c：使用變數作為引數值

```
01: /* 使用變數作為引數值 */
02: #include <stdio.h>
03: 
04: /* play()函數的定義 */
05: void play(int b)
06: {
07:     printf("玩一次%d元的遊戲\n", b);
```

```
08: }
09:
10: /* 在main()函數呼叫play()函數 */
11: int main()
12: {
13:     int price;                    /* 宣告變數 */
14:
15:     printf("第1次玩多少錢的遊戲==> \n");  /* 顯示提示字串 */
16:     scanf("%d", &price);          /* 輸入整數值 */
17:
18:     play(price);                  /* 第1次呼叫函數 */
19:
20:     printf("第2次玩多少錢的遊戲==> \n");  /* 顯示提示字串 */
21:     scanf("%d", &price);          /* 輸入整數值 */
22:
23:     play(price);                  /* 第2次呼叫函數 */
24:
25:     return 0;
26: }
```

Example04.c的執行結果

```
第1次玩多少錢的遊戲==>
10 Enter
玩一次10元的遊戲
第2次玩多少錢的遊戲==>
50 Enter
玩一次50元的遊戲
```

上述執行結果依序輸入10和50值來指定給變數price，變數price是在第18行和第23行作爲呼叫2次play()函數的引數，可以將變數值傳遞至play()函數。請注意！呼叫函數如果使用變數作爲引數，函數參數和引數的變數名稱就算相同也沒有關係，在本節範例是使用不同的參數和引數名稱。

所以，C語言呼叫函數傳遞的並不是引數，而引數儲存的常數值10和50，這種參數傳遞方式稱爲「傳值呼叫」（call by value），如下圖所示：

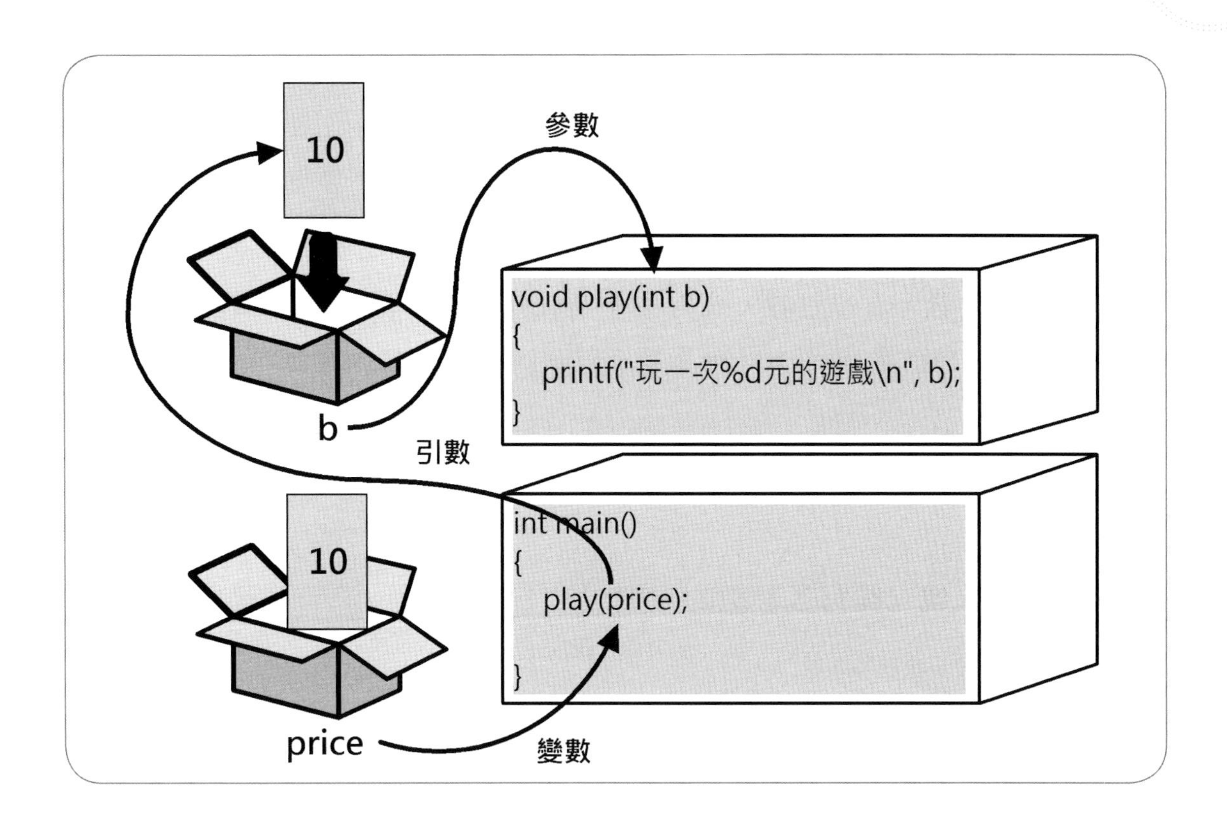

8-4-3 建立擁有多參數的函數

C語言的函數可以擁有「,」逗號分隔的多個參數，例如：play()函數擁有2個參數，如下所示：

```
/* play()函數的定義 */
void play(int b, int t)
{
   printf("玩%d次%d元的遊戲\n",t, b);
}
```

上述play()函數是修改上一節的同名函數，新增1個int整數參數t，所以現在的play()函數共有2個參數。

因為play()函數擁有2個參數，所以呼叫play()函數也需要使用2個引數，如下所示：

```
play(price, t);     /* 呼叫函數 */
```

上述呼叫函數的引數可以是常數值、變數或運算式，請注意！引數的資料型態需要和函數參數宣告的資料型態相同（編譯器會強迫型態轉換成相同資料型態），而且，函數的每一個參數都需要對應一個相同資料型態的引數。

說明

函數有幾個參數，在呼叫時，就需要有幾個引數，在本節play()函數有2個參數，所以呼叫時也需2個引數，如果只有1個引數，就會產生錯誤，如下所示：

```
play(10, 3);     /* 正確的引數個數2個 */
play(price);     /* 錯誤！引數個數少1個 */
```

Example05.c：建立擁有多參數的函數

```
01: /* 建立擁有多參數的函數 */
02: #include <stdio.h>
03:
04: /* play()函數的定義 */
05: void play(int b, int t)
06: {
07:     printf("玩%d次%d元的遊戲\n",t, b);
08: }
09:
10: /* 在main()函數呼叫play()函數 */
11: int main()
12: {
13:     int t, price;                        /* 宣告變數 */
14:
15:     printf("玩多少錢的遊戲==> \n");   /* 顯示提示字串 */
16:     scanf("%d", &price);                 /* 輸入整數值 */
17:
18:     printf("玩多少次遊戲==> \n");      /* 顯示提示字串 */
19:     scanf("%d", &t);                     /* 輸入整數值 */
20:
21:     play(price, t);                      /* 呼叫函數 */
22:
23:     return 0;
24: }
```

Example05.c的執行結果

```
玩多少錢的遊戲==>
10 [Enter]
玩多少次遊戲==>
3 [Enter]
玩3次10元的遊戲
```

上述執行結果依序輸入10和3值來指定給變數price和t，在第21行呼叫play()函數的引數就是這2個變數，可以將2個變數值傳遞至play()函數，如下表所示：

函數參數	呼叫函數的引數
b	變數price的值10
t	變數t的值3

因爲函數參數和引數的變數名稱就算相同也沒有關係，所以本節範例函數的第2個參數和引數的變數名稱是相同的t，如下圖所示：

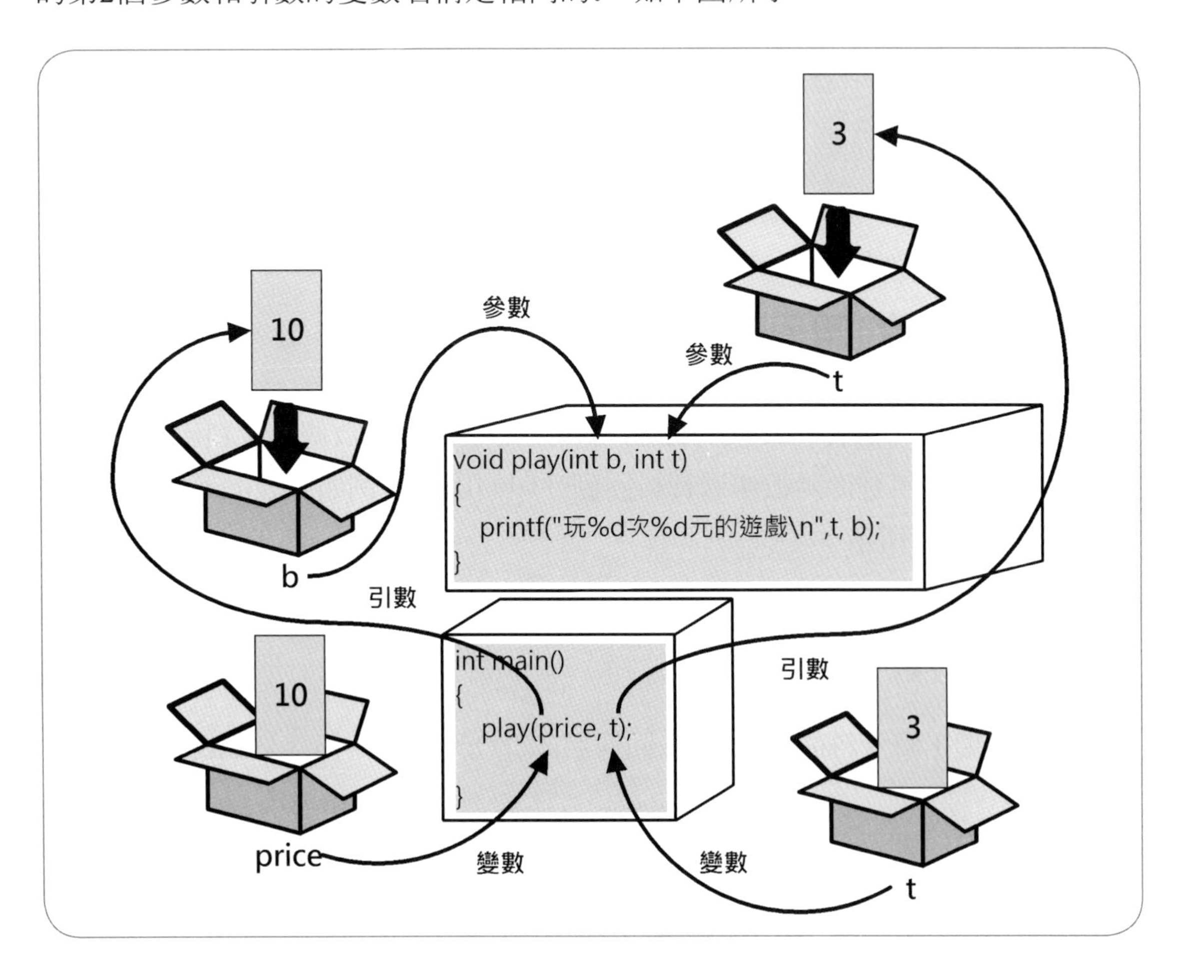

8-4-4 再談沒有參數的函數

函數的參數（parameters）是函數的使用介面，如果沒有參數，就是一個空括號，如下所示：

```
/* play()函數的定義 */
void play()
{
     ......
}
```

我們也可以在括號中加上void，表示是一個沒有參數的函數，如下所示：

```
/* play()函數的定義 */
void play(void)
{
     ......
}
```

因為play()函數沒有參數，所以在呼叫時也不用引數，所以括號是空的，如下所示：

```
play();     /* 呼叫函數 */
```

8-5 函數的傳回值

函數參數是一個資料交換的機制，可以從呼叫的函數傳遞資料至函數，反過來，函數傳回值是從函數傳遞資料回到呼叫的函數，例如：在main()函數呼叫play()函數，如下所示：

- **參數和引數**：將資料從main()函數中呼叫play()函數的引數，傳遞至play()函數的參數。
- **傳回值**：將資料從play()函數回傳至main()函數。

有了傳回值，函數和呼叫函數之間就擁有雙向資料傳遞機制，如下圖所示：

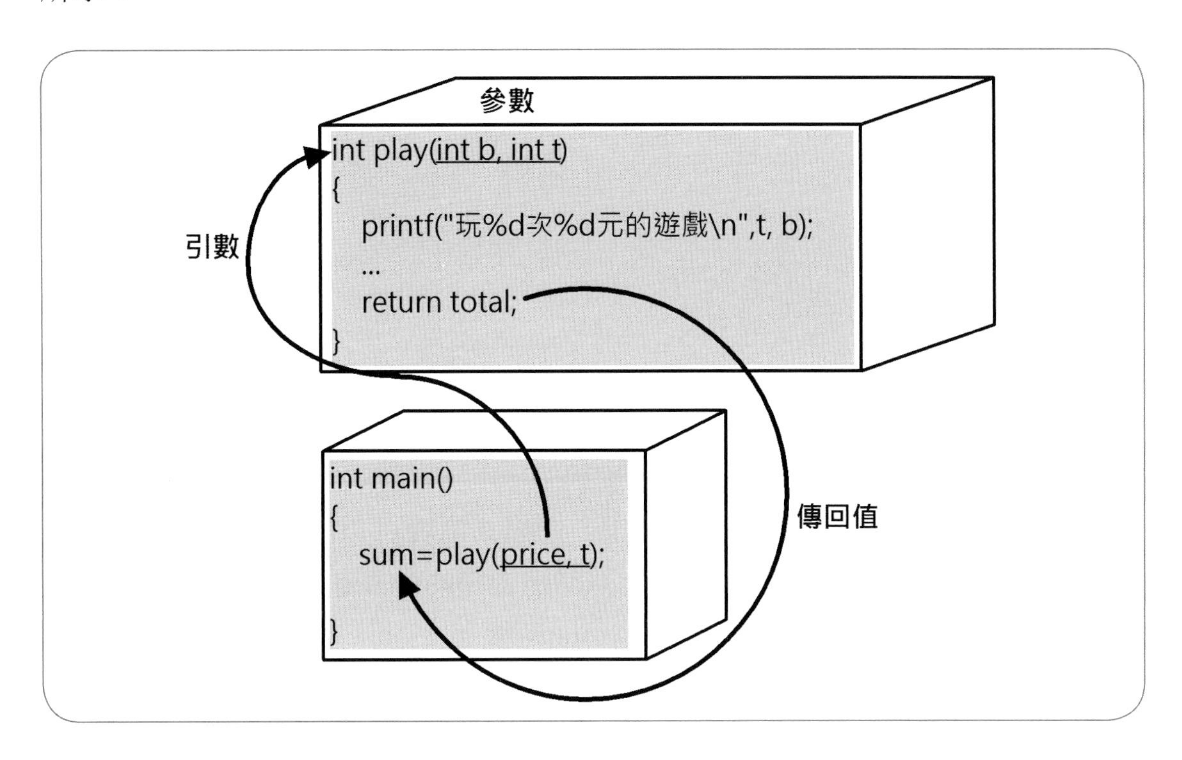

8-5-1 使用函數的傳回值

當C函數定義的開頭不是void，而是其他資料型態int或double等時，就表示函數擁有傳回值，我們可以在呼叫函數的程式碼取得函數的傳回值。

建立擁有傳回值的函數

函數如果有傳回值，在函數程式區塊需要使用return敘述來傳回值，其語法如下所示：

```
傳回值型態 函數名稱( 參數列 ) {
     程式敘述1~n;
     ……
     return 運算式;
}
```

上述函數開頭是使用傳回值型態開始，此型態對應在函數程式區塊中使用return敘述傳回的運算式值（運算式結果的型態需和傳回值型態相同）。例如：play()函數可以回傳共花多少錢來玩這些次數的遊戲，如下所示：

```
/* play()函數的定義 */
int play(int b, int t)
{
    int total;
    printf("玩%d次%d元的遊戲\n",t, b);

    total = b * t;

    return total;
}
```

上述play()函數的傳回值型態是int，在程式區塊可以計算參數相乘的總花費，即「b * t」，然後使用return敘述傳回總金額的total變數值，因爲函數的傳回值型態是int，所以傳回的變數total也是int型態。

呼叫擁有傳回值的函數

函數如果擁有傳回值，在呼叫時可以使用指定敘述來取得傳回值，如下所示：

```
sum = play(price, t);    /* 呼叫函數 */
```

上述程式碼的變數sum可以取得play()函數的傳回值，變數sum的資料型態需要與函數傳回值的型態相同。

說明

雖然play()函數有傳回值，但是，如果程式並不需要函數的傳回值，我們一樣可以使用和第8-4-3節的方式來呼叫play()函數，如下所示：

```
play(price, t);    /* 呼叫函數 */
```

上述函數呼叫沒有使用指定敘述，此時的函數傳回值就會自動被捨棄。

Example06.c：建立擁有傳回值的函數

```
01: /* 建立擁有傳回值的函數 */
02: #include <stdio.h>
03:
04: /* play()函數的定義 */
05: int play(int b, int t)
06: {
07:      int total;
08:      printf("玩%d次%d元的遊戲\n",t, b);
09:
10:      total = b * t;
11:
12:      return total;
13: }
14:
15: /* 在main()函數呼叫play()函數 */
16: int main()
17: {
18:      int t, price, sum;                    /* 宣告變數 */
19:
20:      printf("玩多少錢的遊戲==> \n");       /* 顯示提示字串 */
21:      scanf("%d", &price);                  /* 輸入整數值 */
22:
23:      printf("玩多少次遊戲==> \n");         /* 顯示提示字串 */
24:      scanf("%d", &t);                      /* 輸入整數值 */
25:
26:      sum = play(price, t);                 /* 呼叫函數 */
27:
28:      printf("總計的金額是: %d\n", sum);    /* 顯示總金額 */
29:
30:      return 0;
31: }
```

Example06.c的執行結果

```
玩多少錢的遊戲==>
10 Enter
玩多少次遊戲==>
3 Enter
玩3次10元的遊戲
總計的金額是: 30
```

上述執行結果依序輸入10和3值來指定給變數price和t，在第26行呼叫play()函數，因爲函數有傳回值，所以使用指定敘述，換句話說，變數sum存入的值就是play()函數的傳回值，如下圖所示：

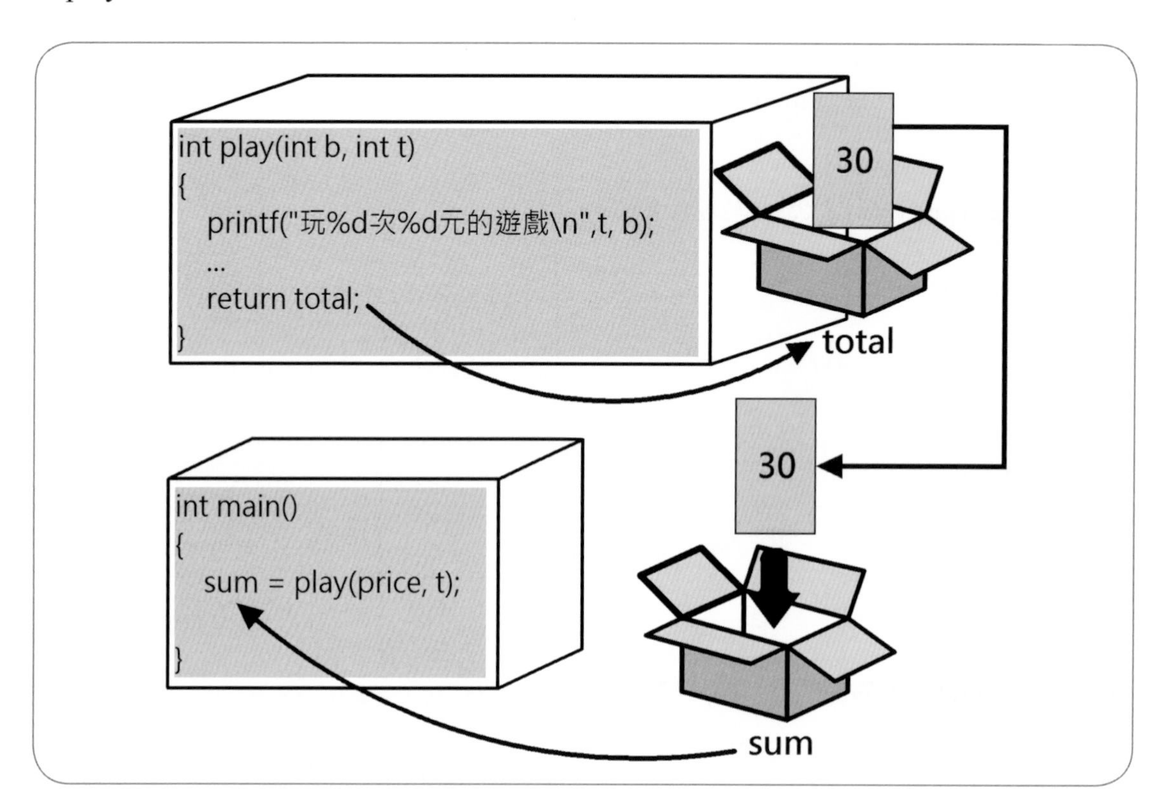

8-5-2 沒有傳回值的函數

函數沒有傳回值也稱爲程序（procedures），其主要目的是執行特定工作，不會回傳狀態或執行結果，所以，在呼叫的函數並無法追蹤函數執行的狀態。

建立傳回值型態是void的函數

當函數定義的傳回值型態是void，就表示函數沒有傳回值；如果省略傳回值型態，C函數的預設型態是int整數，如下所示：

```
/* play()函數的定義 */
void play()
{
    printf("玩一次遊戲\n");
}
```

上述函數定義使用void開頭，表示函數play()是一個沒有傳回值的函數，此時的函數是執行到「}」右大括號為止。

使用return敘述跳出函數

如果需要，我們可以如同break敘述跳出switch或迴圈的程式區塊，在特定位置使用return敘述跳出函數，可以馬上結束函數的執行，如下所示：

```
/* play()函數的定義 */
void play()
{
    printf("玩一次遊戲\n");

    return;
}
```

上述函數是執行到return敘述就結束函數的執行，函數並不會執行到「}」右大括號。

8-6 函數的實際應用

函數的主要目的是建立特定功能的工具箱，在這一節我們準備建立一些常用功能的函數，將本節的play()函數改寫成眞正有用的C函數。

8-6-1 計算參數的總和

我們可以修改第8-5-1節的play()函數成為sum()函數，可以計算和傳回2個參數的總和。

Example07.c：計算2個參數的總和

```
01: /* 計算2個參數的總和 */
02: #include <stdio.h>
03:
04: /* sum()函數的定義 */
05: int sum(int a, int b)
06: {
07:     int total;
```

```
08:
09:     total = a + b;
10:
11:     return total;
12: }
13:
14: /* 在main()函數呼叫sum()函數 */
15: int main()
16: {
17:     int x, y, total;                    /* 宣告變數 */
18:
19:     printf("請輸入第1個整數==> \n");      /* 顯示提示字串 */
20:     scanf("%d", &x);                    /* 輸入整數值 */
21:
22:     printf("請輸入第2個整數==> \n");      /* 顯示提示字串 */
23:     scanf("%d", &y);                    /* 輸入整數值 */
24:
25:     total = sum(x, y);                  /* 呼叫函數 */
26:
27:     printf("總和: %d\n", total);         /* 顯示總金額 */
28:
29:     return 0;
30: }
```

Example07.c的執行結果

```
請輸入第1個整數==>
15 Enter
請輸入第2個整數==>
20 Enter
總和: 35
```

上述執行結果依序輸入15和20，然後在第25行呼叫sum()函數，2個輸入值是引數，可以在第9行計算2個參數的總和，第11行傳回函數值，即2個參數的總和。

在本節sum()函數是一種標準寫法，加法運算結果先指定給變數total後，才傳回total變數值。記得嗎！return敘述可以直接傳回運算式，所以，sum()函數有一種更簡潔的寫法，如下所示：

```
/* sum()函數的定義 */
int sum(int a, int b)
{
    return a + b;
}
```

上述函數定義是直接傳回運算式「a + b」的值，也就是2個參數的總和。

8-6-2 找出最小值

我們只需活用第6章的if/else條件敘述，就可以建立函數來傳回2個參數的最小值，如下所示：

```
if ( a < b )
    return a;
else
    return b;
```

上述if/else條件敘述判斷2個參數的大小，如果a比較小，就傳回參數a；反之，傳回參數b。

Example08.c：找出2個參數的最小值

```
01: /* 找出2個參數的最小值 */
02: #include <stdio.h>
03:
04: /* min()函數的定義 */
05: int min(int a, int b)
06: {
07:     if ( a < b )
08:         return a;
09:     else
10:         return b;
11: }
12:
13: /* 在main()函數呼叫min()函數 */
14: int main()
15: {
16:     int x, y, result;                    /* 宣告變數 */
17:
18:     printf("請輸入第1個整數==> \n");      /* 顯示提示字串 */
```

```
19:     scanf("%d", &x);                    /* 輸入整數值 */
20:
21:     printf("請輸入第2個整數==> \n");    /* 顯示提示字串 */
22:     scanf("%d", &y);                    /* 輸入整數值 */
23:
24:     result = min(x, y);                 /* 呼叫函數 */
25:
26:     printf("最小值: %d\n", result);     /* 顯示最小值 */
27:
28:     return 0;
29: }
```

Example08.c的執行結果

```
請輸入第1個整數==>
20 Enter
請輸入第2個整數==>
15 Enter
最小值: 15
```

上述執行結果依序輸入20和15，然後在第24行呼叫min()函數，2個輸入值是引數，可以在第7~10行的if/else條件敘述判斷哪一個參數比較小，分別在第8和10行傳回最小值。

8-6-3 次方函數

C語言沒有提供指數運算子（Visual Basic語言支援「^」指數運算子）來計算X^n值，例如：5^3是5*5*5 = 125，我們可以自行建立次方函數power()來提供指數運算子的功能。

power(base, n)函數可以計算參數$base^n$的運算結果，函數是使用for迴圈重複乘以base參數n次來計算次方值，如下所示：

```
for( i = 1; i <= n; i++ )
    result *= base;
```

Example09.c：次方函數的指數運算

```
01: /* 次方函數的指數運算 */
02: #include <stdio.h>
03:
04: /* power()函數的定義 */
05: int power(int base, int n) {
06:     int i;                              /* 宣告變數 */
07:     int result = 1;
08:     for( i = 1; i <= n; i++ )
09:         result *= base;
10:     return result;
11: }
12:
13: /* 在main()函數呼叫power()函數 */
14: int main()
15: {
16:     int base, n;                        /* 宣告變數 */
17:
18:     printf("請輸入底數==> \n");      /* 顯示提示字串 */
19:     scanf("%d", &base);              /* 輸入整數值 */
20:
21:     printf("請輸入指數==> \n");      /* 顯示提示字串 */
22:     scanf("%d", &n);                 /* 輸入整數值 */
23:
24:     /* 函數呼叫 */
25:     printf("%d^%d = %d\n", base, n, power(base, n));
26:
27:     return 0;
28: }
```

Example09.c的執行結果

```
請輸入底數==>
5 Enter
請輸入指數==>
3 Enter
5^3 = 125
```

上述執行結果依序輸入底數5和指數3，然後在第25行呼叫power()函數，2個輸入值是引數，可以在第8~9行的for迴圈計算5 的值，第10行傳回計算結果。

8-7 函數原型宣告

ANSI-C的函數結構分為「宣告」（declaration）和「定義」（definition）兩個部分，在本節之前的範例，都只有函數定義，並沒有原型宣告，因為呼叫函數的程式碼都是位在定義之後，所以C函數並不用預先宣告。

說明

請注意！一些新版C編譯器就算函數定義是在函數呼叫之後，沒有原型宣告，也不會編譯錯誤。

函數原型宣告的語法

一般來說，對於良好撰寫風格的C程式碼來說，函數一定要在使用前宣告（新版編譯器可以不用遵守），函數原型宣告的位置是在含括檔之後；main()函數之前，其語法如下所示：

```
傳回值型態 函數名稱( 參數列 );
```

上述傳回值型態是函數傳回值的資料型態，參數列是各參數的資料型態或加上參數名稱（也可以不加上參數名稱，只有型態），最後，記得加上「;」符號。

沒有參數列和傳回值的函數原型宣告

C函數如果沒有參數列和傳回值都是使用void表示（空白也可以，有些編譯器會顯示警告訊息），例如：第8-2-1節play()函數的原型宣告，如下所示：

```
void play();
或
void play(void);
```

如果需要，我們可以在同一行程式敘述宣告多個函數原型，只需使用「,」逗號分隔即可，如下所示：

```
void play(void), buy(void);
```

擁有參數列和傳回值的函數原型宣告

C函數如果擁有參數列和傳回值，其原型宣告如下所示：

```
int sum(int, int);
int max(int a, int b);
```

上述程式碼的2個函數原型宣告擁有參數列和傳回值，參數列只需資料型態，當然，也可以加上參數名稱。

Example10.c：使用函數原型宣告

```
01: /* 使用函數原型宣告 */
02: #include <stdio.h>
03:
04: int sum(int, int);      /* 函數原型宣告 */
05:
06: /* 在main()函數呼叫sum()函數 */
07: int main()
08: {
09:     int x, y, total;                    /* 宣告變數 */
10:
11:     printf("請輸入第1個整數==> \n");      /* 顯示提示字串 */
12:     scanf("%d", &x);                    /* 輸入整數值 */
13:
14:     printf("請輸入第2個整數==> \n");      /* 顯示提示字串 */
15:     scanf("%d", &y);                    /* 輸入整數值 */
16:
17:     total = sum(x, y);                  /* 呼叫函數 */
18:
19:     printf("總和: %d\n", total);         /* 顯示總金額 */
20:
21:     return 0;
22: }
23:
24: /* sum()函數的定義 */
25: int sum(int a, int b)
26: {
27:     return a + b;
28: }
```

Example10.c的執行結果

Example10.c的執行結果和Example07.完全相同，在第25~28行的sum()函數是在第27行直接傳回計算參數和的運算式值，程式結構的差異，如下表所示：

Example10.c	Example07.c
sum()函數原型宣告 main()函數定義（呼叫sum()函數） sum()函數定義	sum()函數定義 main()函數定義（呼叫sum()函數）

上表主要差異是在main()和sum()函數的位置，Example10.c的sum()函數呼叫是位在sum()函數定義之前，所以需要在前面加上sum()函數原型宣告；Example07.c的函數呼叫是位在sum()函數定義之後，所以並不需要函數原型宣告。

8-8 變數的範圍

C程式如果擁有多個函數，在函數內和函數外宣告變數就需考量其有效範圍（scope），因爲有效範圍會影響哪些程式碼可以存取此變數的值。C語言的變數依照有效範圍可以分爲兩種，如下所示：

- **區域變數（local variables）**：在程式區塊中宣告的變數是一種區域變數，例如：在函數中宣告的變數或參數，變數只能在宣告的函數中使用，在函數之外的程式碼並不能存取此變數。
- **全域變數（global variables）**：在C程式檔的函數之外宣告的變數是一種全域變數，例如：在函數外宣告變數，整個程式檔案都可以存取此變數，如果全域變數沒有指定初值，預設值是0。

說明

如果C程式檔案有多個函數都會存取同一變數，我們可以考量將變數宣告成全域變數，而不是使用參數傳遞。

Example11.c：測試C語言的變數範圍

```
01: /* 測試C語言的變數範圍 */
02: #include <stdio.h>
03:
04: void funcA(void);                 /* 函數原型宣告 */
05: void funcB(void);
06:
07: int a, b = 2;                     /* 宣告全域變數 */
08:
09: /* 在main()函數呼叫funcA()和funcB()函數 */
10: int main()
11: {
12:     printf("全域變數初值: a(全域)=%d b(全域)=%d\n", a, b);
13:
14:     funcA();      /* 呼叫funcA */
15:
16:     printf("呼叫funcA後 : a(全域)=%d b(全域)=%d\n", a, b);
17:
18:     funcB();      /* 呼叫funcB */
19:
20:     printf("呼叫funcB後 : a(全域)=%d b(全域)=%d\n", a, b);
21:
22:     return 0;
23: }
24:
25: /* funcA()函數的定義 */
26: void funcA() {
27:     int a;        /* 區域變數宣告 */
28:     a = 3;        /* 設定區域變數值 */
29:
30:     printf("funcA中 : a(區域)=%d b(全域)=%d\n", a, b);
31:     printf("a + b = %d\n", a + b);
32: }
33: /* funcB()函數的定義 */
34: void funcB() {
35:     a = 3;        /* 設定全域變數值 */
36:     b = 4;
37:
38:     printf("funcB中 : a(全域)=%d b(全域)=%d\n", a, b);
39:     printf("a + b = %d\n", a + b);
40: }
```

在第7行的2個變數宣告是位在函數程式區塊之外，所以變數a和b是2個全域變數。

第26~32行是funcA()函數，在第27行是同名變數a的區域變數宣告（區域變數和全域變數同名），第28行更改的是區域變數；而不是第7行的全域變數a，存取的b變數是全域變數。

在第34~40行是funcB()函數，函數程式區塊之中並沒有宣告任何區域變數，所以第35~36行更改的是第7行全域變數a和b的值。

Example11.c的執行結果

```
全域變數初值: a(全域)=0 b(全域)=2
funcA中 : a(區域)=3 b(全域)=2
a + b = 5
呼叫funcA後 : a(全域)=0 b(全域)=2
funcB中 : a(全域)=3 b(全域)=4
a + b = 7
呼叫funcB後 : a(全域)=3 b(全域)=4
```

上述執行結果可以看到全域變數a和b值的變化，變數b指定初值2；變數a沒有指定初值，其預設值爲0。在呼叫funcA()函數後，因爲funcA()函數中宣告同名區域變數a，所以指定敘述更改的是區域變數a，而不是全域變數a的值。

在funcB()函數因爲沒有宣告區域變數，所以指定敘述是更改全域變數a和b的值，可以看到最後的全域變數值改爲3和4。

選擇題

(　)1. 請問下列哪一個關於C語言函數的說明是不正確的？
(A)函數是一個擁有特定功能的獨立程式單元
(B)程序如果有傳回值，稱為函數
(C)C語言的函數一定是使用者自行建立
(D)在C語言的程序與函數一般都稱為函數

(　)2. C函數如果是使用下列哪一個關鍵字開頭，就表示此函數沒有傳回值？
(A)void　(B)procedure　(C)static　(D)sub

(　)3. 小明建立了沒有傳回值的tt()函數後，請問下列哪一個是正確的函數呼叫？
(A)result = tt();　(B)tt();　(C)call tt();　(D)tt

(　)4. 請問C函數最多可以傳回幾個值？
(A)0　(B)1　(C)2　(D)3

(　)5. 阿忠準備從函數sum()傳回計算結果，請問他需要使用下列哪一個關鍵字來從C函數傳回值？
(A)void　(B)break　(C)get　(D)return

(　)6. 請問下列C函數square(6)的執行結果為何，如下所示：
```
int square(int n) { return n*n; }
```
(A)6　(B)12　(C)36　(D)30

(　)7. 請問下列C函數test(5, 6, 2)的執行結果為何，如下所示：
```
int test(int a, int b, int c) { return (a + b) * c; }
```
(A)32　(B)22　(C)40　(D)13

(　)8. 請問下列哪一個是C函數test()的函數原型宣告，如下所示：
```
int test(int a, int b, int c) { return (a + b) * c; }
```
(A)int test();
(B)int test(int a, int b, int c)

評量

(C)test(int a, int b, int c);

(D)int test(int, int, int);

(　)9. 在C程式檔的函數外宣告變數a，變數a是下列哪一種變數範圍？
(A)區域變數　(B)全域變數　(C)區塊變數　(D)程式變數

(　)10. 如果在C函數內宣告變數b，變數b是下列哪一種變數範圍？
(A)區域變數　(B)全域變數　(C)區塊變數　(D)程式變數

填充與問答題

1. 程式語言的「________」（subroutines或procedures）是一個擁有特定功能的獨立程式單元，程序如果有傳回值，稱為________（functions）。
2. 函數如同是一個「__________」（black box），我們不需要了解函數定義的程式碼內容，只需知道如何使用的「________」（interface），就可以呼叫函數來使用函數的功能。
3. 請指出下列abs()函數的哪些行程式碼是錯誤的，如下所示：

```
1: int abs(int n) ; {
2: if ( n < 0 ) { (-n) };
3. else return (n);
4: }
```

4. 請舉例說明什麼是C語言的全域變數和區域變數？

實作題

1. 請建立C程式寫出一個名為void myId()的函數，然後在main()函數呼叫myId()函數，可以顯示讀者的學號或身份證字號。
2. 在C程式建立匯率換算函數double rateExchange(int, double)，參數c分別是台幣金額（amount）和匯率（rate），可以傳回台幣兌換成的美金金額。
3. 請試著建立C程式撰寫C函數double cube(double)，可以傳回參數值的三次方，例如：參數值3，就是傳回3*3*3。

4. 計算體脂肪BMI值的公式是W/(H*H)， H是身高（公尺）和W是體重（公斤），請在C程式建立double bmi(double, double)函數計算BMI值，參數是身高和體重。
5. 請在C程式分別建立max_num()和min_num()函數，可以傳入3個int參數，然後傳回3個參數中的最大值和最小值。
6. 阿忠的爸爸每天上班都需要在公司附近的付費停車場停車，為了計算停車費用的花費是否會超過預算，請建立計算停車費用的C程式，停車費的計算方式是前1小時免費，之後每1小時30元，在輸入時數後，可以呼叫名為parkingfee()的函數來計算停車費用，和顯示停車費用。

Memo

Chapter 9

陣列與字串

學習重點

- 認識陣列
- 陣列的宣告
- 使用一維陣列
- 陣列的應用
- 二維與多維陣列
- 字串與陣列

9-1 認識陣列

在程式中使用變數的目的是暫時儲存執行時所需的資料，當程式需要儲存大量資料時，例如：5次小考的測驗成績，如下表所示：

測驗編號	成績
1	71
2	83
3	67
4	49
5	59

上述表格是小考成績，我們可以宣告5個int整數變數來儲存這5次成績，如下所示：

```
int test1 = 71;
int test2 = 83;
int test3 = 67;
int test4 = 49;
int test5 = 59;
```

上述程式碼宣告5個變數且指定初值，5個數量還好，如果是一班50位學生的成績，我們就需要50個變數；如果一個公司有500位員工時，在程式中宣告大量變數會造成程式碼變的十分複雜。

讓我們再次觀察上述小考成績的5個變數，其擁有的共同特性，如下所示：

- 變數的資料型態相同都是int。
- 變數有循序性，擁有順序的編號1~5。

陣列（array）就是一種儲存大量循序資料的結構，我們可以將上述相同資料型態（第1個特點）的5個int變數集合起來，使用一個名稱tests代表，如下圖所示：

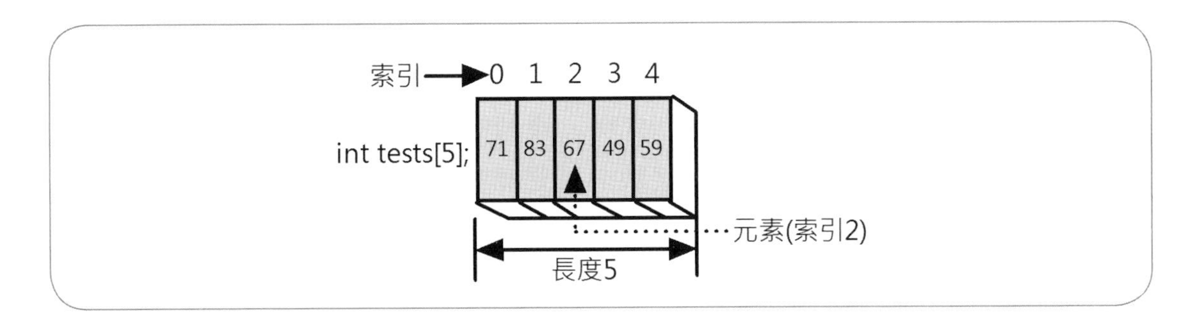

上述陣列圖例如同是排成一列的數個箱子，每一個箱子是一個變數，稱爲「元素」（elements），以此例有5個元素，存取元素是使用「索引」（index）值的順序（第2個特點），C語言陣列的索引值是從0開始到陣列長度減1，即0~4。

9-2 陣列的宣告

「一維陣列」（one-dimensional arrays）是一種最基本的陣列結構，只有一個索引值，類似現實生活中公寓或大樓的單排信箱，可以使用信箱號碼取出指定門牌的信件，如下圖所示：

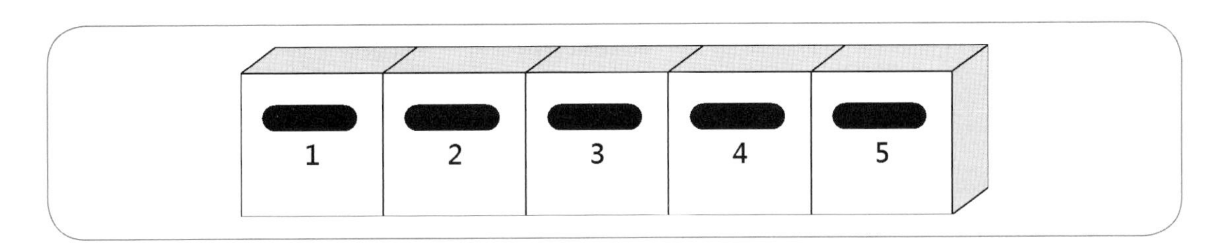

9-2-1 宣告一維陣列

C語言的陣列如同變數，在使用前也需要事先宣告，陣列宣告可以分成三部分：陣列型態、陣列名稱和元素數，其語法如下所示：

```
陣列型態 陣列名稱[元素數];
```

上述語法宣告儲存陣列型態的一維陣列，在「[]」中是陣列的元素數，我們需要給陣列一個名稱（如同變數名稱），和擁有多少個箱子的元素數。例如：宣告一維整數陣列tests[]儲存5次小考成績，如下所示：

```
int tests[5];     /* 宣告整數陣列，可以儲存5個元素 */
```

上述程式碼宣告int資料型態的陣列，陣列名稱是tests，整數常數5表示陣列有5個元素，請注意！陣列的元素數必須是整數常數。在宣告5個元素的陣列後，相當於是宣告5個變數，如下所示：

```
tests[0]
tests[1]
tests[2]
tests[3]
tests[4]
```

上述「[]」中是索引（index），因為從0開始，所以第1個元素是tests[0]，第2個元素是tests[1]，第3個元素是tests[2]，以此類推，最後1個元素是tests[4]，最大索引值是【元素數 - 1】，即「5 - 1 = 4」，如下圖所示：

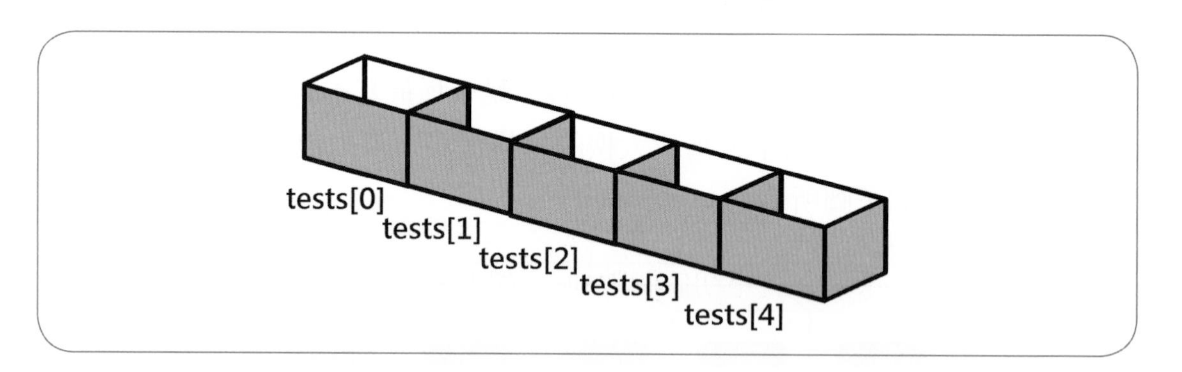

上述陣列圖例擁有一排5個箱子，每一個箱子是一個變數。同樣方式，我們可以宣告浮點數陣列和字元陣列，如下所示：

```
float sales[5];    /* 宣告float浮點數陣列，可以儲存5個元素 */
char names[10];    /* 宣告char字元陣列，可以儲存10個元素 */
```

9-2-2 陣列的初值

C語言的陣列可以在宣告同時指定陣列初值，一次就讓我們完成宣告和指定每一個陣列元素值，其語法如下所示：

```
陣列型態 陣列名稱[元素數] = { 常數值, 常數值, … };
```

上述語法宣告一維陣列，陣列是使用「=」等號指定陣列元素的初值，陣列值是使用大括號括起的常數值清單，以「,」逗號分隔，一個值對應一個元素。例如：宣告一維整數陣列tests[]儲存5次小考成績，如下所示：

```
int tests[5] = { 71, 83, 67, 49, 59 };    /* 宣告tests[]陣列和指定初值 */
```

上述程式碼宣告int資料型態的陣列，陣列名稱爲tests，在「=」等號後使用大括號指定陣列元素的初值，所以，我們不只準備好一排箱子，連每一個箱子的元素值都已經存入，如下圖所示：

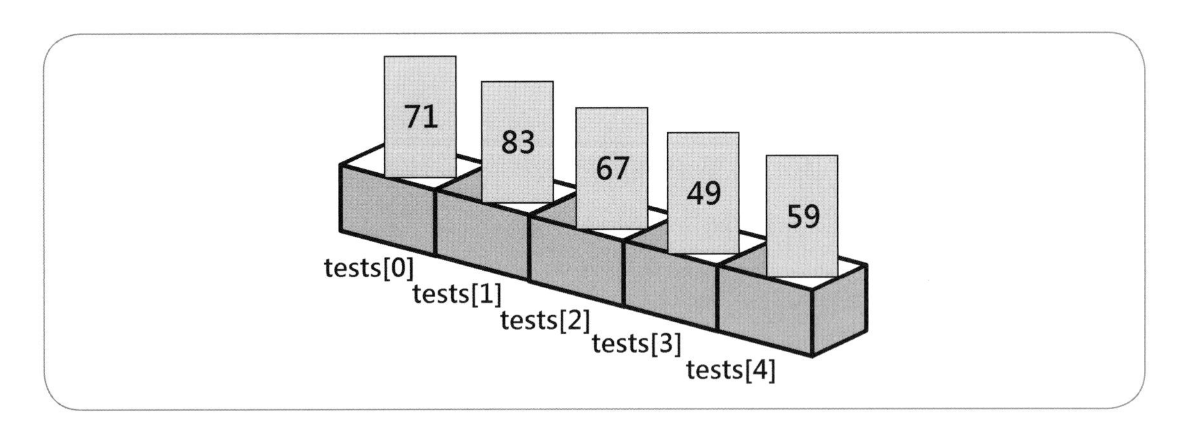

因爲「=」等號後大括號中的初值數量就是元素數，所以，我們可以不用指定陣列的元素數，因爲它就是初值個數5個，如下所示：

```
int tests[] = { 71, 83, 67, 49, 59 };    /* 宣告tests[]陣列和指定初值 */
```

上述一維陣列宣告和之前完全相同，唯一差異就是沒有指定「[]」中的元素數。

說明

請注意！如果在指定陣列初值的同時也宣告了陣列的元素數，而且，元素數與初值的個數不相符，如下所示：

```
int tests[5] = { 71, 83, 67, 49 };
```

上述陣列宣告的初值數4少於宣告的元素數5，不足的陣列元素預設值是填入0。

9-3 使用一維陣列

在宣告一維陣列後，我們可以如同存取變數一般來存取陣列元素，或是使用for迴圈來走訪陣列元素和顯示出來。

9-3-1 指定陣列元素值

C語言的陣列如果沒有使用第9-2-2節的方式來初始每一個元素值，可以在宣告後，使用指定敘述指定陣列元素值，其語法如下所示：

```
陣列名稱[索引] = 變數、運算式或常數值;
```

請注意！上述陣列索引值是從0開始，在「=」等號指定敘述的右邊可以是變數、運算式或常數值，如同指定變數值一般。

例如：指定第9-2-1節tests[]陣列的5個元素值，如下所示：

```
int tests[5];    /* 宣告整數陣列，可以儲存5個元素 */

tests[0] = 71;  /* 指定第1個元素值 */
tests[1] = 83;  /* 指定第2個元素值 */
tests[2] = 67;  /* 指定第3個元素值 */
tests[3] = 49;  /* 指定第4個元素值 */
tests[4] = 59;  /* 指定第5個元素值 */
```

上述程式碼在宣告陣列tests[]後，依序指定5個陣列元素值，如下圖所示：

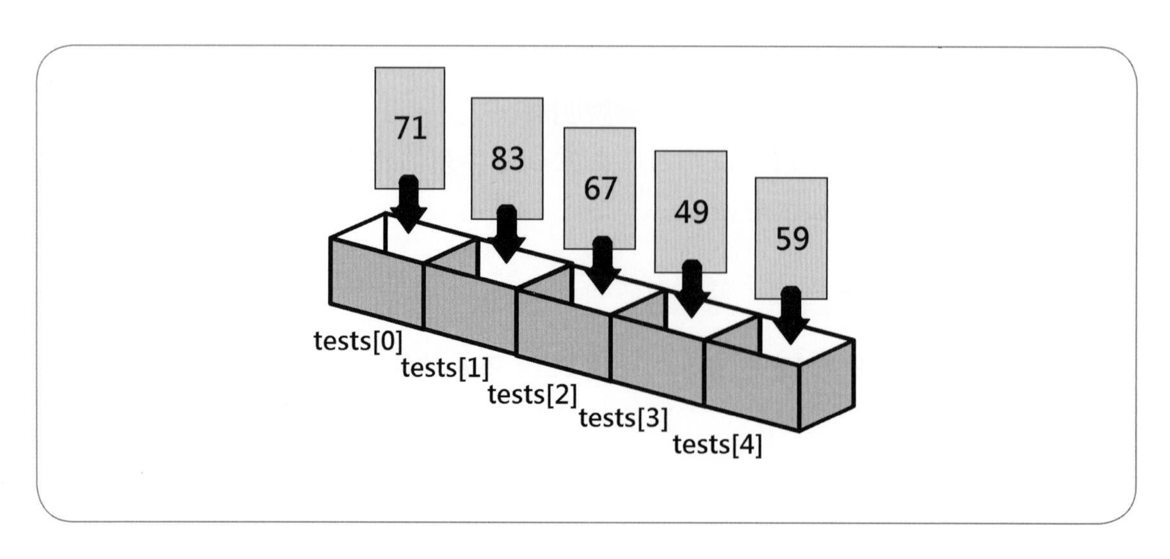

C語言指定陣列元素值和指定變數值的差異如下：

- 變數只需使用變數名稱。
- 陣列需要使用陣列名稱，再加上「[]」方括號的索引值來指明是第幾個元素，而且，陣列索引值是從0開始。

9-3-2 取出和顯示陣列元素值

因為每一個陣列元素相當於是一個變數，我們一樣可以取得陣列元素值後，將它指定給其他變數，如下所示：

```
ele = tests[2];
```

上述程式碼取出陣列索引值2個元素值67後，將它指定給變數ele，如下圖所示：

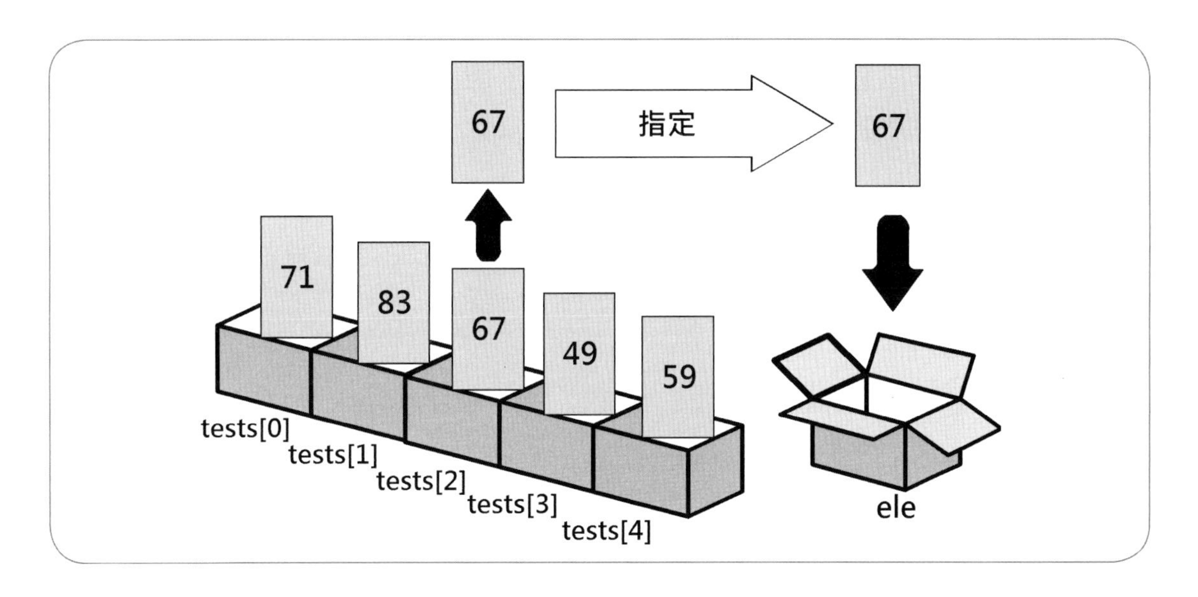

陣列是使用索引值來取出指定元素，而且，索引值是從0開始到4（即元素數-1），當我們使用變數i儲存索引值時，其範圍是0、1、2、3、4逐次增加，看出來了嗎，這就是遞增的for計數迴圈，如下所示：

```
for ( i = 0; i < 5; i++ ) {
    ele = tests[i];
    printf("學號 %d 的成績是 %d\n", i+1, ele);
}
```

上述for迴圈只需配合陣列索引值就可以一一取出每一個陣列元素，計數器變數i的值是陣列索引值0~4，如下圖所示：

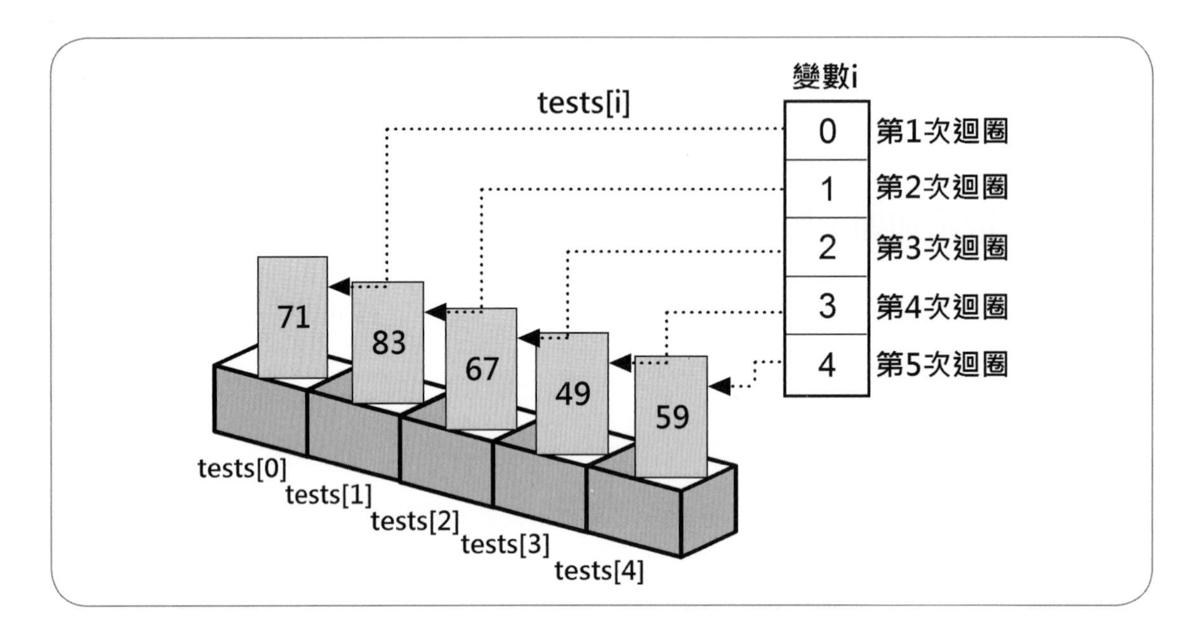

上述圖例每執行一次for迴圈，就依序使用tests[i]取出陣列元素值tests[0]~tests[4]，來指定給變數ele後，可以顯示索引值的學號和元素值。

Example01.c：取出和顯示陣列元素值

```
01: /* 取出和顯示陣列元素值 */
02: #include <stdio.h>
03:
04: int main()
05: {
06:     int i, ele;       /* 宣告變數 */
07:
08:     int tests[5];     /* 宣告整數陣列，可以儲存5個元素 */
09:
10:     tests[0] = 71;    /* 指定第1個元素值 */
11:     tests[1] = 83;    /* 指定第2個元素值 */
12:     tests[2] = 67;    /* 指定第3個元素值 */
13:     tests[3] = 49;    /* 指定第4個元素值 */
14:     tests[4] = 59;    /* 指定第5個元素值 */
15:
16:     for ( i = 0; i < 5; i++ )    /* for迴圈顯示成績 */
17:     {
18:         ele = tests[i];
```

```
19:         printf("學號 %d 的成績是 %d\n", i+1, ele);
20:
21:     }
22:
23:     return 0;
24: }
```

在第8行宣告陣列後，第10~14行指定5個陣列元素值，在第16~21行的for迴圈一一顯示每一個陣列元素值。

Example01.c的執行結果

```
學號 1 的成績是 71
學號 2 的成績是 83
學號 3 的成績是 67
學號 4 的成績是 49
學號 5 的成績是 59
```

上述執行結果的依序顯示陣列的5個元素值，學號因為是「i+1」，所以值是從1開始。

9-3-3 陣列索引的範圍問題

C語言為了執行效率的考量，並不會檢查陣列索引值的範圍，如果存取的陣列元素超過陣列尺寸，即索引值大於陣列最大索引值（元素數-1），C程式在編譯時並不會產生錯誤，也不會有任何警告，但是，可能因為覆蓋或取得其他記憶體空間的值，而造成不可預期的執行結果，所以：

「**絕對不可以存取陣列索引值超過陣列尺寸的元素。**」

例如：宣告5個元素的tests[]陣列，如下所示：

```
int tests[5];
```

上述陣列有5個元素，索引值範圍是0~4，我們不可以使用超過此範圍的索引值，例如：索引值8和10的元素是根本不存在的元素，如下所示：

```
tests[8] = 98;
ele = tests[10];
```

上述索引值超過範圍，因為這2個元素根本不存在，如下圖所示：

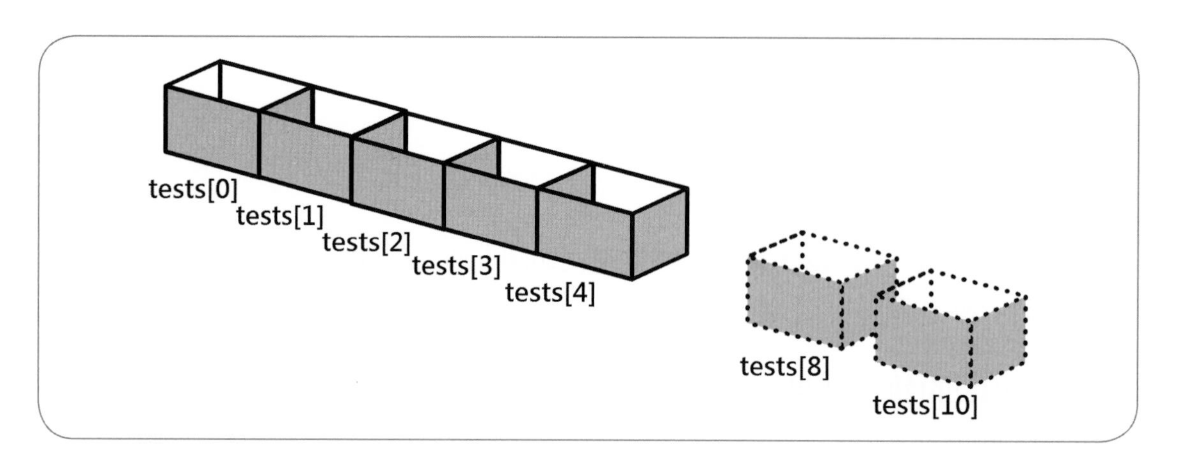

為了避免此情況發生，當程式碼需要存取陣列元素時，我們可以加上if條件敘述來檢查陣列索引值i是否超過陣列的索引值範圍，如下所示：

```
if ( i >= 0 && i <= 4 ) {   /* 判斷陣列索引的範圍 */
    ele = tests[i];
}
```

上述if條件檢查索引範圍是否是位在0~4之間，即位在陣列邊界之內，如此就可以正確存取陣列元素值，不會存取到範圍之外的陣列元素。

說明

在C程式碼存取陣列值時，請再次確認沒有超過陣列尺寸的邊界，因為C語言不會檢查陣列邊界，很多C程式的執行錯誤都是導因於忽略陣列邊界的問題。

9-4 陣列的應用

在說明陣列宣告、元素存取和顯示後，我們可以活用陣列來從鍵盤輸入元素值，排序陣列元素和將陣列作為函數的參數和引數。

9-4-1 使用鍵盤輸入陣列元素值

在第9-3節宣告的陣列都是使用常數值來指定元素數，事實上，我們也可以使用常數來宣告陣列，指定陣列的元素數，如此，在for迴圈就可以使用常數來指定索引範圍的條件。

使用常數宣告陣列

在C程式可以使用常數宣告陣列，這是定義在程式開頭的常數，如下所示：

```
#define LENGTH   5     /* 定義常數 */
```

上述#define指令定義常數LENGTH，陣列是使用此常數來宣告陣列的元素數，如下所示：

```
int tests[LENGTH];  /* 宣告整數陣列，儲存LENGTH個元素 */
```

使用for迴圈輸入陣列元素值

我們除了可以使用for迴圈顯示整個陣列的元素外，也可以使用for迴圈來輸入陣列元素值，一樣也是使用scanf()函數，如下所示：

```
for ( i = 0; i < LENGTH; i++ )
{
    printf("請輸入第%d位學生的成績 => ", (i+1));
    scanf("%d", &tests[i]);
}
```

上述for迴圈執行次數是陣列元素個數，因爲是整數，scanf()函數的格式字元是%d，使用「&」運算子將輸入資料存入指定的陣列元素。

說明

在實務上，我們只需在編譯前更改LENGTH常數值，就可以同時更改陣列尺寸和迴圈次數，而不用一一修改多處程式碼。

Example02.c：使用鍵盤輸入陣列元素值

```
01: /* 使用鍵盤輸入陣列元素值 */
02: #include <stdio.h>
03: #define LENGTH  5           /* 定義常數 */
04:
05: int main()
06: {
07:     int i, ele;             /* 宣告變數 */
08:
09:     int tests[LENGTH];      /* 宣告整數陣列，儲存LENGTH個元素 */
```

```
10:
11:     for ( i = 0; i < LENGTH; i++ )   /* for迴圈輸入成績 */
12:     {
13:         printf("請輸入第%d位學生的成績 => ", (i+1));
14:         scanf("%d", &tests[i]);
15:     }
16:
17:     for ( i = 0; i < LENGTH; i++ )   /* for迴圈顯示成績 */
18:     {
19:         ele = tests[i];
20:         printf("學號 %d 的成績是 %d\n", i+1, ele);
21:
22:     }
23:
24:     return 0;
25: }
```

Example02.c的執行結果

```
請輸入第1位學生的成績 => 67 Enter
請輸入第2位學生的成績 => 89 Enter
請輸入第3位學生的成績 => 72 Enter
請輸入第4位學生的成績 => 58 Enter
請輸入第5位學生的成績 => 90 Enter
學號 1 的成績是 67
學號 2 的成績是 89
學號 3 的成績是 72
學號 4 的成績是 58
學號 5 的成績是 90
```

上述執行結果依序輸入5位學生的成績和存入陣列後，再依序顯示陣列的5個元素值，學號因爲是「i+1」，所以值是從1開始。

9-4-2 在函數使用陣列的參數和引數

C語言的陣列一樣可以作爲函數的參數，或呼叫函數時的引數，當函數參數是陣列時，我們在函數原型宣告的參數需要使用陣列的「[]」方括號來表示，如下所示：

```
int total(int [], int);    /* 函數原型宣告 */
```

上述程式碼total()函數原型宣告的第1個參數是一維陣列，可以使用int []陣列宣告來表示。

請注意！C語言傳遞陣列參數到函數並沒有陣列尺寸，所以在C函數傳遞陣列一定需要額外參數來傳遞陣列尺寸，以此例的第2個參數是陣列尺寸，如下所示：

```
int total(int t[], int len)
{
    …
}
```

上述total()函數有2個參數，第1個是陣列，第2個整數是陣列尺寸的元素數。

Example03.c：在函數使用陣列的參數和引數

```
01: /* 在函數使用陣列的參數和引數 */
02: #include <stdio.h>
03: #define LENGTH  5              /* 定義常數 */
04:
05: int total(int [], int);       /* 函數原型宣告 */
06:
07: /* 在main()函數呼叫total()函數 */
08: int main()
09: {
10:     int i;                   /* 宣告變數 */
11:     int result;
12:
13:     int tests[LENGTH];   /* 宣告整數陣列，儲存LENGTH個元素 */
14:
15:     for ( i = 0; i < LENGTH; i++ )      /* for迴圈輸入成績 */
16:     {
17:         printf("請輸入第%d位學生的成績 => ", (i+1));
18:         scanf("%d", &tests[i]);
19:     }
20:
21:     result = total(tests, LENGTH);      /* 呼叫函數 */
22:
23:     printf("成績總分: %d\n", result);   /* 顯示總分 */
24:
25:     return 0;
26: }
```

```
27:
28: /* total()函數的定義 */
29: int total(int t[], int len)
30: {
31:     int i;
32:     int sum = 0;
33:
34:     for ( i = 0; i < len; i++ )  /* for迴圈計算總分 */
35:         sum = sum + t[i];
36:
37:     return sum;
38: }
```

Example03.c的執行結果

```
請輸入第1位學生的成績 => 56 Enter
請輸入第2位學生的成績 => 73 Enter
請輸入第3位學生的成績 => 81 Enter
請輸入第4位學生的成績 => 66 Enter
請輸入第5位學生的成績 => 92 Enter
成績總分: 368
```

上述執行結果依序輸入5位學生的成績和存入陣列後，呼叫total()函數來計算成績的平均。在main()函數呼叫total()函數的程式碼，如下所示：

```
result = total(tests, LENGTH);
```

上述函數的第2個引數是陣列元素數的常數，第1個引數是陣列名稱，這就是陣列第1個元素的位址（在第10章的指標有進一步說明）；不是第1個元素值。

說明

請注意！函數呼叫的引數如果是陣列，就是使用陣列名稱，並不需要像參數一般加上「[]」方括號。

9-4-3 陣列排序 - 泡沫排序法

「排序」（sorting）是將一些資料依照特定原則排列成遞增或遞減的順序，後一個元素一定比前一個大，或比前一個小，如下所示：

```
data[0] < data[1] < data[2] < data[3] < data[4] < data[5]
```

上述陣列元素已經從小到大排序，元素值愈來愈大，如下圖所示：

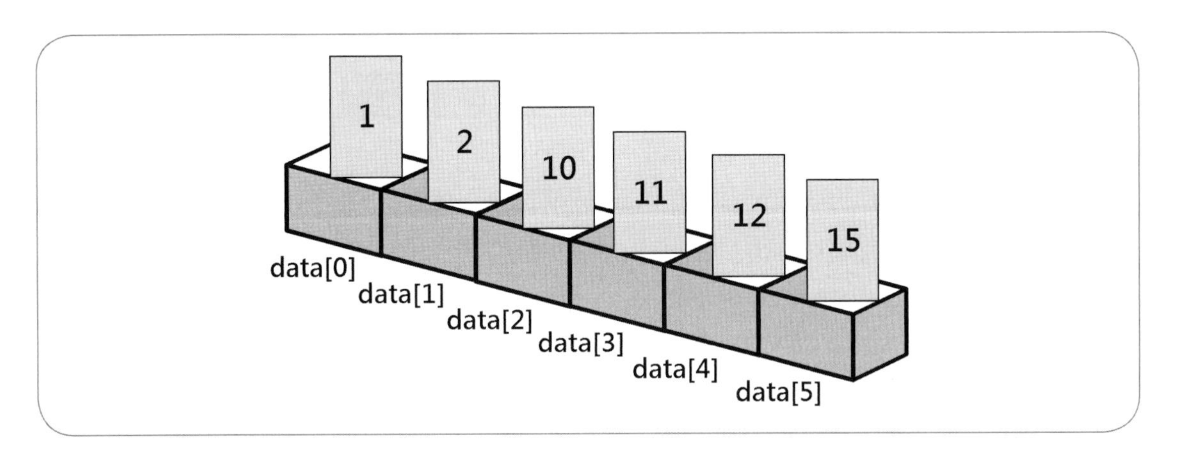

如果元素值是愈來愈小的從大到小排序，如下所示：

```
data[0] > data[1] > data[2] > data[3] > data[4] > data[5]
```

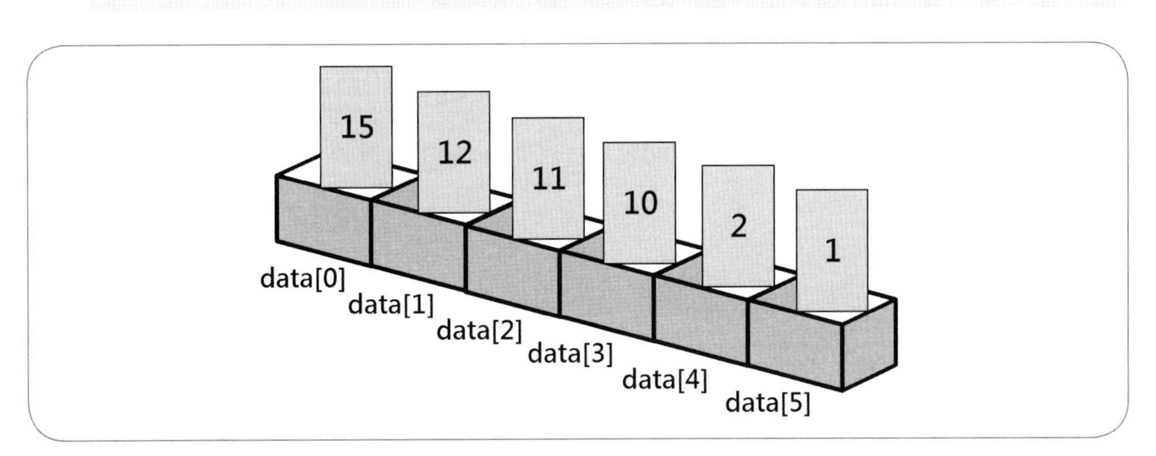

「泡沫排序法」（bubble sort，或稱氣泡排序法）是使用交換方式進行排序。例如：使用泡沫排序法排列樸克牌，就是將牌攤開放在桌上排成一列，將鄰接兩張牌的點數鍵值進行比較，如果兩張牌沒有照順序排列就交換，直到牌都排到正確位置爲止。

筆者準備使用整數陣列data[]說明排序過程，比較方式是以數值大小的順序爲鍵值，其排序過程如下表所示：

執行過程	data[0]	data[1]	data[2]	data[3]	data[4]	data[5]	比較	交換
初始狀態	11	12	10	15	1	2		
1	11	12	10	15	1	2	0和1	不交換
2	11	10	12	15	1	2	1和2	交換1和2
3	11	10	12	15	1	2	2和3	不交換
4	11	10	12	1	15	2	3和4	交換3和4
5	11	10	12	1	2	15	4和5	交換4和5

上表顯示的是走訪一次一維陣列data[]的排序過程，依序比較陣列索引值0和1、1和2、2和3、3和4，最後比較4和5，陣列的最大值15會一步步往陣列結尾移動，在完成第1次走訪後，陣列索引5就是最大值15，如下圖所示：

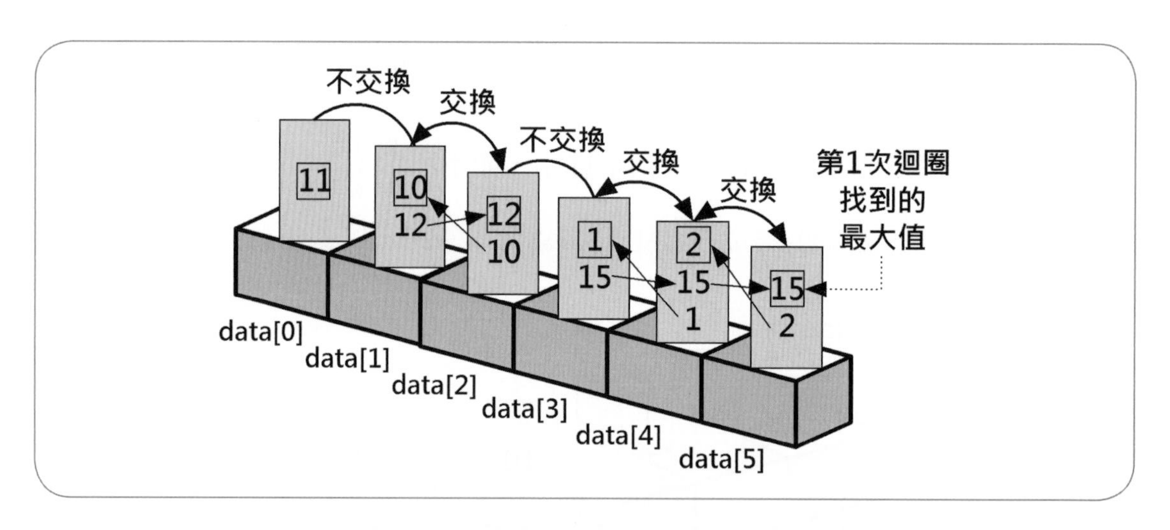

接著縮小一個元素，只走訪陣列data[0]到data[4]進行比較和交換，可以找到陣列中的第2大值，依序處理，即可完成整個整數陣列的排序。

Example04.c：使用泡沫排序法排序陣列資料

```
01: /* 使用泡沫排序法排序陣列資料 */
02: #include <stdio.h>
03: #define LENGTH   6                  /* 定義常數 */
04:
05: void bubble(int [], int);          /* 函數原型宣告 */
06:
```

```
07: /* 在main()函數呼叫bubble()函數 */
08: int main()
09: {
10:     int i;                                      /* 宣告變數 */
11:
12:     int data[LENGTH] = {11,12,10,15,1,2};       /* 宣告陣列 */
13:
14:     bubble(data, LENGTH);                       /* 呼叫排序函數 */
15:     printf("排序結果: ");
16:     for ( i = 0; i < LENGTH; i++ )              /* for迴圈顯示元素 */
17:         printf("[%d]", data[i]);
18:     printf("\n");
19:
20:     return 0;
21: }
22:
23: /* bubble()函數的定義 */
24: void bubble(int data[], int len)
25: {
26:     int i, j, temp;                        /* 宣告變數 */
27:
28:     for ( j = len; j > 1; j-- )            /* 外層迴圈 */
29:     {
30:         for ( i = 0; i < j-1; i++ )        /* 內層迴圈 */
31:         {   /* 比較相鄰的陣列元素 */
32:             if ( data[i+1] < data[i] )
33:             {
34:                 temp = data[i+1];          /* 交換兩元素 */
35:                 data[i+1] = data[i];
36:                 data[i] = temp;
37:             }
38:         }
39:     }
40: }
```

上述bubble()函數是使用第28~39行的二層for巢狀迴圈來執行排序所需的資料交換，外層迴圈是倒過來從6~2執行5次資料交換；內層迴圈比較相鄰2個元素，使用第32~37行的if/else條件敘述判斷是否需要交換2個元素。

Example04.c的執行結果

```
排序結果: [1][2][10][11][12][15]
```

上述執行結果是陣列data[]的排序結果，元素值是從小到大排序。

9-4-4 陣列搜尋 - 二元搜尋法

搜尋是在資料中找出是否存在與特定值相同的資料，搜尋的值稱爲「鍵值」（key），如果資料存在，就進行後續資料處理。例如：查尋電話簿是爲了找朋友的電話號碼，然後與他聯絡；在書局找書也是爲了找到後買回家閱讀。

「二元搜尋法」（binary search）是一種常用的資料搜尋方法，被搜尋的資料需要是已經排序好的資料。二元搜尋法的操作是先檢查排序資料的中間元素，如果與鍵值相等就找到；如果小於鍵值，表示資料位在前半段；否則位在後半段，然後繼續分割成二段資料來重複上述操作，直到找到鍵值，或已經沒有資料可以分割爲止。

例如：陣列的上下範圍分別是low和high，中間元素的索引值是(low + high)/2。在執行二元搜尋時的比較，可以分成三種情況，如下所示：

- 搜尋鍵值小於陣列的中間元素：鍵值在資料陣列的前半部。
- 搜尋鍵值大於陣列的中間元素：鍵值在資料陣列的後半部。
- 搜尋鍵值等於陣列的中間元素：找到搜尋的鍵值。

例如：現在有一個已經排序好的整數陣列data[]，如下圖所示：

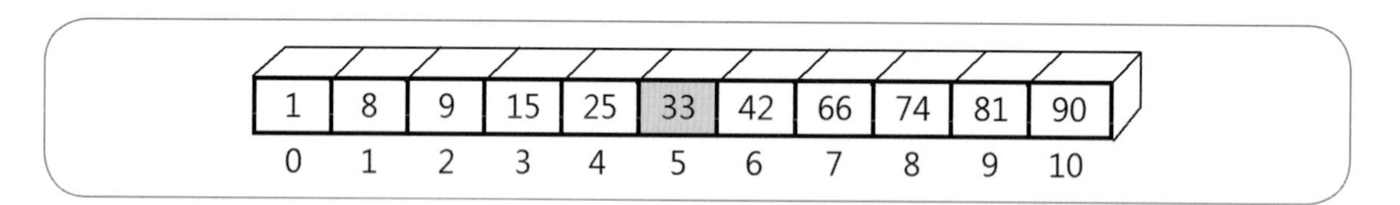

在上述陣列找尋整數81的鍵值，第一步和陣列中間元素索引值「(0+10)/2 = 5」的值33比較，因爲81大於33，所以搜尋陣列的後半段，如下圖所示：

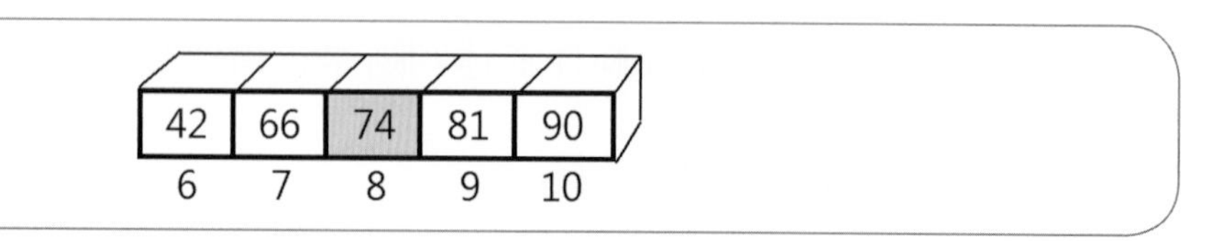

上述搜尋範圍已經縮小剩下後半段，此時的中間元素是索引值「(6+10)/2 = 8」，其值爲74。因爲81仍然大於74，所以繼續搜尋後半段，如下圖所示：

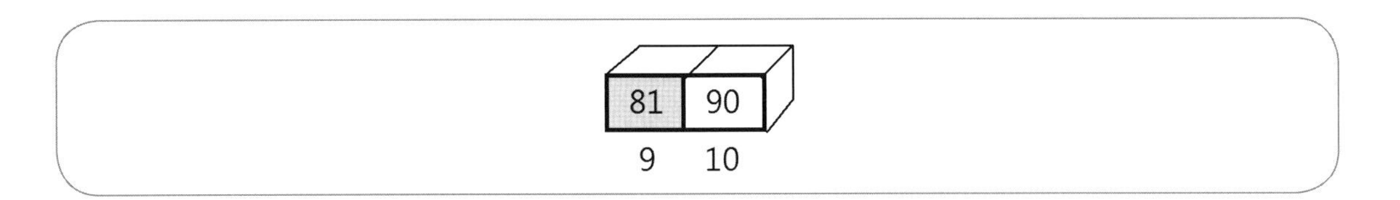

再度計算中間元素索引值「(9+10)/2 = 9」，可以找到搜尋值81。

Example05.c：使用二元搜尋法搜尋尋陣列資料

```
01: /* 使用二元搜尋法搜尋尋陣列資料 */
02: #include <stdio.h>
03: #define LENGTH  11                           /* 定義常數 */
04:
05: int binary(int [], int, int, int);           /* 函數原型宣告 */
06:
07: /* 在main()函數呼叫binary()函數 */
08: int main()
09: {
10:     int i, index, target;                    /* 宣告變數 */
11:
12:     int data[LENGTH] = {1,8,9,15,25,33,42,66,74,81,90}; /* 宣告陣列 */
13:
14:     printf("原始陣列: ");
15:     for ( i = 0; i < LENGTH; i++ ) printf("[%d]", data[i]);
16:
17:     printf("\n請輸入搜尋值 ==> ");
18:     scanf("%d", &target);
19:
20:     index = binary(data, 0, LENGTH-1, target);  /* 呼叫搜尋函數 */
21:
22:     if (index != -1)                     /* if/else判斷是否找到值 */
23:         printf("搜尋到值: %d(%d)\n",target,index);
24:     else
25:         printf("沒有搜尋到值: %d\n",target);
26:
27:     return 0;
28: }
29:
30: /* binary()函數的定義 */
31: int binary(int data[], int low, int high, int t)
```

```
32: {
33:     int l = low, n = high, m, index = -1;
34:
35:     while ( l <= n )
36:     {
37:         m = (l + n) / 2;      /* 計算中間索引 */
38:         if ( data[m] > t )    /* 在前半部 */
39:         {
40:             n = m - 1;        /* 重設範圍爲前半部 */
41:         }                     /* 在後半部 */
42:         else if ( data[m] < t )
43:         {
44:             l = m + 1;        /* 重設範圍爲後半部 */
45:         }
46:         else
47:         {
48:             index = m;        /* 找到鍵值 */
49:             break;            /* 跳出迴圈 */
50:         }
51:     }
52:
53:     return index;
54: }
```

上述binary()函數是使用第35~51行的while迴圈執行二元搜尋，在第39~41行是前半段；第43~45行是後半段，在第47~50行找到搜尋值。

Example05.c的執行結果(1)

```
原始陣列: [1][8][9][15][25][33][42][66][74][81][90]
請輸入搜尋值 ==> 74 Enter
搜尋到值: 74(8)
```

上述執行結果輸入搜尋值74，可以看到找到值，括號是索引值。

Example05.c的執行結果(2)

```
原始陣列: [1][8][9][15][25][33][42][66][74][81][90]
請輸入搜尋值 ==> 10 Enter
沒有搜尋到值: 10
```

上述執行結果輸入搜尋值10，可以看到沒有找到此值。

9-5 二維與多維陣列

多維陣列是指「二維陣列」（two-dimensional arrays）以上維度的陣列（含二維），屬於一維陣列的擴充，如果將一維陣列想像成一度空間的線；二維陣列是二度空間的平面。

在日常生活中，二維陣列的應用非常廣泛，只要屬於平面的各式表格，都可以轉換成二維陣列，例如：月曆、功課表等。如果繼續擴充二維陣列，我們還可以建立三維、四維等更多維陣列，如下圖所示：

功課表

	一	二	三	四	五
1		2		2	
2	1	4	1	4	1
3	5		5		5
4					
5	3		3		3
6					

課程名稱	課程代碼
計算機概論	1
離散數學	2
資料結構	3
資料庫理論	4
上機實習	5

C語言的二維陣列是一維陣列的擴充，陣列宣告比一維陣列多一個「[]」的維度，所以，二維陣列擁有2個索引值。

二維陣列的宣告

一維陣列可以儲存學生一門課程的考試成績，如果使用二維陣列，我們可以同時儲存多門課程的考試成績，其宣告語法如下所示：

```
陣列型態 陣列名稱[列數][行數];
```

上述語法因為宣告二維陣列，所以有2個「[]」，第1個「[]」的列數是二維陣列有幾列；第2個「[]」行數，即一列有幾行，二維陣列的元素個數是「列數*行數」。

例如：一班3位學生的考試成績資料，包含每位學生的國文和數學二門課程的成績，我們準備宣告二維陣列來儲存，如下所示：

```
int tests[3][2];   /* 宣告3X2的二維陣列 */
```

上述程式碼宣告二維陣列test，因爲有2個「[]」，第1個「[]」是列數；第2個「[]」是行數，即宣告3X2的二維陣列tests[][]，如下圖所示：

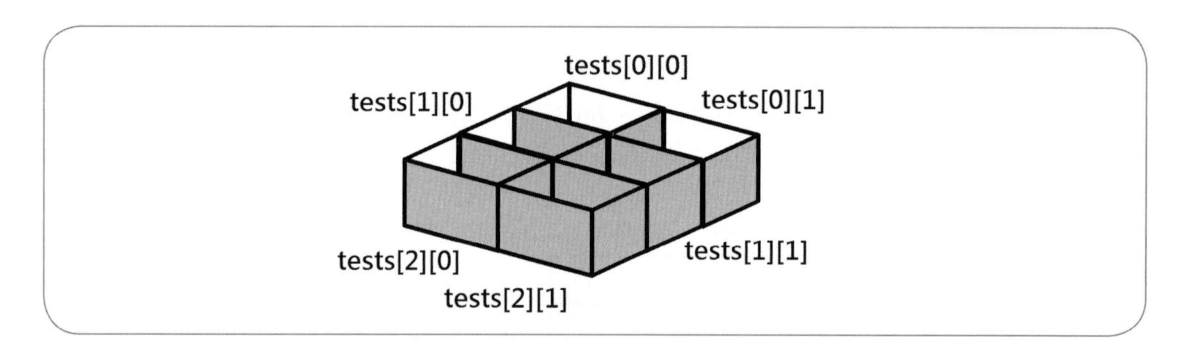

二維陣列的初值

二維陣列的初值也是使用「=」等號指定陣列元素的初值，其語法如下所示：

```
陣列型態 陣列名稱[列數][行數] = { {第1列的初值},
                                  {第2列的初值},
                                  ……,
                                  {第n列的初值} };
```

上述語法宣告二維陣列和指定元素初值，陣列值是大括號括起的多個一維陣列初值，即每一列的初值，每一列是一維陣列的初值，它是使用「,」逗號分隔的一維陣列元素。

例如：宣告3X2二維陣列tests[][]和指定初值，如下所示：

```
int tests[3][2] = {{ 74, 56 },    /* 宣告二維陣列和指定初值 */
                   { 37, 68 },
                   { 33, 83 } };
```

上述二維陣列的第一維有3列，每一列是一個一維陣列{74, 56}、{37, 68}和{33, 83}，即3個一維陣列的二門課程成績，每一個一維陣列擁有二個元素（2行），共有「3*2 = 6」個元素，如下圖所示：

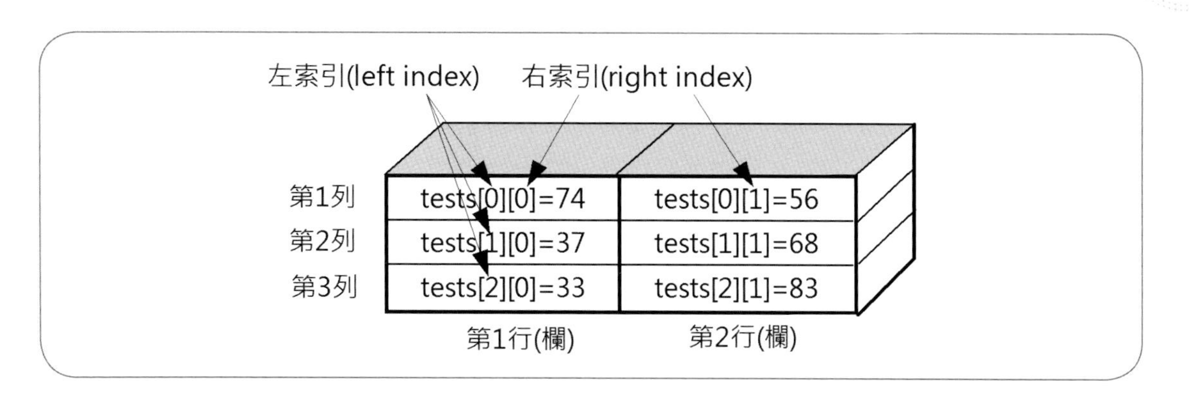

上述二維陣列擁有2個索引，左索引（left index）指出元素位在哪一列；右索引（right index）指出位在哪一行（或稱為欄），使用2個索引就可以存取指定儲存格的二維陣列元素。

使用指定敘述初始二維陣列

二維陣列除了在宣告陣列同時指定初值外，我們也可以先宣告二維陣列，如下所示：

```
int tests[3][2];     /* 宣告 3X2 的二維陣列 */
```

上述程式碼建立3X2的二維陣列後，再使用指定敘述指定二維陣列的每一個元素值，如下所示：

```
tests[0][0] = 74;
tests[0][1] = 56;
tests[1][0] = 37;
tests[1][1] = 68;
tests[2][0] = 33;
tests[2][1] = 83;
```

上述程式碼指定二維陣列的每一個元素值。

Example06.c：使用二維陣列

```
01: /* 使用二維陣列 */
02: #include <stdio.h>
03:
04: int main()
05: {
06:     int i, id;                          /* 宣告變數 */
```

```
07:     double avg, sum = 0;
08:
09:     int tests[3][2] = {{ 74, 56 },  /* 建立二維陣列 */
10:                        { 37, 68 },
11:                        { 33, 83 } };
12:
13:     printf("請輸入學號 1~3 ==> ");
14:     scanf("%d", &id);
15:     id--;
16:
17:     if ( id >= 0 && id <= 2 )       /* 檢查索引是否在範圍內 */
18:     {
19:         for ( i = 0; i < 2; i++)    /* for迴圈顯示和計算總分 */
20:         {
21:             sum += tests[id][i];
22:             printf("成績: %d\n", tests[id][i]);
23:         }
24:         printf("學號:%d 的總分: %f\n", id+1, sum);
25:         avg = sum / 2;              /* 計算平均分數 */
26:         printf("平均成績: %f\n", avg);
27:     }
28:
29:     return 0;
30: }
```

上述第15行將輸入學號減1成爲索引值，在第17~27行的if條件敘述檢查索引值的範圍，使用的是邏輯運算式，第19~23行的迴圈計算總分，在第25行計算分數的平均。

Example06.c的執行結果

```
請輸入學號 1~3 ==> 2 Enter
成績: 37
成績: 68
學號:2 的總分: 105.000000
平均成績: 52.500000
```

上述執行結果輸入學號2，可以顯示二門課程的考試成績、總分和平均。

9-6 字串與陣列

C語言沒有內建字串資料型態，C語言的字串就是一種char字元型態的一維陣列，使用'\0'字串結束字元來標示字串結束。

9-6-1 認識C語言字串

C語言的「字串」（string）是字元資料型態的一維陣列。例如：宣告一維的字元陣列來儲存字串，如下所示：

```
char str[80];    /* 宣告長度80字元的字元陣列str */
```

上述程式碼宣告長度80的字元陣列，陣列名稱是str，陣列索引值從0開始，我們可以使用str[0]、str[1]~str[79]存取陣列元素，如下所示：

```
char c;          /* 宣告字元變數c */
str[i] = c;      /* 指定字元陣列的元素值 */
```

上述程式碼是將變數i的值作爲索引值，以便指定此索引值的陣列元素爲字元變數c的值，這是一個字元資料型態的變數。在一維字元陣列的結束需要加上'\0'字元當作結束字元，如下所示：

```
str[LEN] = '\0';
```

上述擁有結束字元的字元陣列是一個字串，其長度是從0到結束字元前爲止的字元數，即LEN。

9-6-2 字串初值與輸出字串內容

在C語言宣告字元陣列的字串同時可以指定初值，或使用指定敘述指定字串內容。

字串初值

字串初值相當於是指定C語言char字元陣列的初值。例如：宣告擁有15個元素的字元陣列，如下所示：

```
char str[15] = "hello! world\n";  /* 宣告字元陣列str和指定字串常數 */
```

上述程式碼是一個字元陣列，使用「"」雙引號的字串常數指定陣列初值，此時字元陣列str[]的內容，如下圖所示：

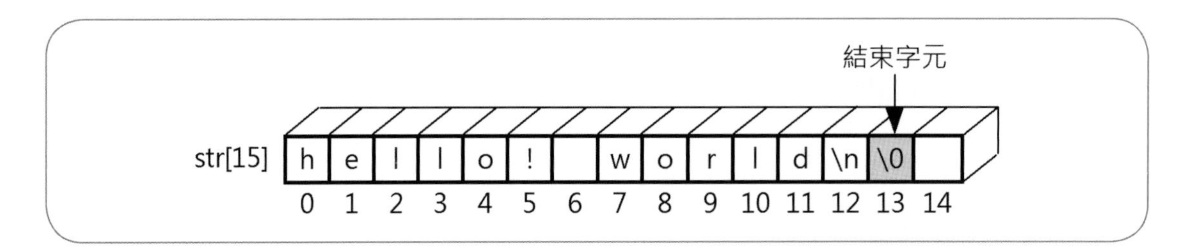

上述圖例的字元陣列儲存字串"hello! world\n"，在索引13的元素值'\0'是字串結束字元，稱爲null字元。字串長度是從索引0計算到null字元之前，即0到12，其長度是13。

在C語言除了使用字串常數來指定字串初值外，我們還可以使用陣列初值的方式來建立字串內容，如下所示

```
char str[15] = {'H','e','l','l','o','!',' ','w','o','r','l','d','\n','\0'};
```

輸出字串內容

我們一樣是使用printf()函數來輸出顯示字串內容，此時的格式字元是「%s」，如下所示：

```
printf("字串內容: %s\n", str);
```

Example07.c：輸出字串內容

```
01: /* 輸出字串內容 */
02: #include <stdio.h>
03:
04: int main()
05: {
06:     char str[15] = "hello! world\n";  /* 宣告字元陣列 */
07:
08:     printf("字串內容: %s\n", str);
09:
10:     return 0;
11: }
```

Example07.c的執行結果

```
字串內容: hello! world
```

上述執行結果顯示str字串的內容，在第6行宣告字串和指定初值，然後第8行呼叫printf()函數顯示字串內容。

9-6-3 使用陣列走訪計算字串長度

因爲C語言的字串是一個字元陣列，我們可以使用for迴圈走訪字元陣列來計算字串長度，如下所示：

```
for ( i = 0; str[i] != '\0'; i++ ); /* for迴圈計算字串長度 */
```

上述for迴圈是一個空迴圈，迴圈本身沒有任何程式敘述或程式區塊，迴圈的結束條件是「str[i] == '\0'」，也就是陣列元素等於字串結束字元，所以結束迴圈後的計數器變數i的值，就是字串長度。

Example08.c：計算字串長度

```
01: /* 計算字串長度 */
02: #include <stdio.h>
03:
04: int length(char []);                          /* 函數原型宣告 */
05:
06: /* 在main()函數呼叫length()函數 */
07: int main()
08: {
09:     char str[15] = "hello! world\n";   /* 宣告字元陣列 */
10:
11:     printf("字串長度: %d\n", length(str));
12:
13:     return 0;
14: }
15:
16: /* length()函數的定義 */
17: int length(char str[])
18: {
19:    int i;
20:
21:    for ( i = 0; str[i] != '\0'; i++ ); /* for迴圈計算字串長度 */
```

```
22:
23:     return i;
24: }
```

Example08.c的執行結果

```
字串長度: 13
```

上述執行結果是呼叫length()函數顯示的字串長度，我們是使用for迴圈走訪字元陣列來計算出字串長度。

9-6-4 標準函數庫的字串函數

如同第9-6-3節，我們可以自行使用陣列方式來建立所需的字串函數，但是，C語言標準函數庫<string.h>標頭檔已經提供現成的字串函數，我們可以直接使用。常用字串函數的說明，如下表所示：

字串函數	說明
size_t strlen(const char[] s)	傳回字串s的長度
char[] strcpy(char[] s1, const char[] s2)	將字串s2複製到字串s1，傳回s1
char[] strcat(char[] s1, const char[] s2)	連接字串s2到字串s1之後，傳回s1
int strcmp(const char[] s1, const char[] s2)	比較字串s1和s2，當s1比s2小時傳回負值；s1等於s2時傳回0；s1比s2大時傳回正值

請注意！我們不能使用指定敘述將字串指定給其他字元陣列。例如：宣告字元陣列str、str1和str2，其尺寸爲15和20，如下所示：

```
char str[15] = "This is a pen.";  /* 宣告字元陣列str */
char str1[20], str2[20];          /* 宣告字元陣列str1和str2 */
```

上述字串只能在宣告時使用字串常數指定字串內容，如果在程式碼使用指定敘述，如下所示：

```
str1 = "hello";    /* 錯誤寫法 */
```

上述程式碼是錯誤寫法，在程式碼更改字串內容需要使用strcpy()函數。例如：指定字串常數或將其他字串變數指定給str1和str2，如下所示：

```
strcpy(str1, "This is a book.");     /* 複製到str1字串 */
strcpy(str2, str);                   /* 複製到str2字串 */
```

上述strcpy()函數可以將第2個參數字串複製到第1個參數，即將字串常數"This is a book."複製給str1字串變數後，將str複製給str2。

Example09.c：使用標準函數庫的字串函數

```
01: /* 使用標準函數庫的字串函數 */
02: #include <stdio.h>
03: #include <string.h>
04:
05: int main()
06: {
07:     char str[15] = "This is a pen.";  /* 宣告字元陣列str */
08:     char str1[20], str2[20];          /* 宣告字元陣列str1和str2 */
09:     char str3[30] = "Hi! ";           /* 宣告字元陣列str3 */
10:
11:     printf("str字串內容: \"%s\"\n", str);
12:     printf("str字串的長度: %d\n", strlen(str));
13:
14:     strcpy(str1, "This is a book.");    /* 複製到str1字串 */
15:     strcpy(str2, str);                  /* 複製到str2字串 */
16:     printf("str1字串內容: \"%s\"\n", str1);
17:     printf("str2字串內容: \"%s\"\n", str2);
18:
19:     strcat(str3, str1);                 /* 連接字串 */
20:     printf("str3字串內容: \"%s\"\n", str3);
21:
22:     if ( strcmp(str1, str2) > 0 )       /* 字串比較 */
23:         printf("str1比較大...");
24:     else
25:         printf("str2比較大...");
26:
27:     return 0;
28: }
```

在第3行含括<string.h>標頭檔，第12行測試strlen()函數，第14~15行是strcpy()函數，在第19行是strcat()函數，第22~25行的if/else條件敘述是strcmp()函數。

Example09.c的執行結果

```
str字串內容: "This is a pen."
str字串的長度: 14
str1字串內容: "This is a book."
str2字串內容: "This is a pen."
str3字串內容: "Hi! This is a book."
str2比較大...
```

上述執行結果就是測試執行標準函數庫的字串函數，依序取得字串長度、複製字串、連接字串和比較字串。

量

選擇題

(　　)1. 請問下列哪一個關於C語言陣列的說明是不正確的？
(A)一維陣列擁有一個索引來存取陣列元素
(B)陣列是一種循序性的資料結構
(C)陣列在使用前不需事先宣告
(D)索引值預設是從0開始

(　　)2. 在C語言已經建立名為arr的10元素陣列，請問下列哪一個是C陣列索引預設的起始值？
(A)0　(B)1　(C)9　(D)10

(　　)3. 當宣告陣列int tests[8];後，請問我們共宣告幾個元素的整數陣列？
(A)8　(B)7　(C)6　(D)5

(　　)4. 請問存取arr[]陣列第8個元素的程式碼是下列哪一個？
(A)arr[6]　(B)arr[7]　(C)arr[8]　(D)arr[9]

(　　)5. 請問下列哪一個是存取陣列quiz[]第1個元素的程式碼？
(A)quiz[0]　(B)quiz(1)　(C)quiz[1]　(D)quiz(0)

(　　)6. 請問下列C程式片段執行結果顯示的陣列元素a[4]的值為何，如下所示：

```
int a[5];
a[0] = 1;
for ( i = 1; i <= 4; i++ ) {
   a[i] = a[i - 1] + i;
}
```

(A)5　(B)15　(C)11　(D)21

(　　)7. 請問下列C程式片段執行結果顯示的陣列元素a[2]的值為何，如下所示：

```
int a[3];
int temp = 0;
for ( i = 0; i <= 2; i++ ) {
   temp = temp + i;
```

評量

```
    a[i] = temp;
}
```

(A)0 (B)1 (C)2 (D)3

( )8. 請問二維陣列宣告int tests[3][4];一共宣告了幾個元素？

(A)7 (B)12 (C)15 (D)20

( )9. 請問C語言字串是在一維字元陣列結束加上下列哪一個字元作為結束字元？

(A)'\0' (B)'\s' (C)'\n' (D)'\t'

( )10. 請問下列哪一個C語言的字串函數可以比較參數的字串？

(A)strlen() (B)strcpy() (C)strcat() (D)strcmp()

填充與問答題

1. 小明班長準備儲存班上20位同學的成績資料，他可以使用C語言的「________」（array）來儲存。
2. C語言存取陣列test[]第1個元素的程式碼是________。int data[14];陣列的最後一個元素索引值是______。存取int b[15];陣列最後1個元素的程式碼是______；存取陣列b[]的第8個元素的程式碼是______。
3. 為了避免程式碼存取陣列元素超過索引範圍，我們可以在C程式加上____________來檢查陣列索引值是否超過陣列的索引值範圍。
4. 請寫出下列2個C程式碼片段的執行結果，如下所示：

```
(1) int array[] = { 1, 3, 5, 7 };
    printf("%d\n", array[0] + array[2]);
(2) int array[] = { 2, 4, 6, 8 };
    array[0] = 13;
    array[3] = array[1];
    printf("%d\n", array[0] + array[2] + array[3]);
```

5. 請問什麼是陣列的搜尋和排序？
6. 請舉例說明C語言的「字串」（string）是什麼？

實作題

1. 請建立C程式宣告15個元素的一維陣列，在初始元素值為索引值後，計算陣列元素的總和與平均。
2. 請建立arrayMin()函數傳入整數陣列，傳回值是陣列元素的最小值，C程式可以讓使用者輸入5個範圍1~100的數字，在存入陣列後，找出陣列元素的最小值。
3. 請建立C程式在輸入一個字串後，將字元陣列中索引為奇數的字元抽出來建立成新字串，最後顯示字串內容，例如：字串"computer"，顯示"optr"。
4. 請建立C程式使用scanf()函數輸入3個字串，然後使用C標準函數庫的字串函數連接3個字串成為一個字串，並且顯示2次連接後的字串內容。

Memo

Chapter 10

指標

學習重點

- 認識記憶體位址
- 使用指標變數
- 函數與指標
- 陣列與指標
- 字串與指標

10-1 認識記憶體位址

「指標」（pointers）是C語言的低階程式處理功能，可以直接存取電腦的記憶體位址，所以，在使用指標變數前，我們一定需要了解什麼是記憶體位址。

10-1-1 電腦的記憶體位址

在Windows作業系統執行C程式，作業系統是將儲存在硬碟的執行檔案載入記憶體（main memory）來執行，記憶體空間如同是一排大樓信箱，每一個儲存單位擁有數字編號的「位址」（address），即信箱上的門牌號碼，在每一單位的記憶體（信箱）內容是資料，儲存資料佔用的記憶體空間大小，需視使用的資料型態而定，如下圖所示：

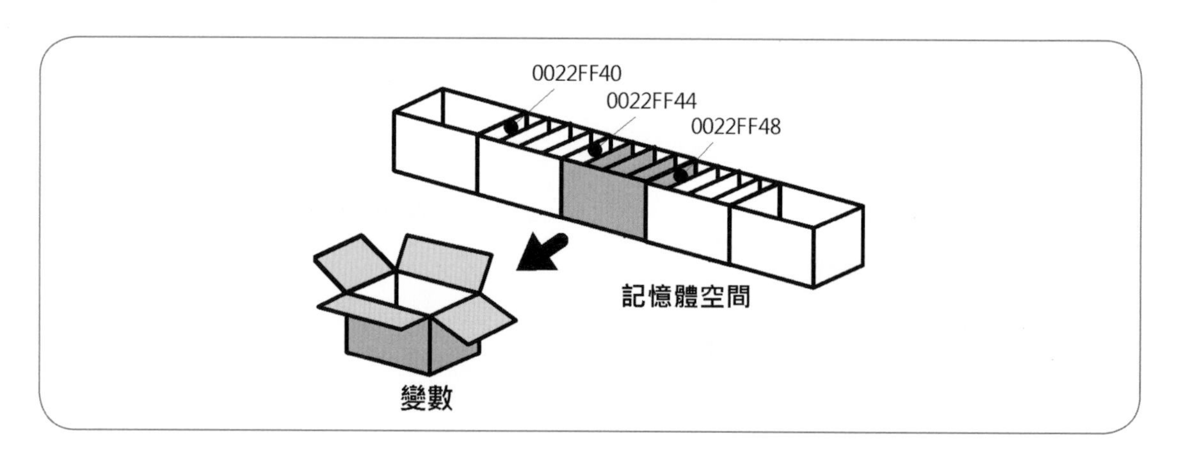

上述變數是整排記憶體空間的一個單位，單位的門牌號碼是位址，通常使用16進位值來表示此位址，變數名稱代表的就是一個記憶體位址，以此例是0022FF44。

問題是，當宣告變數後，變數名稱和位址就已經綁定，我們只能使用變數名稱來存取此特定位址儲存的資料，並不能更改變數的記憶體位址來存取其位址的資料，在記憶體資料的存取上比較沒有彈性。

指標就完全不同了，因爲指標的值是位址，我們只需更改指標值的位址，就可以改存取其他變數儲存的資料，同一指標即可跨變數存取資料，提供比變數更大的彈性來存取記憶體中儲存的資料。

10-1-2 取得變數的記憶體位址

因為變數名稱代表的是一個記憶體位址，我們可以使用C語言的「&」取址運算子來取得變數的記憶體位址。

「&」取址運算子

取址運算子可以取得變數名稱代表的記憶體位址，其語法如下所示：

```
&變數名稱
```

上述「&」取址運算子是一種單元運算子，可以取得運算元變數的位址，例如：變數score，如下所示：

```
&score
```

在printf()函數顯示位址是使用「%p」格式字元，如下所示：

```
printf("變數score的位址 = %p\n", &score);
```

上述程式碼可以顯示變數score的記憶體位址，&score就是取得變數score的記憶體位址。

Example01.c：取出和顯示變數的記憶體位址

```
01: /* 取出和顯示變數的記憶體位址 */
02: #include <stdio.h>
03:
04: int main()
05: {
06:     int score = 85;      /* 宣告變數 */
07:
08:     printf("變數score的值 = %d\n", score);
09:     printf("變數score的位址 = %p\n", &score);
10:
11:     return 0;
12: }
```

Example01.c的執行結果

```
變數score的值 = 85
變數score的位址 = 000000000022FE4C
```

上述執行結果顯示變數score的值和記憶體位址，換句話說，值85就是儲存在0022FE4C這個位址的記憶體空間，現在，你應該知道變數score的資料到底是儲存在哪裡，如下圖所示：

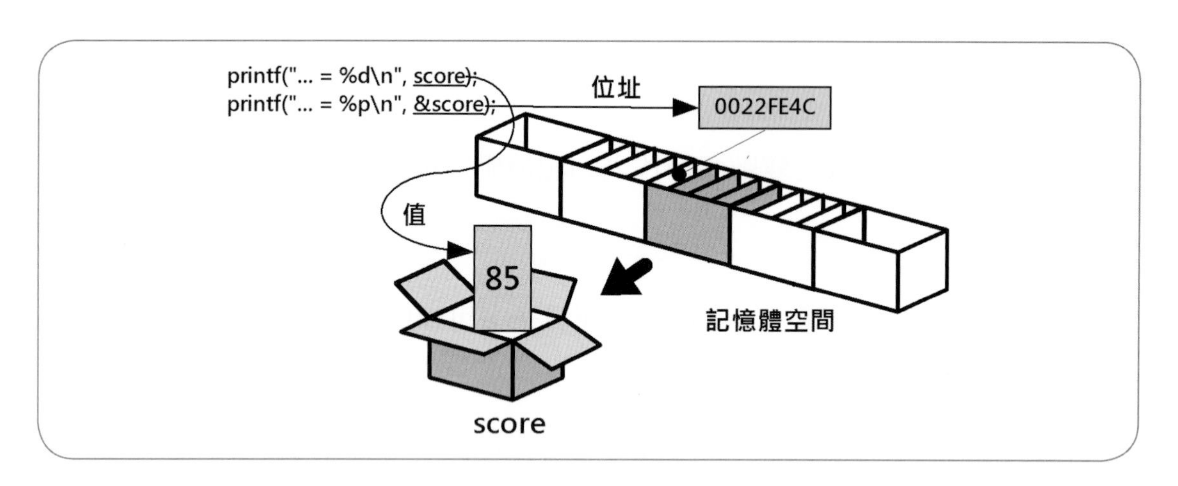

上述變數score的位址值是0022FE4C，這是在筆者64位元Windows 10作業系統的執行結果，此值會因電腦而不同，在其他電腦上執行顯示的記憶體位址有可能不同。

事實上，變數實際位址值並不是重點，讀者只需有一個觀念，這個位址值代表記憶體單位的一個門牌號碼。對於程式來說，重點永遠是在變數儲存的資料，在本章之前我們只能使用變數名稱來存取資料，從第10-2節開始，筆者會告訴你如何使用指標透過記憶體位址來存取變數儲存的資料。

10-2 使用指標變數

指標是C語言一項十分強大的功能，也是一種十分危險的功能，因爲我們可以直接使用C程式碼存取其他變數的記憶體位址，如果使用到尚未初始的指標，就有可能存取到未知的記憶體內容，嚴重時有可能造成系統崩潰。

10-2-1 宣告指標變數

指標（pointers）是一種特殊變數，變數內容不是常數值，而是其他變數的「位址」（address），如下所示：

「指標是一種儲存記憶體位址值的特殊變數。」

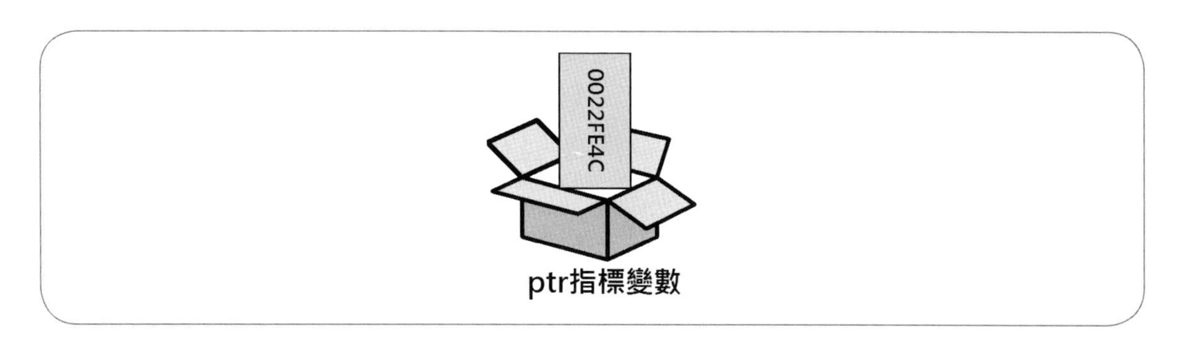

上述指標變數ptr的值是一個位址。指標變數也是一種變數，在使用前需宣告和替變數命名。

宣告指標變數

C語言宣告指標變數的語法，如下所示：

```
資料型態 *變數名稱;
```

上述指標宣告和變數宣告只差變數名稱前的「*」星號（請注意！指標變數宣告的變數名稱前一定有星號「*」，不然，就是一般變數）。例如：指向int整數的指標變數宣告，如下所示：

```
int *ptr;          /* 宣告指標變數ptr儲存int變數位址 */
```

上述程式碼宣告整數指標變數ptr，能夠儲存int整數資料型態變數的位址。其他資料型態的指標變數宣告，如下所示：

```
char *ptr1;        /* 宣告指標變數ptr1儲存char變數位址 */
double *ptr2;      /* 宣告指標變數ptr2儲存double變數位址 */
```

指定指標變數儲存的位址值

在第10-1-2節已經說明過如何取得變數的位址，當我們宣告指標變數後，就可以指定成其他變數的記憶體位址，請注意！取得位址的變數一定已經在指標變數前宣告，如下所示：

```
int score = 85;    /* 宣告變數score和指定初值 */
int *ptr;          /* 宣告指標變數ptr儲存int變數位址 */
ptr = &score;      /* 指定指標變數ptr的值是變數score的位址 */
```

上述程式碼先宣告整數變數var後，再宣告指標ptr。

Example02.c：宣告指標變數來儲存其他變數的位址

```
01: /* 宣告指標變數來儲存其他變數的位址 */
02: #include <stdio.h>
03:
04: int main()
05: {
06:     int score = 85;   /* 宣告變數 */
07:     int *ptr;         /* 宣告指標變數ptr儲存int變數位址 */
08:
09:     ptr = &score;     /* 指定指標變數ptr的值是變數score的位址 */
10:
11:     printf("變數score的值 = %d\n", score);
12:     printf("變數score的位址 = %p\n", &score);
13:     printf("指標ptr的值 = %p\n", ptr);
14:     printf("指標ptr的位址 = %p\n", &ptr);
15:
16:     return 0;
17: }
```

Example02.c的執行結果

```
變數score的值 = 85
變數score的位址 = 000000000022FE4C
指標ptr的值 = 000000000022FE4C
指標ptr的位址 = 000000000022FE40
```

上述執行結果的score變數值是85；位址是0022FE4C，指標ptr的值就是變數score的位址，指標ptr也是變數，我們一樣可以取得指標變數的位址，如下圖所示：

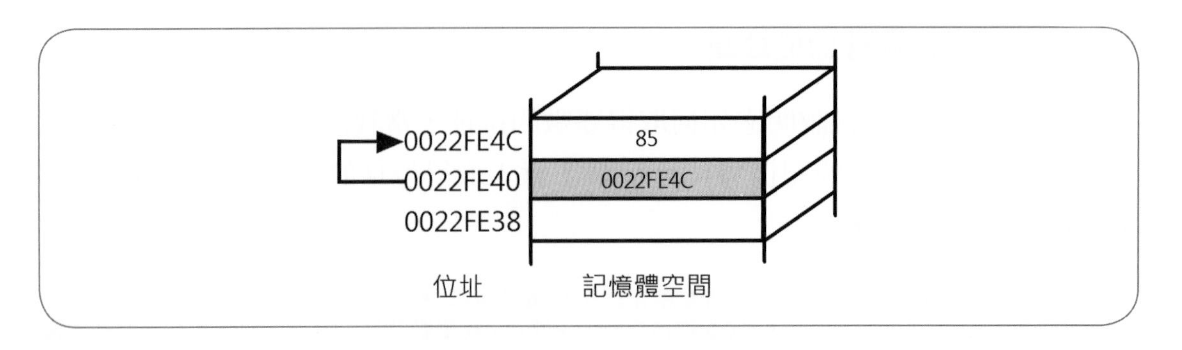

上述圖例可以看到指標ptr的值是0022FE4C，這就是整數變數score的記憶體位址。很明顯的！指標ptr和變數score建立了連接，即：

「**指標ptr指向變數score**」

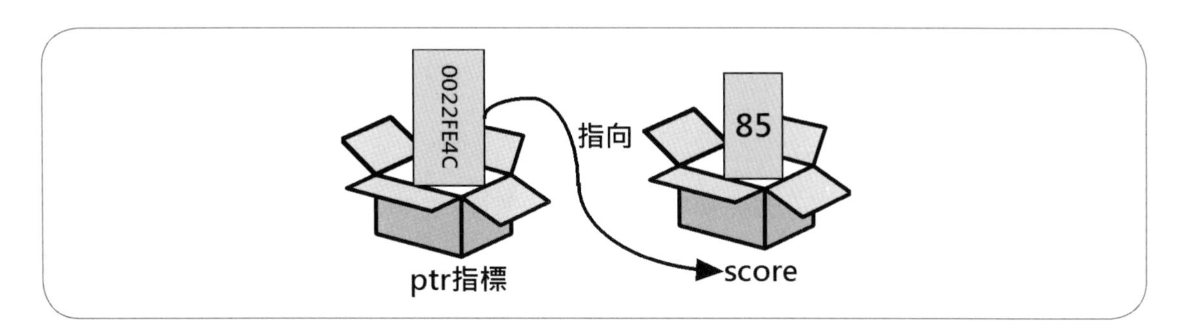

事實上，指標單獨存在並沒有意義，因爲它的值是指向其他變數的位址，所以，可以讓我們在第10-2-2節間接取得其他變數儲存的值。

10-2-2 取得指標指向的變數值

因爲指標變數就是指向其他變數的位址，所以，透過指標建立的連接，我們可以間接取得其他變數儲存的值，使用的就是取值運算子。

「*」取值運算子

取值運算子可以取得運算元指標所指向的變數值，其語法如下所示：

```
*指標變數名稱
```

上述「*」運算子（二元運算子「*」是乘法）是對應第10-1-2節的取址運算子，稱爲「取值」（indirection），這是一種單元運算子，可以取得運算元指標的變數值。例如：ptr是指向整數變數score的指標，*ptr就是變數score的值，如下所示：

```
*ptr
```

Example03.c：取得指標指向變數的值

```
01: /* 取得指標指向變數的值 */
02: #include <stdio.h>
03:
04: int main()
05: {
06:     int score = 85;   /* 宣告變數 */
07:     int *ptr;         /* 宣告指標變數ptr儲存int變數位址 */
08:
09:     ptr = &score;     /* 指定指標變數ptr的值是變數score的位址 */
10:
11:     printf("變數score的值 = %d\n", score);
12:     printf("變數score的位址 = %p\n", &score);
13:     printf("指標ptr的值 = %p\n", ptr);
14:     printf("指標ptr的位址 = %p\n", &ptr);
15:     printf("*ptr的值 = %d\n", *ptr);
16:
17:     return 0;
18: }
```

Example03.c的執行結果

```
變數score的值 = 85
變數score的位址 = 000000000022FE4C
指標ptr的值 = 000000000022FE4C
指標ptr的位址 = 000000000022FE40
*ptr的值 = 85
```

上述執行結果的最後是score變數值85，不過，我們不是使用變數score，而是透過指標ptr來間接取得score變數值，如下圖所示：

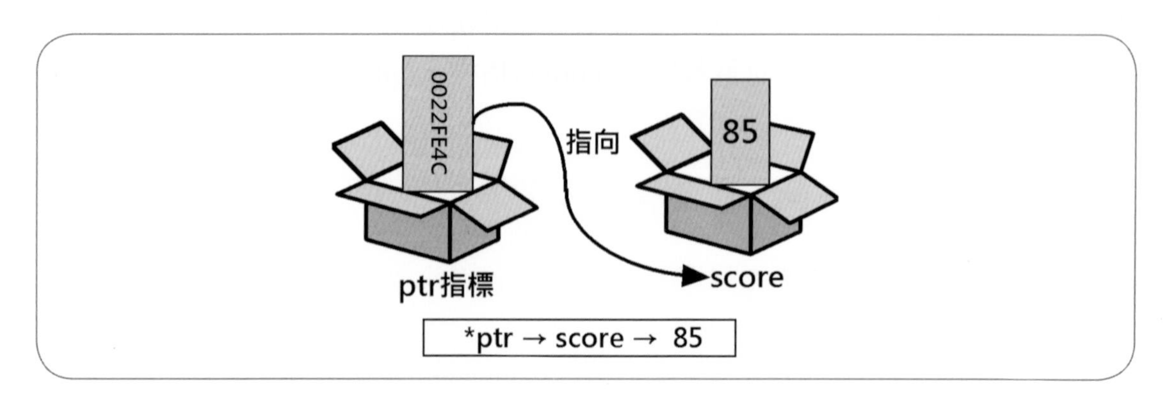

我們可以說：

「***ptr就是變數score。**」

指標之所以稱爲指標，就是因爲指標的值是指向其他變數的位址，所以，指標對於程式設計者來說，其意義不在指標本身，而是在它指向的哪一個變數值。

說明

讀者是否注意到？指標的使用方式和宣告完全相同，都是*ptr，因爲C語言的精神是如何宣告就如何使用，指標宣告成*ptr，使用時也是以*ptr取得變數值，我們可以將整個*ptr視爲是變數score的別名。

10-2-3 更改指標變數的位址值

基本上，變數配置的記憶體位址是無法更改，但是，指標可以，換句話說，我們可以將本來指向score變數的位址，改爲指向變數score1。

Example04.c：更改指標變數的位址值

```
01: /* 更改指標變數的位址值 */
02: #include <stdio.h>
03:
04: int main()
05: {
06:     int score = 85;    /* 宣告變數 */
07:     int score1 = 72;
08:     int *ptr;          /* 宣告指標變數ptr儲存int變數位址 */
09:
10:     ptr = &score;      /* 指定指標變數ptr的值是變數score的位址 */
11:
12:     printf("變數score的值 = %d\n", score);
13:     printf("變數score的位址 = %p\n", &score);
14:     printf("指標ptr的值 = %p\n", ptr);
15:     printf("*ptr的值 = %d\n", *ptr);
16:
17:     ptr = &score1;     /* 指定指標變數ptr的值是變數score1的位址 */
18:
19:     printf("變數score1的值 = %d\n", score1);
```

```
20:     printf("變數score1的位址 = %p\n", &score1);
21:     printf("更改指標ptr的值 = %p\n", ptr);
22:     printf("*ptr的值 = %d\n", *ptr);
23:
24:     return 0;
25: }
```

Example04.c的執行結果

```
變數score的值 = 85
變數score的位址 = 000000000022FE44
指標ptr的值 = 000000000022FE44
*ptr的值 = 85
變數score1的值 = 72
變數score1的位址 = 000000000022FE40
更改指標ptr的值 = 000000000022FE40
*ptr的值 = 72
```

上述執行結果是在第10行指定指標ptr指向score變數的記憶體位址，所以*ptr值是85（score變數值），如下圖所示：

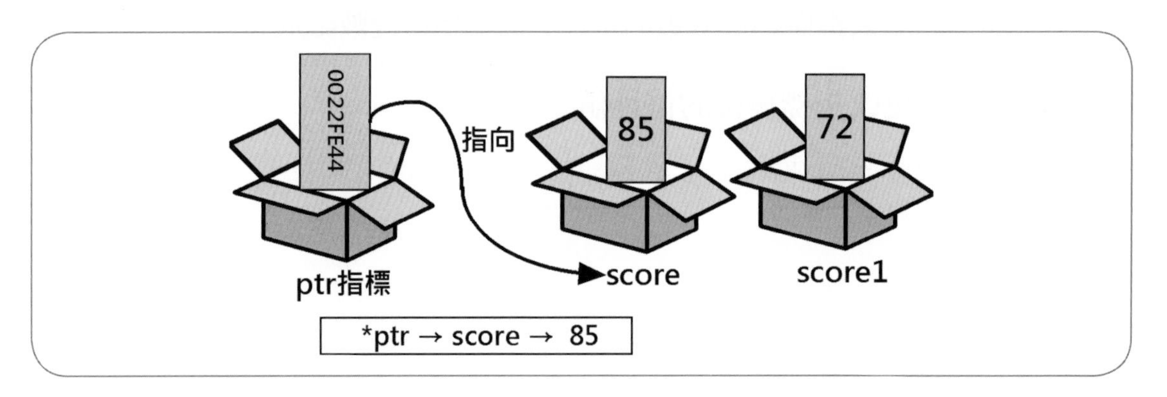

在第17行指標ptr的值改爲score1的記憶體位址，所以最後*ptr值是72（score1變數值），如下圖所示：

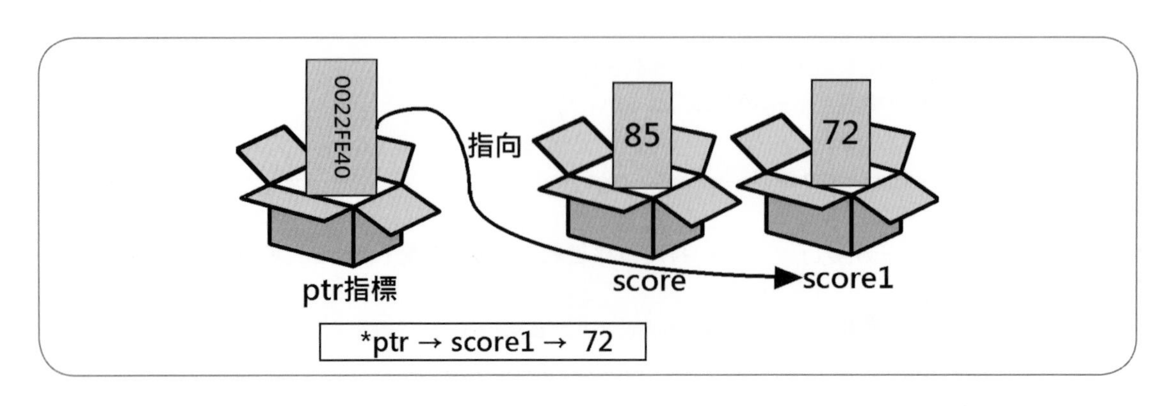

看出來了嗎？這就是指標之所以功能強大的地方，我們只需同一個指標變數，就可以更改指向的變數位址，來間接存取其他變數值。

10-2-4 使用指標更改變數值

因為*ptr相當於就是score變數，所以更改*ptr的值也一樣會更改變數score的值。

Example05.c：使用指標更改變數值

```
01: /* 使用指標更改變數值 */
02: #include <stdio.h>
03:
04: int main()
05: {
06:     int score = 85;    /* 宣告變數 */
07:     int *ptr;          /* 宣告指標變數ptr儲存int變數位址 */
08:
09:     ptr = &score;      /* 指定指標變數ptr的值是變數score的位址 */
10:
11:     printf("變數score的值 = %d\n", score);
12:     printf("變數score的位址 = %p\n", &score);
13:     printf("*ptr的值 = %d\n", *ptr);
14:
15:     *ptr = 60;         /* 更改*ptr的值 */
16:
17:     printf("更改*ptr的值成為60\n");
18:     printf("變數score的值 = %d\n", score);
19:     printf("*ptr的值 = %d\n", *ptr);
20:
21:     return 0;
22: }
```

Example05.c的執行結果

```
變數score的值 = 85
變數score的位址 = 000000000022FE44
*ptr的值 = 85
更改*ptr的值成為60
變數score的值 = 60
*ptr的值 = 60
```

上述執行結果*ptr值是85（score變數值），在第15行更改成60後，可以看到變數score和*ptr的值都改爲60，如下圖所示：

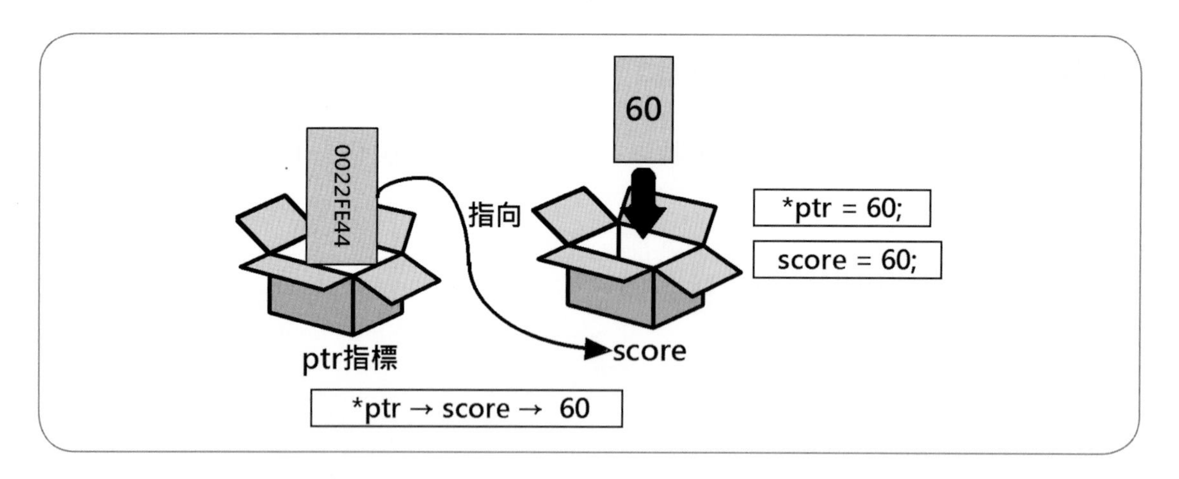

因爲*ptr相當於是變數score，所以，「*ptr = 60;」就如同是變數score的指定運算式「score = 60;」，如下圖所示：

*ptr = 60; ⟷ score = 60;

10-2-5 指標變數的預設值

因爲C語言的指標並沒有預設值，如果程式沒有指定指標變數的位址，如下所示：

```
int score = 85;   /* 宣告變數 */
int *ptr;         /* 宣告指標變數ptr儲存int變數位址 */

/* ptr = &score; */

printf("指標ptr的值 = %p\n", ptr);
printf("指標ptr的位址 = %p\n", &ptr);
printf("*ptr的值 = %d\n", *ptr);
```

上述程式程式敘述「ptr = &score;」被註解掉了，所以沒有指定指標變數ptr的位址，此時指標ptr的值並沒有任何意義，我們也不可以取得指向的變數值。

請注意！指標一定需要指定位址後才能使用，爲了避免產生此錯誤，例如：指標尚未指向變數位址就使用指標，請在宣告時將它指定成NULL常數，如下所示：

```
int *ptr = NULL;    /* 宣告整數指標變數ptr和指定初值NULL */
```

上述指標稱爲NULL指標，在使用前我們可以使用if條件判斷指標是否已經指向其他變數，如下所示：

```
if ( ptr == NULL ) /* 檢查指標變數ptr是否指向NULL */
{
    …
}
```

上述if條件判斷ptr指標是否爲NULL，如果是NULL就表示指標尚未指向其他變數。

10-3　函數與指標

C語言函數的參數可以是變數，也可以是指標，透過指標的參數傳遞，我們可以更改呼叫引數的變數值，即傳址呼叫。

10-3-1　傳值的參數傳遞

C語言的傳值呼叫是函數預設的參數傳遞方式，其作法是將複製的引數值傳到函數，所以函數存取的參數不是原來傳入的變數，當然也不會更改呼叫的變數值，因爲它們是位在不同的記憶體位址，如下圖所示：

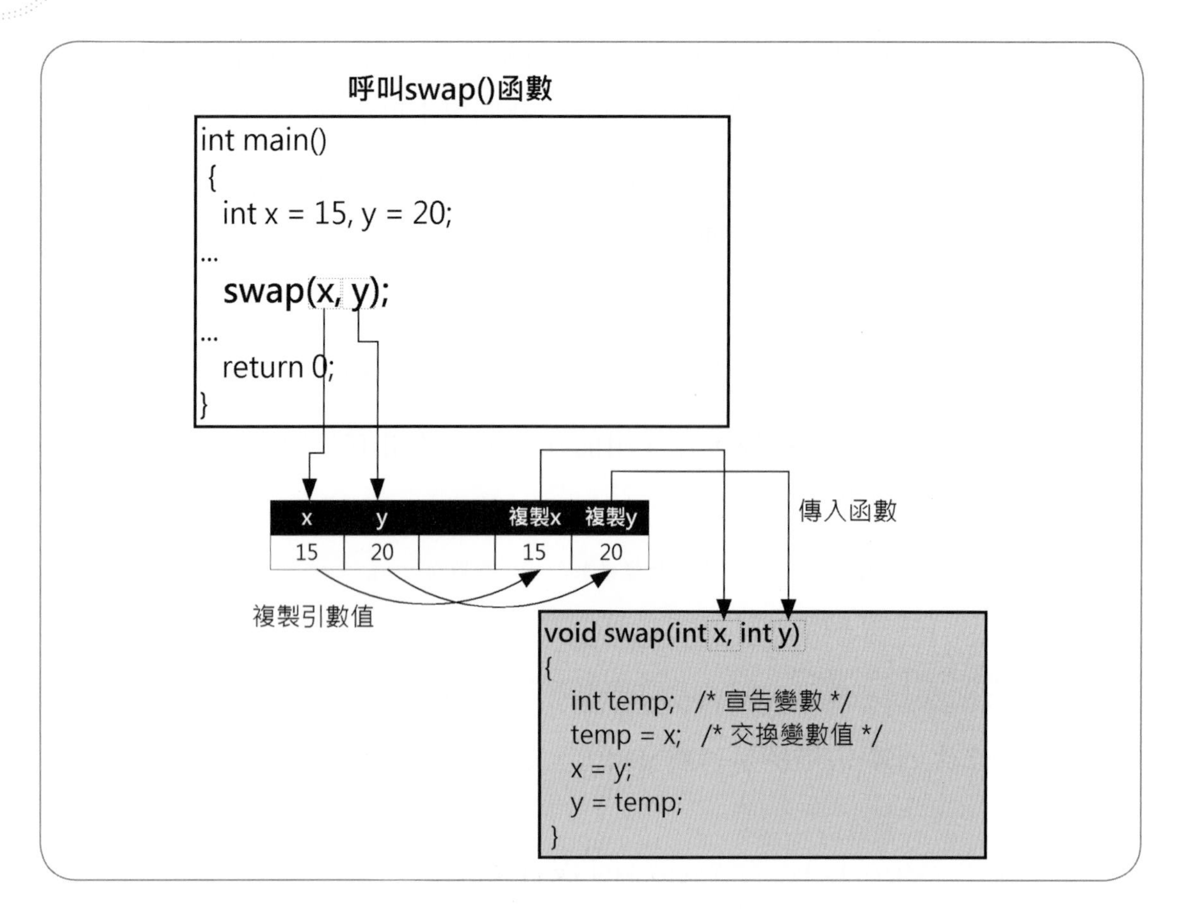

上述swap()函數是傳值呼叫，傳入的參數x和y會建立複本x和y，在函數中存取的是此複本變數，並不是原來變數，所以，不會更改呼叫變數x和y的值，執行結果並不會交換2個變數值。

Example06.c：函數的傳值參數傳遞

```
01: /* 函數的傳值參數傳遞 */
02: #include <stdio.h>
03:
04: void swap(int, int);      /* 函數原型宣告 */
05:
06: int main()
07: {
08:     int x = 15, y = 20;   /* 宣告變數 */
09:
10:     printf("交換前 x= %d y= %d\n", x, y);
11:
12:     swap(x, y);           /* 呼叫swap()函數 */
```

```
13:
14:     printf("交換後 x= %d y= %d\n", x, y);
15:
16:     return 0;
17: }
18:
19: /* swap()函數的定義 */
20: void swap(int x, int y)
21: {
22:     int temp;    /* 宣告變數 */
23:     temp = x;    /* 交換變數值 */
24:     x = y;
25:     y = temp;
26: }
```

Example06.c的執行結果

```
交換前 x= 15 y= 20
交換後 x= 15 y= 20
```

上述執行結果可以看到2個變數值並沒有交換。

10-3-2 傳址的參數傳遞

C語言內建沒有提供傳址呼叫方式，而是使用指標傳遞參數來取代，所以，C語言的傳址呼叫就是傳遞指標。

傳址呼叫是將變數實際記憶體位址傳入，所以函數中變更參數的變數值，同時也會更改原變數值，因爲它們是位在同一個記憶體位址的變數，如下圖所示：

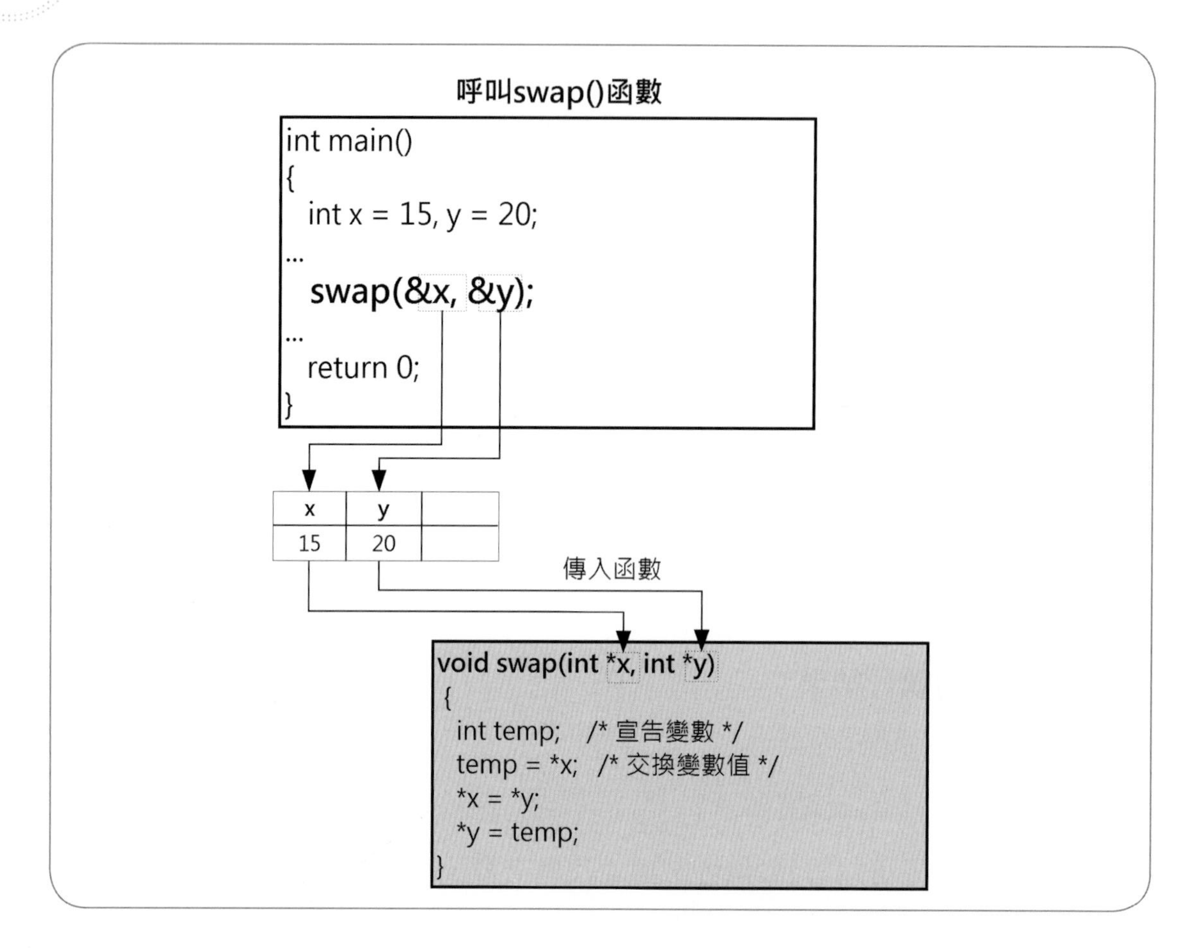

上述swap()函數傳入的參數是指標，在參數的變數名稱前需要使用「*」號表示是指標，真正傳入函數的參數是變數的位址，如下所示：

```
swap(int *x, int *y)
{
    ......
}
```

在swap()函數取得指標指向位址儲存的參數值是使用「*」取值運算子來取得變數值，如下所示：

```
temp = *x;
*x = *y;
*y = temp;
```

上述程式碼使用取值運算子*x，可以取得指標x位址的變數值，然後將它指定給變數temp，接著將指標y位址的變數值指定給指標x所指位址的變數，最後將變數temp的值指定給變數y位址的變數，以便交換2個變數值。

因為指標值是變數的位址，所以呼叫函數需要使用「&」取址運算子取得變數的記憶體位址，如下所示：

```
swap(&x, &y);
```

當傳址呼叫的參數在函數程式區塊更改其值時，因為是同一記憶體位址的變數，所以會更改傳入的變數值。

Example07.c：函數的傳址參數傳遞

```
01: /* 函數的傳址參數傳遞 */
02: #include <stdio.h>
03:
04: void swap(int *, int *); /* 函數原型宣告 */
05:
06: int main()
07: {
08:     int x = 15, y = 20;  /* 宣告變數 */
09:
10:     printf("交換前 x= %d y= %d\n", x, y);
11:
12:     swap(&x, &y);        /* 呼叫swap()函數 */
13:
14:     printf("交換後 x= %d y= %d\n", x, y);
15:
16:     return 0;
17: }
18:
19: /* swap()函數的定義 */
20: void swap(int *x, int *y)
21: {
22:     int temp;     /* 宣告變數 */
23:     temp = *x;    /* 交換變數值 */
24:     *x = *y;
25:     *y = temp;
26: }
```

Example07.c的執行結果

```
交換前 x= 15 y= 20
交換後 x= 20 y= 15
```

上述執行結果可以看到2個變數值已經交換。

10-4 陣列與指標

C語言的指標與陣列有十分特殊且密切的關係，因為C語言的陣列存取可以改用指標方式來存取元素值。

10-4-1 陣列名稱與指標

C語言一維陣列的名稱（沒有方括號）就是指向陣列第1個元素位址的指標常數（pointer constant），例如：陣列名稱tests，如下所示：

```
int tests[5] = { 71, 83, 67, 49, 59 };

int *ptr, *ptr1;  /* 宣告指向整數的指標變數ptr, ptr1 */
ptr = tests;      /* 將指標變數指向陣列第1個元素 */
```

上述程式碼宣告指標ptr，其值是陣列名稱tests，指標ptr和tests都是指向陣列第1個元素的位址。不過，tests是指標常數，其值是固定的常數值，並不能更改；ptr指標可以。

當然我們也可以自行使用「&」取址運算子取得陣列第1個元素的位址，如下所示：

```
ptr1 = &tests[0];    /* 將指標變數指向陣列的第1個元素 */
```

上述程式碼的陣列元素tests[0]是變數值，可以使用取址運算子取得第1個元素的位址，如下圖所示：

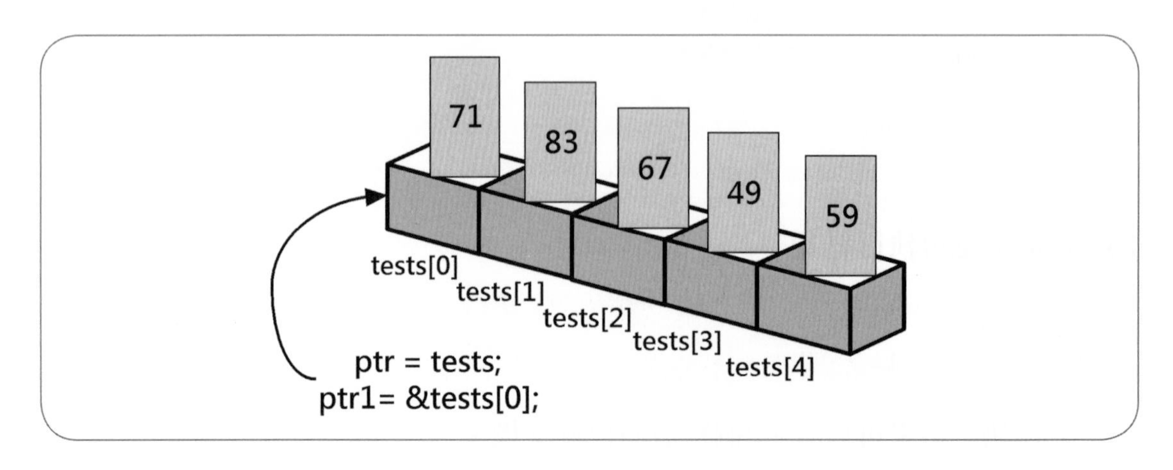

Example08.c：使用陣列名稱取得元素值

```
01: /* 使用陣列名稱取得元素值 */
02: #include <stdio.h>
03:
04: int main()
05: {
06:      /* 宣告tests陣列和指定初值 */
07:     int tests[5] = { 71, 83, 67, 49, 59 };
08:     int *ptr, *ptr1;        /* 宣告指向整數的指標變數ptr, ptr1 */
09:
10:     ptr = tests;            /* 將指標變數指向陣列第1個元素 */
11:     ptr1 = &tests[0];       /* 將指標變數指向陣列的第1個元素 */
12:
13:     printf("tests[0]的值 = %d\n", tests[0]);
14:     printf("tests[0]的位址 = %p\n", ptr1);
15:     printf("tests的值 = %p\n", tests);
16:     printf("*ptr的值 = %d\n", *ptr);
17:     printf("*ptr1的值 = %d\n", *ptr1);
18:
19:     return 0;
20: }
```

Example08.c的執行結果

```
tests[0]的值 = 71
tests[0]的位址 = 000000000022FE20
tests的值 = 000000000022FE20
*ptr的值 = 71
*ptr1的值 = 71
```

上述執行結果tests[0]的位址和tests陣列名稱的值是相同，在第10~11行指定ptr和ptr1指標是陣列第1元素的位址，所以*ptr和*ptr1的值相同，都是陣列的第1個元素值71。

10-4-2 指標運算

C語言的陣列是配置一塊連續的記憶體空間，程式碼除了可以使用索引值存取陣列元素外，還可以使用指標運算來存取陣列元素值。

指標的遞增和遞減運算

指標可以使用遞增和遞減運算移動指標指向的位址，首先是遞增運算，如下所示：

```
ptr++;    /* 將指標變數位址移到下一個陣列元素的位址 */
```

上述程式碼如果是一般變數，執行結果是值加一，指標變數是將目前指標位移到下一個陣列元素的位址。遞減運算的操作相反，如下所示：

```
ptr--;    /* 將指標變數位址移到前一個陣列元素的位址 */
```

上述程式碼將目前指標位移到前一個陣列元素的位址。

指標的加法和減法運算

指標的加法運算可以讓指標一次就向後位移一個常數值的陣列元素，如下所示：

```
ptr = ptr + 3;    /* 將指標變數位移3個元素 */
```

上述程式碼加上常數值3，表示位移3次，如果ptr原來指向tests[0]，執行後就是指向tests[3]。

指標減法的位移方向和加法相反，指標是往前位移幾個陣列元素，如下所示：

```
ptr = ptr - 2;    /* 將指標變數往前位移2個元素 */
```

上述程式碼如果ptr指向變數tests3[3]，往前位移2個元素後，ptr就會指向變數tests[1]。

指標相減

C語言的兩個指標也可以相減，如下所示：

```
i = (int) (ptr1 - ptr);    /* 指標變數的減法運算 */
j = (int) (ptr - ptr1);
```

上述程式碼是指標相減，結果是2個指標之間的元素數，如果目前ptr指向變數tests[1]；ptr1指向變數tests[4]，ptr1 - ptr = 3表示ptr1是在ptr之後的3個元素；ptr – ptr1 = -3表示ptr是ptr1之前的3個元素。

Example09.c：使用指標運算

```
01: /* 使用指標運算 */
02: #include <stdio.h>
03:
04: int main()
05: {
06:     /* 宣告tests陣列和指定初值 */
07:     int tests[5] = { 71, 83, 67, 49, 59 };
08:     int *ptr, *ptr1;        /* 宣告指向整數的指標變數ptr, ptr1 */
09:
10:     ptr = tests;            /* 將指標變數指向陣列第1個元素 */
11:     ptr1 = &tests[4];       /* 將指標變數指向陣列最後1個元素 */
12:
13:     printf("tests[0]的值 = %d\n", tests[0]);
14:     printf("tests[0]的位址 = %p\n", ptr1);
15:     printf("ptr+1的值 = %p\n", ptr+1);
16:     printf("*(ptr+1)的值 = %d\n", *(ptr+1));
17:     printf("ptr+2的值 = %p\n", ptr+2);
18:     printf("*(ptr+2)的值 = %d\n", *(ptr+2));
19:     printf("ptr1~ptr之間的元素數 = %d\n", ptr1-ptr);
20:
21:     return 0;
22: }
```

上述第10行的指標ptr是指向陣列的第1個元素；第11行的ptr1是指向陣列的最後1個元素。

Example09.c的執行結果

```
tests[0]的值 = 71
tests[0]的位址 = 000000000022FE30
ptr+1的值 = 000000000022FE24
*(ptr+1)的值 = 83
ptr+2的值 = 000000000022FE28
*(ptr+2)的值 = 67
ptr1~ptr之間的元素數 = 4
```

上述執行結果首先顯示第1個元素；ptr+1（即tests+1）是第2個元素；ptr+2（tests+2）是第3個元素，最後是第1個和最後1個之間的元素數4。

所以，我們可以整理出陣列索引值與指標之間的關係，如下圖所示：

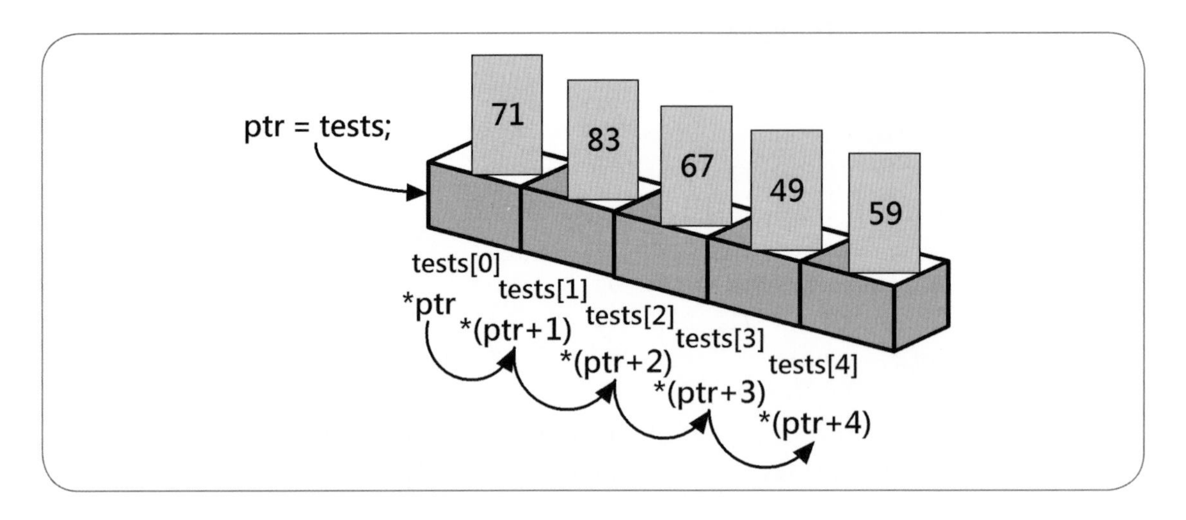

上述指標「ptr = tests;」是指向一維陣列名稱tests（沒有方括號）是指向陣列第1個元素的指標常數，指標運算移動指向的元素，如下所示：

- 使用*ptr取得第1個元素tests[0]的值。
- *(ptr + 1)是第2個元素tests[1]的值。
- *(ptr + 2)是第3個元素tests[2]的值，以此類推。

10-4-3 在函數參數使用指標存取陣列

當函數參數是一維陣列時（請參閱第9-4-2節），在函數原型宣告的參數也可以使用指標變數，如下所示：

```
int total(int *, int);    /* 函數原型宣告 */
```

上述程式碼total()函數原型宣告的第1個參數是指標，可以使用int *指標宣告來表示。在函數定義的參數也可以使用指標，如下所示：

```
int total(int *t, int len)
{
    ...
}
```

上述total()函數有2個參數，第1個是指標，第2個整數是陣列尺寸的元素數。

Example10.c：在函數使用指標來傳遞陣列參數

```
01: /* 在函數使用指標來傳遞陣列參數 */
02: #include <stdio.h>
03: #define LENGTH  5             /* 定義常數 */
04:
05: int total(int *, int);       /* 函數原型宣告 */
06:
07: /* 在main()函數呼叫total()函數 */
08: int main()
09: {
10:     int i;                    /* 宣告變數 */
11:     int result;
12:
13:     int tests[LENGTH];       /* 宣告整數陣列，儲存LENGTH個元素 */
14:
15:     for ( i = 0; i < LENGTH; i++ )      /* for迴圈輸入成績 */
16:     {
17:         printf("請輸入第%d位學生的成績 => ", (i+1));
18:         scanf("%d", &tests[i]);
19:     }
20:
21:     result = total(tests, LENGTH);      /* 呼叫函數 */
22:
23:     printf("成績總分: %d\n", result);    /* 顯示總分 */
24:
25:     return 0;
26: }
27:
28: /* total()函數的定義 */
29: int total(int *t, int len)
30: {
31:     int i;
32:     int sum = 0;
33:
34:     for ( i = 0; i < len; i++ )         /* for迴圈計算總分 */
35:         sum = sum + *(t+i);
36:
37:     return sum;
38: }
```

Example10.c的執行結果

```
請輸入第1位學生的成績 => 65 Enter
請輸入第2位學生的成績 => 89 Enter
請輸入第3位學生的成績 => 77 Enter
請輸入第4位學生的成績 => 46 Enter
請輸入第5位學生的成績 => 90 Enter
成績總分: 367
```

上述執行結果依序輸入5位學生的成績和存入陣列後，就可以呼叫total()函數來計算成績總分。

在total()函數計算總分的for迴圈是使用指標運算來存取每一個陣列元素，如下所示：

```
for ( i = 0; i < len; i++ )
    sum = sum + *(t+i);
```

上述程式碼是使用「*(t+i)」指標運算來取出每一個陣列元素值。

10-5 字串與指標

C語言的字串就是字元的一維陣列，我們一樣可以宣告指標來指向字元陣列或字串常數，並且使用指標運算來處理字串。

10-5-1 建立字串指標

C語言的字串指標就是char資料型態的指標變數，可以指向字元陣列，或是指向字串常數。

宣告字串指標

字串指標是char資料型態的指標，在宣告前，我們需要先宣告一維字元陣列的字串，如下所示：

```
char str[15] = "This is a pen.";    /* 宣告C語言的字串變數str */
```

上述字元陣列是字串且已經指定初值，接著宣告字串指標指向此字串，如下所示：

```
char *ptr;     /* 宣告字串指標變數ptr */
ptr = str;     /* 指標ptr指向字串str */
```

上述程式碼宣告char資料型態的指標ptr，指向陣列名稱str，也就是字串第1個字元的位址，如下圖所示：

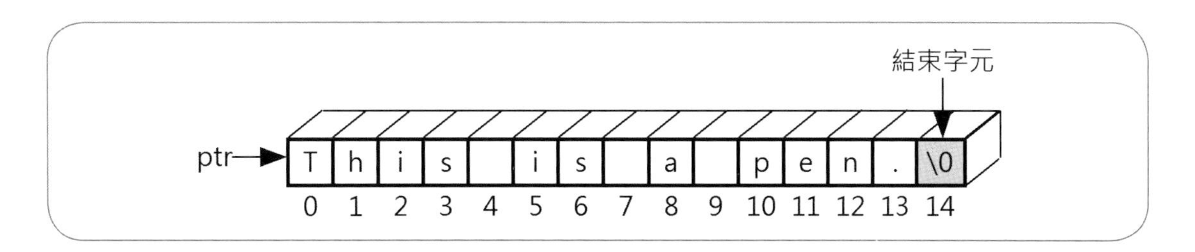

指向字串常數

指標除了可以指向字元陣列，也可以指向字串常數，如下所示：

```
char *ptr1;                       /* 宣告字串指標變數ptr1 */
ptr1 = "This is an apple.";      /* 將ptr1指向字串常數 */
```

上述程式碼宣告指標ptr1指向字串常數。當然指標可以隨時更改指向的字串。例如：str1是另一個字元陣列的字串，如下所示：

```
char str1[15] = "hello! world";
```

現在，我們就可以將指標ptr1改為指向str1字串，如下所示：

```
ptr1 = str1;     /* 字串指標ptr1改指向str1字串 */
```

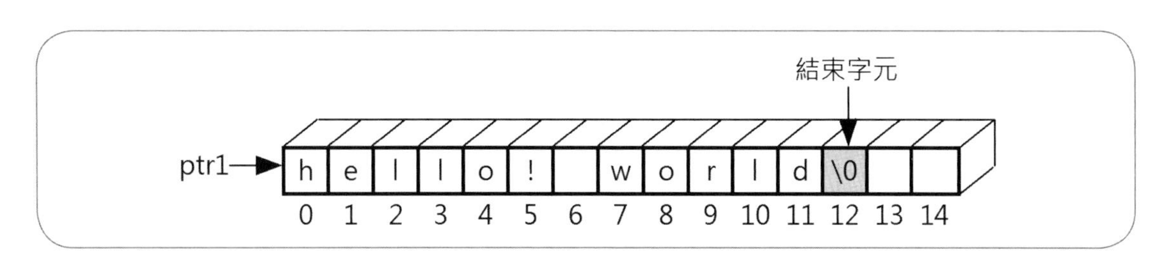

Example11.c：建立與使用字串指標

```
01: /* 建立與使用字串指標 */
02: #include <stdio.h>
03:
04: int main()
05: {
06:     /* 字元陣列宣告 */
07:     char str[15] = "This is a pen.";
08:     char str1[15] = "hello! world";
09:     char *ptr, *ptr1;            /* 宣告字串指標 */
10:
11:     ptr = str;                   /* 指標ptr指向字串str */
12:     ptr1 = "This is an apple."; /* 指向字串常數 */
13:
14:     /* 顯示字串內容 */
15:     printf("str字串 = \"%s\"\n", str);
16:     printf("str1字串 = \"%s\"\n", str1);
17:     printf("ptr = \"%s\"\n", ptr);
18:     printf("ptr1 = \"%s\"\n", ptr1);
19:
20:     ptr1 = str1;    /* 字串指標ptr1改指向str1字串 */
21:
22:     printf("更改後ptr1 = \"%s\"\n", ptr1);  /* 顯示字串內容 */
23:
24:     return 0;
25: }
```

Example11.c的執行結果

```
str字串 = "This is a pen."
str1字串 = "hello! world"
ptr = "This is a pen."
ptr1 = "This is an apple."
更改後ptr1 = "hello! world"
```

上述執行結果的前2個是字串str和str1的內容，接下來的2個字串是顯示字串指標指向的字串，分別是str字串和字串常數"This is an apple."，最後指標ptr1在更改指向str1後，可以看到最後的字串內容是str1。

10-5-2 使用指標運算複製字串

當指標指向字串的一維字元陣列後，我們就可以使用指標運算存取字串的每一個字元來進行字串處理。

例如：將字串str的內容複製到字串str1，指標ptr是指向str；ptr1是指向str1，複製字元的while迴圈，如下所示：

```
/* 使用指標運算複製字元的while迴圈 */
while ( *ptr != '\0' )
{
    *(ptr1+i) = *ptr++;
    i++;
}
*(ptr1+i) = '\0';  /* 加上字串結束字元 */
```

上述while迴圈的條件是檢查是否到了str字串的結束字元，ptr1和ptr指標分別使用加法運算「*(ptr1+i)」和遞增運算「*ptr++」來移到下一個字元，最後在ptr1加上結束字元'\0'，即可將字串str複製到str1。

Example12.c：使用指標運算複製字串

```
01: /* 使用指標運算複製字串 */
02: #include <stdio.h>
03:
04: int main()
05: {
06:     /* 字元陣列宣告 */
07:     char str[15] = "This is a pen.";
08:     char str1[15];
09:     char *ptr, *ptr1;           /* 宣告字串指標 */
10:     int i = 0;
11:
12:     ptr = str;                  /* 指標ptr指向字串str */
13:     ptr1 = str1;                /* 指標ptr1指向字串str1 */
14:
15:     /* 使用指標運算複製字元的while迴圈 */
16:     while ( *ptr != '\0' )
17:     {
18:         *(ptr1+i) = *ptr++;
19:         i++;
```

```
20:     }
21:     *(ptr1+i) = '\0';  /* 加上字串結束字元 */
22:
23:     /* 顯示字串內容 */
24:     printf("將字串str複製到str1: \n");
25:     printf("str字串 = \"%s\"\n", str);
26:     printf("str1字串 = \"%s\"\n", str1);
27:     printf("ptr1 = \"%s\"\n", ptr1);
28:
29:     return 0;
30: }
```

Example12.c的執行結果

```
將字串str複製到str1:
str字串 = "This is a pen."
str1字串 = "This is a pen."
ptr1 = "This is a pen."
```

上述執行結果可以看到str和str1的字串內容是相同的，因為我們是將str字串複製到str1字串，如下圖所示：

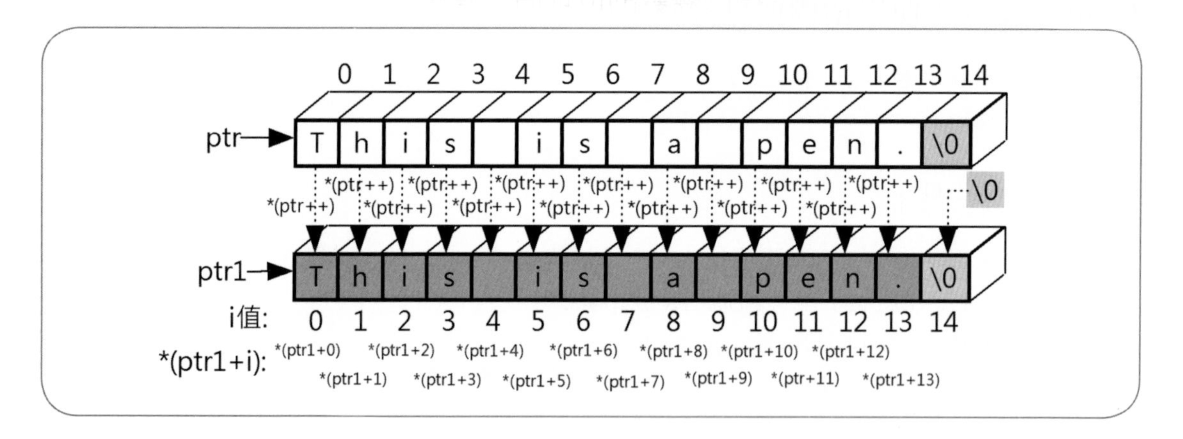

選擇題

(　　)1. 我們可以使用下列哪一個C運算子來取得變數的記憶體位址？

(A)「&&」　(B)「&」　(C)「**」　(D)「*」

(　　)2. 請問C語言指標變數儲存的內容是什麼？

(A)常數值

(B)變數名稱

(C)其他變數值

(D)其他變數的記憶體位址

(　　)3. 請問下列哪一個關於C語言指標變數的說明是不正確的？

(A)指標可以存取其他變數的記憶體位址

(B)指標宣告需要在變數名稱前加上「&」符號

(C)「*」是取值運算子

(D)指標的意義不在本身，而是它指向的變數值

(　　)4. 請問當C指標尚未指向變數的位址時，建議在宣告時指定成下列哪一個常數？

(A)null　(B)nil　(C)NUL　(D)NULL

(　　)5. 請問執行下列C程式碼片段後，取得score變數值的程式碼是哪一個？

```
int score = 85;
int *ptr;
ptr = &score;
```

(A)&ptr　(B)ptr　(C)*ptr　(D)**ptr

(　　)6. 請問執行下列C程式碼片段後，變數score的值為何？

```
int score = 75;
int *ptr;
ptr = &score;
score = 60;
*ptr = 50;
```

(A)50　(B)60　(C)75　(D)0

(　)7. 請問下列哪一個關於C函數參數傳遞的說明是不正確的？
(A)預設參數傳遞方式是傳值
(B)C語言並沒有提供傳址呼叫
(C)傳址呼叫是將變數的值傳入函數
(D)使用傳遞指標參數來建立傳址呼叫

(　)8. 請問C語言一維陣列的名稱（沒有方括號）是指向陣列第幾個元素位址的指標常數？
(A)1　(B)2 (C)3 (D)最後1個

(　)9. 請問下列哪一個不是C指標支援的運算？
(A)遞增　(B)遞減　(C)加法　(D)除法

(　)10. 請問C語言字串指標就是下列哪一種資料型態的指標變數？
(A)char　(B)int　(C)string　(D)double

填充與問答題

1. 「________」（pointers）是C語言的低階程式處理功能，可以直接存取電腦的記憶體位址。
2. C語言的變數名稱代表一個記憶體位址，我們可以使用C語言的「_____」取址運算子來取得變數的記憶體位址。
3. 請依序回答下列運算式哪些星號「*」是取值運算子；哪些是乘法運算子，如下所示：

```
(1) *ptr
(2) a * b
(3) b *= a + 15
(4) *b *= *a + 15
```

4. 請依序寫出下列C程式片段的執行結果，如下所示：

```
(1)
int *ptr;
printf("%p", ptr);
(2)
int x = 7;
int *ptr;
```

```
ptr = &x;
printf("%d", *ptr);
```

5. 請舉例說明C函數的傳址和傳值呼叫分別是什麼？

實作題

1. 請建立C程式宣告整數變數a和b，其初值分別為15和16，然後宣告2個指標ptr_a和ptr_b分別指向變數a和b，在使用取值運算子取得變數值後，計算和顯示2個變數值相乘的結果。
2. 請建立C程式撰寫void square(int *)函數，呼叫函數可以將陣列每一個元素平方，例如：元素值2，就是2*2=4；3是3*3=9。
3. 請在C程式建立sumTwoArrays()函數傳入2個整數陣列的參數，然後使用指標計算和傳回2個陣列的總和。

Memo

Chapter 11

結構

學習重點

- 認識結構
- 建立C語言的結構
- 結構陣列
- 結構指標
- 建立C語言的新型態

11-1 認識結構

「結構」（structures）是C語言的延伸資料型態，屬於一種自訂資料型態（user-defined Types），可以讓程式設計者自行在程式碼定義新的資料型態。

基本上，結構是由一或多個不同資料型態（當然也可以是相同資料型態）組成的集合，然後使用一個新名稱來代表，新名稱就是一個新的資料型態，我們可以使用此新資料型態來宣告結構變數。

C語言的結構如同是資料庫的記錄，可以將複雜且相關資料組合成一個記錄來方便存取。例如：圖形的點是由X軸和Y軸座標(x, y)組成，如下所示：

```
struct point
{
    int x;
    int y;
};
```

上述point結構（詳細宣告說明，請參閱第11-2節）可以代表圖形上的一個點座標(x, y)，當一個圖形是由數十到上百個點組成時，使用結構就能夠清楚分別哪一個x值是搭配哪一個y值的座標。

事實上，日常生活中常見的結構範例有很多，例如：學生資料和員工薪資等都可以使用結構來建立，學生資料包含學號、地址、姓名和學生成績等變數，其中某些資料還可以再細分，成績可以是另一個包含數學和英文成績的結構。

總之，結構是將C程式眾多變數作系統分類，將相關變數結合在一起，如此在處理大量資料和建立大型應用程式時，可以降低程式設計的複雜度。

11-2　建立C語言的結構

C語言的結構可以讓程式設計者自行在程式碼定義新的資料型態。例如：宣告學生資料的student結構，如下所示：

```
struct student
{
    int id;
    char name[20];
    int score;
};
```

上述student結構是使用struct關鍵字開頭定義的新型態，在結構宣告的變數稱爲該結構的「成員」（members）。以此例是由學號id、學生姓名name和成績score共3個成員變數所組成。

結構名稱和成員變數名稱可以和程式碼其他非結構的變數同名，因爲結構名稱是一個新型態（並不是變數），而且，結構成員變數的存取方式和一般變數不同，並不會產生名稱衝突問題。

宣告結構變數

當宣告student結構後，在程式碼就可以使用struct關鍵字開頭加上結構名稱來宣告結構變數，以student結構爲例，結構變數std1和std2的宣告，如下所示：

```
struct student std1;
struct student std2 = {2, "江小魚", 76};
```

上述程式碼宣告結構變數std1和std2，同樣的，我們可以在宣告同時，指定結構成員變數的初值，這是使用大括號括起的清單，使用「,」符號分隔，其順序是對應成員變數來指定各變數的初值。

存取結構的成員變數

在建立結構變數後，就可以存取結構的成員變數值，如下所示：

```
std1.id = 1;
strcpy(std1.name, "陳會安");
std1.score = 96;
```

上述程式碼使用「.」運算子存取結構的成員變數，因為第2個成員變數是字串，所以使用strcpy()函數指定變數的字串內容。

Example01.c：建立結構和顯示結構內容

```
01: /* 建立結構和顯示結構內容 */
02: #include <stdio.h>
03: #include <string.h>
04:
05: struct student     /* 學生資料 */
06: {
07:    int id;
08:    char name[20];
09:    int score;
10: };
11:
12: int main()
13: {
14:     struct student std1;          /* 宣告結構變數 */
15:     struct student std2 = {2, "江小魚", 76};
16:     /* 指定結構變數的值 */
17:     std1.id = 1;
18:     strcpy(std1.name, "陳會安");
19:     std1.score = 96;
20:     /* 顯示學生資料 */
21:     printf("學號: %d\n", std1.id);
22:     printf("姓名: %s\n", std1.name);
23:     printf("成績: %d\n", std1.score);
24:     printf("--------------------\n");
25:     printf("學號: %d\n", std2.id);
26:     printf("姓名: %s\n", std2.name);
27:     printf("成績: %d\n", std2.score);
28:
29:     return 0;
30: }
```

上述第5~10行宣告student結構，在第14~15行宣告結構變數std1和std2，並且指定結構變數std2的初值，第17~19行指定std1結構變數的成員變數值，字串變數name是使用strcpy()函數指定變數值，在第21~27列顯示結構內容。

Example01.c的執行結果

```
學號: 1
姓名: 陳會安
成績: 96
--------------------
學號: 2
姓名: 江小魚
成績: 76
```

上述執行結果顯示2筆學生資料。以std2爲例的記憶體空間圖例，如下圖所示：

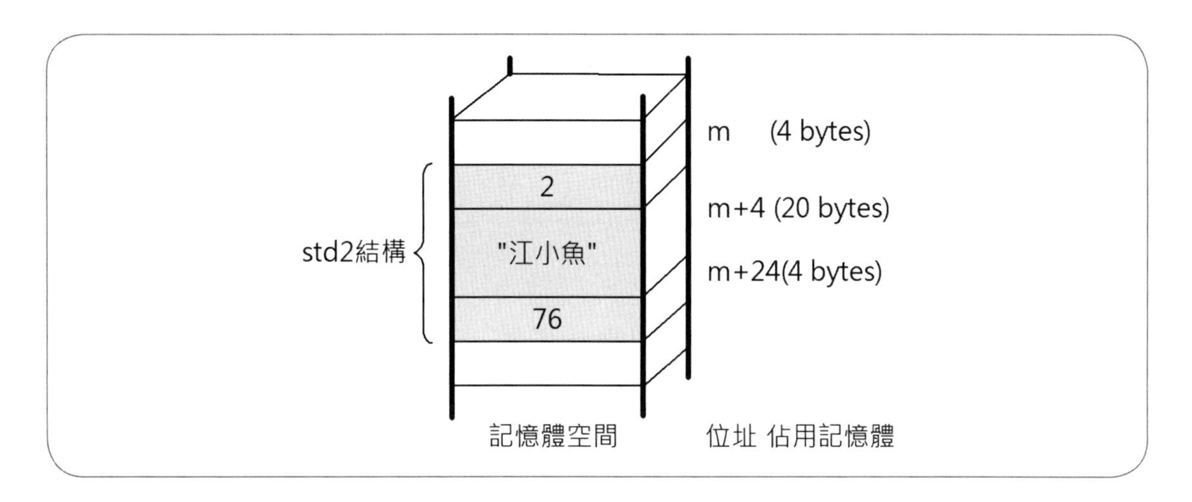

11-3 結構陣列

「結構陣列」（arrays of structures）是結構資料型態的陣列。例如：首先宣告quiz測驗結構，如下所示：

```
struct quiz
{
    int score;
};
```

上述結構擁有1個成員變數score，因爲quiz是一種新型態，所以使用此新型態建立陣列，如下所示：

```
#define NUM_STUDENTS      3
struct quiz students[NUM_STUDENTS];
```

上述程式碼宣告結構陣列students[]，擁有3個陣列元素，每一個元素是一個quiz結構。因為結構陣列是一個陣列，我們一樣是使用陣列索引來存取結構的score成員變數值，如下所示：

```
students[0].score = 78;
students[1].score = 68;
students[2].score = 58;
```

如同一維陣列，我們可以使用for迴圈走訪陣列來計算結構陣列的成績總分，如下所示：

```
for ( i = 0; i < NUM_STUDENTS; i++ )
{
    sum += students[i].score;
}
```

Example02.c：建立和存取結構陣列的元素值

```
01: /* 建立和存取結構陣列的元素值 */
02: #include <stdio.h>
03: #define NUM_STUDENTS      3      /* 學生人數 */
04:
05: int main()
06: {
07:     struct quiz                  /* 宣告結構 */
08:     {
09:        int score;
10:     };
11:     /* 結構陣列變數宣告 */
12:     struct quiz students[NUM_STUDENTS];
13:     int i, sum = 0;
14:     float average;
15:
16:     students[0].score = 78;      /* 指定成員變數值 */
17:     students[1].score = 68;
18:     students[2].score = 58;
19:
20:     /* 使用迴圈計算成績總分 */
```

```
21:     for ( i = 0; i < NUM_STUDENTS; i++ )
22:     {
23:        sum += students[i].score;       /* 計算總分 */
24:     }
25:     /* 計算平均成績 */
26:     average = (float) sum / (float) NUM_STUDENTS;
27:     printf("平均成績: %f \n", average);
28:
29:     return 0;
30: }
```

上述第7~10行宣告quiz結構，因爲結構是在main()函數之中宣告，所以，只能在main()函數的程式區塊中使用此結構，在第12行宣告結構陣列students[]，第16~18行指定結構的成員變數值，第21~24行使用for迴圈計算成績總分，第26行計算平均成績，因爲是整數，所以型態迫換成float。

Example02.c的執行結果

```
平均成績: 68.000000
```

上述執行結果顯示3位學生的平均成績。

11-4 結構指標

如同C語言其他資料型態的指標，指標也可以指向結構，我們可以建立指標來指向結構。例如：宣告time結構儲存時間資料，如下所示：

```
struct time
{
   int hours;
   int minutes;
};
```

上述結構擁有2個成員變數的時和分。

結構指標

因爲指標需要指向結構變數的位址，所以需要先宣告結構變數，然後才能建立指向此結構變數位址的指標，如下所示：

```
struct time now, *ptr;
```

上述程式碼宣告結構變數now和結構指標ptr，接著將結構指標指向結構，如下所示：

```
ptr = &now;
```

上述結構指標ptr指向結構變數now的位址。現在，我們可以使用指標存取結構的成員變數，如下所示：

```
(*ptr).minutes = 35;
```

上述程式碼使用取值運算子取得結構變數now後，即可存取成員變數minutes的值，程式碼就是now.minutes = 35;。在C語言提供結構指標的「->」運算子，可以直接存取結構的成員變數值，如下所示：

```
ptr->hours = 18;
```

上述變數ptr是結構指標，可以存取成員變數hours的值。請注意！當在C程式碼中看到「->」運算子時，就表示變數是指向結構的指標變數。

結構與結構指標的參數傳遞

如同變數和指標變數的參數傳遞，我們也可以在函數參數使用結構和結構指標，2個函數的原型宣告，如下所示：

```
void showTime(struct time *ptr);
void showTime2(struct time t);
```

上述showTime()函數的參數是結構指標；showTime2()函數是結構，因爲結構是使用傳值呼叫，所以不會影響呼叫時傳入的結構變數值；不過，如果使用結構指標，就會更改原傳入的結構內容。

Example03.c：使用結構指標與參數的傳遞

```
01: /* 使用結構指標與參數的傳遞 */
02: #include <stdio.h>
03:
04: struct time          /* 時間結構 */
05: {
06:    int hours;
07:    int minutes;
08: };
09: void showTime(struct time *ptr); /* 函數原型宣告 */
10: void showTime2(struct time t);
11:
12: int main()
13: {
14:    struct time now, *ptr; /* 宣告結構變數和指標 */
15:    ptr = &now;        /* 結構指標指向結構 */
16:    ptr->hours = 18; /* 指定結構的成員變數值 */
17:    (*ptr).minutes = 35;
18:    printf("%d時:%d分\n", now.hours, now.minutes);
19:    showTime(ptr);     /* 呼叫函數 */
20:    showTime2(now);
21:
22:    return 0;
23: }
24: /* showTime()函數的定義 */
25: void showTime(struct time *ptr)
26: {
27:    if ( ptr->hours >= 12 ) /* 轉成12小時制 */
28:       printf("PM %d時:", ptr->hours - 12);
29:    else
30:       printf("AM %d時:", ptr->hours);
31:    printf("%d分\n", ptr->minutes);
32: }
33:
34: /* showTime2()函數的定義 */
35: void showTime2(struct time t)
36: {
37:    if ( t.hours >= 12 ) /* 轉成12小時制 */
38:       printf("PM %d時:", t.hours - 12);
39:    else
40:       printf("AM %d時:", t.hours);
41:    printf("%d分\n", t.minutes);
42: }
```

上述第4~8行宣告結構time，第14~15行宣告結構變數now和結構指標ptr後，在第15行將結構指標ptr指向結構變數now的位址，第16~18行使用3種方法指定結構的成員變數值，在第16~17行是使用結構指標來存取成員變數值。

第18行使用結構變數顯示時間資料，在第19~20行分別呼叫showTime()和showTime2()函數，以指標和結構變數存取結構的成員變數，2個函數是使用if條件將24小時制改為12小時制。

Example03.c的執行結果

```
18時:35分
PM 6時:35分
PM 6時:35分
```

上述執行結果可以看到3個時間，都是同一個結構變數now，只是分別使用結構變數和指標來存取成員變數值。

11-5 建立C語言的新型態

當在C程式宣告結構後，為了方便宣告（不用再加上struct關鍵字），我們可以使用別名來取代新型態，這個別名是一個新增的識別字，可以用來定義全新的資料型態。例如：本節item結構使用typedef關鍵字定義新識別字的型態和宣告變數，如下所示：

```
typedef struct item inventory;
inventory phone;
```

上述程式碼定義新型態inventory識別字後，直接使用inventory宣告變數phone（不再需要struct關鍵字），此時變數phone是一個item結構變數。

不只如此，對於現成C語言的資料型態，我們也可以將它改頭換面建立成為一種新型態的名稱，如下所示：

```
typedef int onHand;
struct item
{
```

```
    char name[30];
    double cost;
    onHand quantity;
};
```

上述程式碼定義新型態onHand識別字，它就是整數int資料型態後，就可以使用onHand宣告變數quantity。

Example04.c：將結構宣告建立成新型態

```
01: /* 將結構宣告建立成新型態 */
02: #include <stdio.h>
03: #include <string.h>
04:
05: int main()
06: {
07:     typedef int onHand;   /* 定義新型態 */
08:     struct item           /* 宣告結構 */
09:     {
10:        char name[30];     /* 項目名稱 */
11:        double cost;       /* 成本 */
12:        onHand quantity;   /* 庫存數量 */
13:     };
14:     /* 定義新型態 */
15:     typedef struct item inventory;
16:     inventory phone;  /* 結構變數宣告 */
17:     /* 指定成員變數 */
18:     strcpy(phone.name, "iPhone 12");
19:     phone.cost = 27500.0;
20:     phone.quantity = 100;
21:     /* 顯示庫存的項目資料 */
22:     printf("庫存項目: iPhone\n");
23:     printf("名稱: %s\n", phone.name);
24:     printf("成本: %f\n", phone.cost);
25:     printf("數量: %d\n", phone.quantity);
26:
27:     return 0;
28: }
```

上述第7~13行使用typedef建立int整數的新型態onHand，在第12行使用新型態宣告變數quantity，第15列使用typedef建立新型態inventory，在第16列使用新型態inventory宣告變數phone。

Example04.c的執行結果

```
庫存項目: iPhone
名稱: iPhone 12
成本: 27500.000000
數量: 100
```

上述執行結果可以看到庫存iPhone的項目資料，這就是item結構的內容。

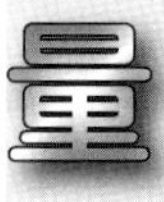

選擇題

(　)1. 在C程式碼宣告motor結構，如下所示：

```
struct motor
{
   char model[20];
   int year;
   double price;
};
typedef struct motor MM;
```

請問下列哪一個C程式碼並不是合法的結構變數宣告？

(A)struct MM m;　(B)MM m[10];　(C)MM m;　(D)struct motor x;

(　)2. 請繼續選擇題1的motor結構，在宣告結構變數m後，請問下列哪一個是正確的程式碼來指定成員變數year的值？

(A)m->year = 2000;　(B)motor.year = 2001;

(C)m.year = 2000;　(D)motor->year = 2001;

(　)3. 請繼續選擇題1的motor結構，在宣告結構變數m後，請問下列哪一個是正確程式碼來指定成員變數model的值？

(A)m.model = "CIVIC";

(B)strcpy(m.model, "CIVIC");

(C)m->model = "CIVIC";

(D)motor.model = "CIVIC";

(　)4. 請繼續選擇題1的motor結構，請寫出下列C程式執行結果顯示的內容，如下所示：

```
int main()
{
   MM a, b;
   a = b; a.year = 2000;
   printf("%d", b.year);
   return 0;
}
```

(A)0　(B)1999　(C)-1　(D)無法決定值

學習評量

填充與問答題

1. C語言的________（structures）是由一或多個不同資料型態組成的集合，然後使用一個新名稱來代表。
2. 在C程式宣告student結構，我們需要使用________關鍵字開頭來定義這個新型態。
3. 宣告student結構變數std1的C程式碼是__________________。
4. 請舉例說明什麼是結構陣列？什麼是結構指標？

實作題

1. 在C程式宣告名為record的結構，內含2個int型態的成員變數a和b，和1個float型態的成員變數c，然後建立結構變數test，指定float型態的成員值為123.6，和2個int型態的成員值都為150，最後計算和顯示成員變數的總和。
2. 請繼續實作題1，宣告結構指標ptr指向test，然後使用兩種指標方式來分別指定int成員變數值為88和67，和計算和顯示成員變數的平均。
3. 請建立C程式宣告employee結構來儲存員工資料，包含姓名、年齡和薪水，然後建立結構陣列儲存5位員工的基本資料。
4. 請建立C程式宣告item結構，擁有成員變數name字串（大小為20），2個整數變數arms和legs儲存有幾隻手和腳，然後使用結構陣列儲存下表的項目，最後一一顯示項目的成員變數值，如下所示：

```
(Human、 2、 2)、 (Cat,0,4)、 (Dog,0,4)、 (Table,0,4)
```

Chapter

12

檔案處理

學習重點

- 認識C語言的檔案處理
- 開啓與關閉文字檔案
- 寫入文字檔案
- 讀取文字檔案
- 格式化讀寫文字檔案
- 複製檔案

12-1 認識C語言的檔案處理

「檔案」（files）是儲存在電腦周邊裝置的一種資料集合，通常是指儲存在硬碟、光碟、行動碟或記憶卡等裝置上的位元組資料，程式可以將輸出的資料儲存至檔案來長時間保存，或將檔案視為輸入資料來讀取檔案內容，然後輸出到主控台顯示或印表機來列印。

我們最常使用的檔案就是「文字檔案」（text files），這是一種儲存字元資料的檔案，我們可以視為是一種「文字串流」（text stream），串流可以想像成水龍頭流出的是一個一個字元，換句話說，處理文字檔案只能向前一個一個循序的處理字元，也稱為「循序檔案」（sequential files），如同水往低處流，並不能回頭處理之前已經讀過的字元。

基本上，文字檔案的操作有：讀取（input）、寫入（output）和新增（append）三種，可以將字元資料寫入檔案、寫入檔尾與讀取文字檔案內容，例如：Windows記錄檔或使用【記事本】建立的文字檔案。

在C語言的文字檔案串流是使用新行字元分割成多行（lines），每一行擁有0到多個字元，最後以新行字元結束。不過因為作業系統差異，新行字元可能轉換成CR（Carriage Return）+LF（LineFeed）或只有LF，以Windows作業系統來說，新行字元是轉換成CR+LF。

12-2 開啓與關閉文字檔案

C語言標準函數庫<stdio.h>標頭檔提供開啓、關閉、寫入和讀取文字檔案內容的相關函數，因為檔案I/O就是一種輸出與輸入操作。

在C語言開啓和關閉檔案，都是使用<stdio.h>標頭檔宣告的FILE檔案指標來識別開啓檔案（同一C程式可以開啓多個檔案），相關函數說明如下表所示：

函數	說明
FILE *fopen(char *filename, char *mode)	使用mode參數的模式開啓參數filename檔名或完整路徑，開啓成功傳回檔案指標；失敗傳回NULL
int fclose(FILE *fp)	關閉FILE指標的檔案，成功傳回0；失敗傳回EOF

開啓文字檔案

在C程式宣告FILE指標fp後，就可以使用fopen()函數開啓文字檔案，如下所示：

```
FILE *fp;
fp = fopen("books.txt", "w");
```

上述函數的第1個參數是檔名或檔案完整路徑（請注意！路徑「\」符號在某些作業系統需要使用逸出字元「\\」），第2個參數是檔案開啓模式的字串，C語言文字檔案支援的開啓模式，如下表所示：

模式字串	當開啓檔案已經存在	當開啓檔案不存在
r	開啓唯讀文字檔案	傳回NULL
w	清除檔案內容後寫入	建立寫入文字檔案
a	開啓檔案從檔尾後開始寫入	建立寫入文字檔案
r+	開啓讀寫文字檔案	傳回NULL
w+	清除檔案內容後讀寫內容	建立讀寫文字檔案
a+	開啓檔案從檔尾後開始讀寫	建立讀寫文字檔案

上表模式字串可以加上「+」符號來增加更新檔案功能，所以「r+」就成爲可讀寫檔案。如果fopen()函數傳回NULL表示檔案開啓失敗，我們可以使用if條件檢查檔案是否開啓成功，如下所示：

```
if ( fp == NULL )
{
    printf("錯誤: 檔案開啓失敗..\n");
    return 1;
}
```

上述if條件檢查檔案指標fp，如果是NULL，表示檔案開啓錯誤，所以顯示錯誤訊息，接著傳回非零値，表示C程式執行發生錯誤。

關閉文字檔案

在執行完檔案操作後，請執行fclose()函數關閉檔案，如下所示：

```
fclose(fp);
```

上述函數的參數就是欲關閉檔案的FILE指標。

Example01.c：開啓和關閉文字檔案

```
01: /* 開啓和關閉文字檔案 */
02: #include <stdio.h>
03:
04: int main()
05: {
06:     /* 開啓檔案 */
07:     FILE *fp;
08:     fp = fopen("books.txt", "r");
09:     if ( fp == NULL )
10:     {   /* 檔案開啓失敗 */
11:        printf("檔案開啓失敗!\n");
12:     }
13:     else
14:     {
15:        printf("開啓檔案books.txt!\n");
16:     }
17:     fclose(fp); /* 關閉檔案 */
18:
19:     return 0;
20: }
```

上述第7行宣告檔案指標fp，在第8行呼叫fopen()函數開啓文字檔案，第9~16行if/else條件判斷檔案是否開啓成功，如果失敗，就顯示錯誤訊息；成功顯示開啓的檔案名稱，在第17行呼叫fclose()函數關閉檔案。

Example01.c的執行結果

```
開啓檔案books.txt!
```

上述執行結果顯示成功開啓檔案books.txt的訊息文字。

12-3 寫入文字檔案

C程式在成功開啓文字檔案後，就可以將字串寫入檔案，使用的是fputs()函數，如下表所示：

函數	說明
int fputs(char *str, FILE *fp)	將參數str指標的字串寫入檔案fp，寫入成功傳回非負整數；否則傳回EOF

在C程式可以使用fputs()函數寫入字串到文字檔案，如下所示：

```
fputs(str0 , fp);
```

上述函數將字串str0寫入檔案指標fp。

Example02.c：開啓文字檔案寫入3個字串

```
01: /* 開啓文字檔案寫入3個字串 */
02: #include <stdio.h>
03:
04: int main()
05: {
06:     FILE *fp; /* 宣告變數 */
07:     char str0[50] = "C語言程式設計\n";
08:     char str1[50] = "Java物件導向程式設計\n";
09:     char str2[50] = "ASP.NET網頁設計\n";
10:     fp = fopen("books.txt", "w");   /* 開啓寫入檔案 */
11:     printf("開始寫入檔案books.txt..\n");
12:     fputs(str0, fp);      /* 寫入3個字串 */
13:     fputs(str1, fp);
14:     fputs(str2, fp);
15:     printf("寫入檔案結束!\n");
16:     fclose(fp); /* 關閉檔案 */
17:
18:     return 0;
19: }
```

上述第10行開啓寫入的books.txt文字檔案，在第12~14行呼叫fputs()函數寫入3個字串，第16行關閉檔案。

Example02.c的執行結果

```
開始寫入檔案books.txt..
寫入檔案結束!
```

上述執行結果顯示成功開啓檔案books.txt，和成功將字串寫入檔案。文字檔案是在C程式所在的相同目錄「\C\Ch12」，請使用記事本開啓books.txt，可以看到檔案內容的3個字串，如下圖所示：

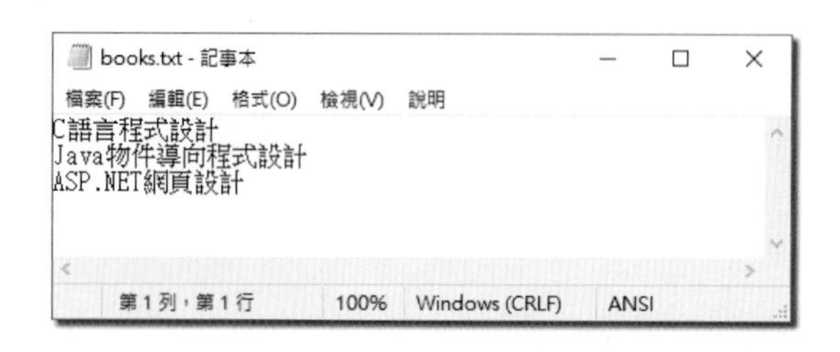

12-4 讀取文字檔案

C程式在成功開啓文字檔案後，就可以讀取文字檔案內容，使用的是fgets()函數，如下表所示：

函數	說明
char *fgets(char *str, int num, FILE *fp)	讀取參數檔案fp的內容到字串指標str，共可讀取num-1個字元，讀取成功，傳回str指標；讀到檔尾傳回NULL

我們只需使用fgets()函數配合while迴圈，就可以讀取整個文字檔案內容，如下所示：

```
while( fgets(str, 50 ,fp) != NULL )
{
   …
}
```

上述while迴圈以一次一行的方式來讀取檔案，每一行最多爲50-1即49個字元，直到fgets()函數傳回NULL爲止，也就是讀到檔尾。

Example03.c：開啓文字檔案讀取3個字串

```
01: /* 開啓文字檔案讀取3個字串 */
02: #include <stdio.h>
03:
04: int main()
05: {
06:     FILE *fp; /* 宣告變數 */
07:     int count = 0;
08:     char str[50];
09:     fp = fopen("books.txt", "r");       /* 開啓唯讀檔案 */
10:     if ( fp != NULL )
11:     {
12:        printf("檔案內容:\n");            /* 讀取檔案內容 */
13:        while( fgets(str, 50 ,fp) != NULL )
14:        {
15:           printf("=>%s", str);         /* 顯示文字內容 */
16:           count++;
17:        }
18:        printf("讀取檔案[%d]行文字內容\n", count);
19:        fclose(fp); /* 關閉檔案 */
20:     } else
21:        printf("錯誤: 檔案開啓錯誤...\n");
22:
23:     return 0;
24: }
```

上述第9行開啓讀取的文字檔案books.txt，在第10~21行的if/else條件檢查檔案是否開啓成功，第13~17行使用while迴圈呼叫fgets()函數讀取檔案內容，直到傳回NULL，變數count計算讀取的行數。

Example03.c的執行結果

```
檔案內容:
=>C語言程式設計
=>Java物件導向程式設計
=>ASP.NET網頁設計
讀取檔案[3]行文字內容
```

上述執行結果顯示讀取的檔案內容，和共讀取幾行文字內容。

12-5 格式化讀寫文字檔案

C語言的檔案I/O提供對應printf()和scanf()函數的fprintf()和fscanf()格式化檔案輸出和輸入函數，其說明如下表所示：

函數	說明
int fprintf(FILE *fp, char *control, …)	與printf()函數相同，只是輸出到檔案fp，寫入成功，傳回輸出的字元；否則傳回EOF
int fscanf(FILE *fp, char *control, …)	與scanf()函數相同，只是從檔案fp讀取，讀取成功，傳回讀取的字元；否則傳回EOF

上述fprintf()格式化輸出函數可以使用格式字串來編排寫入檔案的字串內容，如下所示：

```
fprintf(fp, "%d=> %s\n", 1, str0);
```

上述程式碼將格式字串輸入的內容寫入檔案fp，可以看到組合整數常數和字串str0的字串內容。同樣的，我們可以使用fscanf()函數配合while迴圈來讀取整個文字檔案內容，如下所示：

```
while ( fscanf(fp,"%s", str0) != EOF )
{
    printf("%s\n", str0);
}
```

上述while迴圈是一次讀取一個格式字串的資料，以此例是字串，直到傳回EOF為止，也就是到達檔尾。

Example04.c：使用格式化函數來讀寫文字檔案

```
01: /* 使用格式化函數來讀寫文字檔案 */
02: #include <stdio.h>
03:
04: int main()
05: {
06:     FILE *fp;  /* 宣告變數 */
07:     char fname[20] = "phones.txt";
08:     char str0[50] = "iPhone 11";
09:     char str1[50] = "iPhone 12";
```

```
10:     char str2[50] = "iPhone X";
11:     fp = fopen(fname, "w");    /* 開啟寫入檔案 */
12:     printf("開始寫入檔案%s..\n", fname);
13:     /* 格式化輸出檔案內容 */
14:     fprintf(fp, "%d=> %s\n", 1, str0);
15:     fprintf(fp, "%d=> %s\n", 2, str1);
16:     fprintf(fp, "%d=> %s\n", 3, str2);
17:     printf("寫入檔案結束!\n");
18:     fclose(fp); /* 關閉檔案 */
19:     fp = fopen(fname, "r");    /* 開啟讀取檔案 */
20:     if ( fp != NULL )          /* 讀取檔案 */
21:     {
22:        printf("檔案內容: \n");
23:        while ( fscanf(fp,"%s", str0) != EOF )
24:        {
25:           printf("%s\n", str0);
26:        }
27:        fclose(fp); /* 關閉檔案 */
28:     } else
29:        printf("錯誤: 檔案開啟錯誤..\n");
30:
31:     return 0;
32: }
```

上述第11行開啟寫入的文字檔案phones.txt，在第14~16行呼叫3次fprintf()函數寫入3行格式化字串，包含輸出行的編號。

第19行開啟讀取文字檔案phones.txt，在第20~29行的if/else條件檢查檔案是否開啟成功，第23~26行使用while迴圈呼叫fscanf()函數讀取文字檔案內容，直到傳回EOF，在讀取的每一個字串後加上新行字元來顯示。

Example04.c的執行結果

```
開始寫入檔案phones.txt..
寫入檔案結束!
檔案內容:
1=>
iPhone
11
2=>
iPhone
```

```
12
3=>
iPhone
X
```

上述執行結果在成功寫入文字檔案phones.txt後，馬上讀取文字檔案內容，我們寫入的phones.txt檔案內容，如下圖所示：

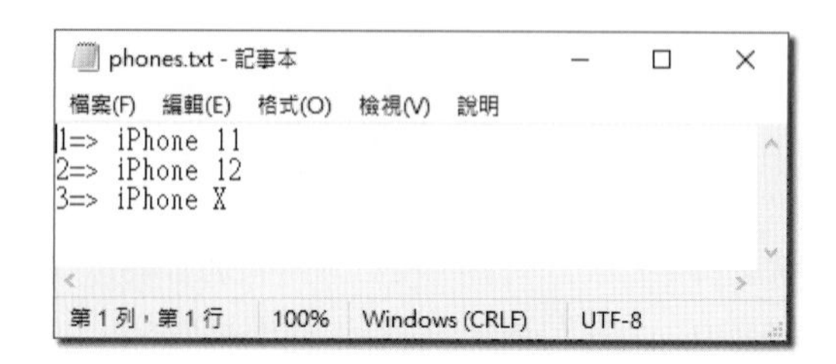

因爲%s格式字元讀取字串時，字串是以空白字元分隔，所以，在文字檔案中的一行會讀成多個字串，顯示成多行內容。

12-6 複製檔案

C語言的檔案I/O提供讀寫字元的fputc()和fgetc()函數，其說明如下表所示：

函數	說明
int fputc(int ch, FILE *fp)	將參數ch字元寫入檔案fp，寫入成功傳回字元ch；否則傳回EOF
char fgetc(FILE *fp)	讀取參數檔案fp的內容，一次一個字元，讀取成功，傳回讀取的字元；否則傳回EOF

因爲C語言標準函數庫並沒有檔案複製函數，我們可以自行開啓2個檔案指標sfp和dfp後，使用while迴圈來複製檔案內容，如下所示：

```
while ( (c = fgetc(sfp)) != EOF )
{
    fputc(c, dfp);
}
```

上述while迴圈從檔案指標sfp呼叫fgetc()函數讀取一個一個字元，然後呼叫fputc()函數寫入檔案指標dfp，所以，檔案指標sfp的檔案內容就會複製到dfp。

Example05.c：檔案複製函數

```
01: /* 檔案複製函數 */
02: #include <stdio.h>
03:
04: void fcopy(FILE *, FILE *); /* 函數原型宣告 */
05:
06: int main()
07: {
08:     FILE *sfp, *dfp;  /* 宣告變數 */
09:     char fname1[30] = "phones.txt";
10:     char fname2[30] = "myphones.txt";
11:     sfp = fopen(fname1, "rb");  /* 開啓讀取檔案 */
12:     dfp = fopen(fname2, "wb");  /* 開啓寫入檔案 */
13:     fcopy(sfp, dfp);  /* 呼叫函數複製檔案 */
14:     printf("完成複製檔案%s到%s..\n",fname1,fname2);
15:     fclose(sfp); /* 關閉檔案 */
16:     fclose(dfp); /* 關閉檔案 */
17:
18:     return 0;
19: }
20: /* fcopy()函數的定義 */
21: void fcopy(FILE *sfp, FILE *dfp) {
22:    int c;  /* 一個個字元複製檔案內容 */
23:    while ( (c = fgetc(sfp)) != EOF )
24:    {
25:        fputc(c, dfp);
26:    }
27: }
```

上述第9~10行是來源和目的檔案名稱，來源是讀取；目的是寫入，在第13行呼叫fcopy()函數來複製檔案，第15~16行呼叫fclose()函數關閉來源和目的檔案，在第21~27行的fcopy()函數是在第23~26行使用while迴圈一個一個字元來複製檔案內容。

Example05.c的執行結果

```
完成複製檔案phones.txt到myphones.txt..
```

上述執行結果可以看到成功複製檔案phones.txt到myphones.txt，在「\C\Ch12」目錄可以看到新建檔案myphones.txt。

學習評量

選擇題

( )1. 請問fopen()函數可以使用下列哪一個模式字串來開啓唯讀的文字檔案？
(A)「r」 (B)「r+」 (C)「w」 (D)「a」

( )2. 請問fopen()函數可以使用下列哪一個模式字串來開啓可讀寫的文字檔案？
(A)「r」 (B)「r+」 (C)「w」 (D)「a」

( )3. 請問C程式可以使用下列哪一個C語言標準函數庫的函數來格式化寫入字串至文字檔案？
(A)fputs() (B)fgets() (C)fprintf() (D)printf()

( )4. 請問C程式進行文字檔案處理時，可以使用下列哪一個標準函數庫的函數來寫入資料？
(A)fopen() (B)fputs() (C)fclose() (D)fgets()

填充與問答題

1. 基本上，文字檔案的操作有：_________（input）、_________（output）和________（append）三種。
2. C語言標準函數庫____________標頭檔提供開啓、關閉、寫入和讀取文字檔案內容的相關函數。
3. 請簡單說明什麼是電腦檔案？
4. 請簡單說明C語言文字檔案處理的基本步驟？

實作題

1. 請建立C程式使用scanf()函數輸入檔案名稱後，讀取文字檔案內容來計算總共有幾行，程式在讀完後可以顯示檔案的總行數。
2. 請建立C程式使用scanf()函數輸入程式檔名後，讀取程式碼檔案內容後，在每一行程式碼前加上行號（如同本書內容顯示的範例原始程式碼），可以輸出成名為output.txt的文字檔案。

讀者回函卡

掃 QRcode 線上填寫 ▸▸▸

姓名：＿＿＿＿＿＿ 生日：西元＿＿＿年＿＿＿月＿＿＿日 性別：□男 □女

電話：（ ）＿＿＿＿ 手機：＿＿＿＿＿＿

e-mail：（必填）＿＿＿＿＿＿＿＿＿＿

註：數字零，請用 Φ 表示，數字 1 與英文 L 請另註明並書寫端正，謝謝。

通訊處：□□□□□＿＿＿＿＿＿＿＿

學歷：□高中・職 □專科 □大學 □碩士 □博士

職業：□工程師 □教師 □學生 □軍・公 □其他

學校／公司：＿＿＿＿＿＿ 科系／部門：＿＿＿＿＿＿

・需求書類：

□A. 電子 □B. 電機 □C. 資訊 □D. 機械 □E. 汽車 □F. 工管 □G. 土木 □H. 化工 □I. 設計

□J. 商管 □K. 日文 □L. 美容 □M. 休閒 □N. 餐飲 □O. 其他

・本次購買圖書為：＿＿＿＿＿＿ 書號：＿＿＿＿＿＿

・您對本書的評價：

封面設計：□非常滿意 □滿意 □尚可 □需改善，請說明＿＿＿＿

內容表達：□非常滿意 □滿意 □尚可 □需改善，請說明＿＿＿＿

版面編排：□非常滿意 □滿意 □尚可 □需改善，請說明＿＿＿＿

印刷品質：□非常滿意 □滿意 □尚可 □需改善，請說明＿＿＿＿

書籍定價：□非常滿意 □滿意 □尚可 □需改善，請說明＿＿＿＿

整體評價：請說明＿＿＿＿＿＿＿＿

・您在何處購買本書？

□書局 □網路書店 □書展 □團購 □其他＿＿＿＿

・您購買本書的原因？（可複選）

□個人需要 □公司採購 □親友推薦 □老師指定用書 □其他＿＿＿＿

・您希望全華以何種方式提供出版訊息及特惠活動？

□電子報 □DM □廣告（媒體名稱＿＿＿＿＿＿）

・您是否上過全華網路書店？（www.opentech.com.tw）

□是 □否 您的建議＿＿＿＿＿＿

・您希望全華出版哪方面書籍？＿＿＿＿＿＿

・您希望全華加強哪些服務？＿＿＿＿＿＿

感謝您提供寶貴意見，全華將秉持服務的熱忱，出版更多好書，以饗讀者。

填寫日期： / /

2020.09 修訂

親愛的讀者：

感謝您對全華圖書的支持與愛護，雖然我們很慎重的處理每一本書，但恐仍有疏漏之處，若您發現本書有任何錯誤，請填寫於勘誤表內寄回，我們將於再版時修正，您的批評與指教是我們進步的原動力，謝謝！

全華圖書 敬上

勘誤表

書號		書名		作者	
頁數	行數	錯誤或不當之詞句		建議修改之詞句	

我有話要說：（其它之批評與建議，如封面、編排、內容、印刷品質等・・・）